无人飞行器序列影像处理与运动分析（第二版）

张鹏强　谭熊　刘冰　余旭初　编著

科学出版社

北京

内 容 简 介

本书阐述无人飞行器获取的视频数据处理与分析的相关技术和方法。首先，结合无人飞行器视频影像数据特性，介绍无人飞行器目标监测系统。然后，针对无人飞行器搭载平台，讨论视频影像目标定位技术，内容包括摄像机成像几何模型、摄像机几何标定、地面移动目标快速定位。最后，讨论无人飞行器视频影像处理与运动目标分析技术，内容包括运动估计、视频编码、视频影像处理、序列影像运动目标检测与序列影像运动目标跟踪。

本书既可作为高等院校本科生无人机视频处理相关课程的参考书，也可供遥感图像处理、人工智能领域研究人员与工程技术人员的参考。

图书在版编目（CIP）数据

无人飞行器序列影像处理与运动分析 / 张鹏强等编著. —2版. —北京：科学出版社，2023.9

ISBN 978-7-03-076018-0

Ⅰ.①无… Ⅱ.①张… Ⅲ.①图像处理-应用-无人驾驶飞行器-研究 Ⅳ.①V47

中国国家版本馆CIP数据核字(2023)第131965号

责任编辑：张艳芬 李 娜 / 责任校对：崔向琳
责任印制：赵 博 / 封面设计：陈 敬

科 学 出 版 社 出版
北京东黄城根北街 16 号
邮政编码：100717
http://www.sciencep.com
保定市中画美凯印刷有限公司印刷
科学出版社发行 各地新华书店经销
＊

2014年11月第 一 版　开本：720×1000 1/16
2023 年 9 月第 二 版　印张：17 1/2 插页：6
2024 年 8 月第 三 次印刷　字数：334 000

定价：168.00 元
（如有印装质量问题，我社负责调换）

第二版前言

重要目标信息的探测与感知是动态环境监测的一个重要方面。我们粗略地把目标分为地面固定目标、空中移动目标和地面移动目标三类。针对前两类目标的探测和感知，技术发展相对较为成熟，对地面固定目标的探测和感知以侦察卫星、侦察飞机和各种地面侦察设备为主，对空中移动目标的探测主要依靠各种雷达装置，对地面移动目标的探测和感知则缺乏相应的设备和技术。

随着航空技术和遥感、遥测、遥控技术的发展，无人飞行器遥感作为一种灵巧型遥感探测方式悄然面世，并迅速进入人们的生产与生活中，尤其是对于地面移动目标的探测和感知，无人飞行器可以说是最有效的方式。在军事应用中，由于在机动性、适应性、安全性等方面的独特优势，无人飞行器迅速成为军事目标侦察的利器。实际上，无人飞行器诞生之初便用于军事。第一次世界大战期间，英国的卡德尔和皮切尔两位将军向英国军事航空学会提出一项建议：研制一种不用人驾驶，而用无线电操纵的小型飞机，它能够飞到敌方某一目标区域上空，投放事先装在小型飞机上的炸弹。英国军事航空学会立即接纳了这种大胆的设想并开始研制这种小型飞机，从而诞生了现代无人飞行器的雏形。

在无人飞行器众多的探测方式中，基于视频流或序列影像的探测方式独树一帜。人们意识到，这是当前和今后相当长一个时期动态目标和环境监视的主流模式。视频影像本身并非新鲜之物，其前身实际上是早已面世的电视信号。随着计算机、网络和数字图像处理技术的进步，视频影像已在工业、交通、安全等领域得到应用，并迅速普及。然而，一旦从空中实时传回地面目标和景观的数字视频，一扇全新的视窗便打开了。一直以来，人们都希望能从空中捕捉和跟踪地面的运动现象并对感兴趣区域进行连续和持久的监视，无人飞行器、视频影像和实时传输技术的结合正好切合了这一需求。在数据处理上，要求对无人飞行器回传的视频数据进行实时处理与分析，本书就是围绕这一问题展开讨论和分析的，重点介绍了无人飞行器获取的视频中地面移动目标的检测、跟踪与定位技术。

本书共 10 章，余旭初负责第 1 章，张鹏强负责第 2~5 章，以及全书的统稿，谭熊负责第 6 章，刘冰负责第 7~10 章。

限于作者的研究深度和学术水平，书中难免存在不妥之处，恳请读者批评指正。

第一版前言

过去十多年来，就在人们惊叹于现代航空航天遥感技术的巨大进展并忙于分享和消化其令人眼花缭乱的成果的时候，一种灵巧型的遥感方式悄然面世并影响和改变着我们的社会与生活，这便是无人机遥感。如果说，一开始人们对这种主要运行于中低空域且只搭载小型载荷的遥感手段并未持过高期望，而仅将其视为已有主流遥感方式的补充的话，那么随着其在各个应用领域特别是反恐战场上取得的巨大成功，一切都发生了改变。这些不断涌现的成功范例，既给人以强烈的视觉和心灵刺激，又确定无疑地展示出未来更精细、更多样化的探测能力和更广阔的应用领域。

毋容置疑，现有的主流遥感手段都可以在无人机上得到小型化的版本。但是，在无人机众多的探测方式中，基于视频流或序列影像的方式却独树一帜。视频影像本身并非新鲜之物，其鼻祖实际上就是早已面世的电视信号。随着计算机、网络和数字处理技术的进步，视频影像已在工业、交通、安全等领域得到应用并迅速普及开来。然而，一旦能够从空中实时传回地面目标和景观的数字视频，一扇全新的遥感视窗便打开了。一直以来，人们都希望能从空中捕捉和跟踪地面的运动现象并对兴趣区域进行连续与持久的监视，无人机、视频影像和实时传输技术的结合正好切合了这一需求。

然而，与上述美好愿景相伴的却是数据处理和分析方面的巨大障碍。尽管信息提取一直是各种遥感应用中普遍性的瓶颈问题，但在基于序列影像的应用处理方面问题则异常突出，且随着无人机遥感硬件系统整体性能的成倍提高而显得越发严重。这就不难解释为何美军即便动用了大批专业人员在后方基地对世界各地传回的视频进行二十四小时不间断的人工判读分析，也只能利用这些视频所提供潜在价值的极小部分。而为了进行有效的自动处理和分析，则面临着更为棘手的问题。首先，从庞大的视频流中探测出地面上的运动现象或细微变化并对其实时定位和持续跟踪，需要运用较常规遥感探测更为精细、稳健和高效的算法。再次，为了获得大区域的监视效果，必须将大量不断获取的小视场视频影像动态拼接或组合成相应的大范围场景，这在策略、方法和运算量上都构成挑战。此外，由于空中视频是在平台运动状态下获取的，反映在序列影像上就是背景的运动，这就难以直接借用目前流行的各种面向静止背景的影像分析方法。

本书在无人飞行器(包括无人机和无人飞艇)的统一框架下，围绕前述问题展开讨论和分析。全书内容大致可分为两个层次：较低层次上，安排的是相关的背景知识和基础理论；较高层次上，重点介绍解决上述问题所涉及的关键理论、技术方法与应用范例。书中内容既总结了国内外有关的研究，也结合了作者所在团队十多年来在无人飞行器遥感应用领域取得的部分研究成果。全书共 10 章。第 1章结合无人飞行器遥感技术的发展论述其对地理空间信息获取的意义，并由此引出序列影像处理与分析所涉及的主要问题。第 2 章介绍无人飞行器遥感系统的硬件组成，分析各部分的功能。第 3 章介绍序列影像的预处理，在分析序列影像一般特性的基础上介绍视频采样、视频压缩编码以及序列影像稳定等方面的知识。第 4 章分析摄像机成像的几何模型，重点是几何构像模型和内、外参数的定义及意义。第 5 章专门介绍摄像机的几何标定问题，涉及经典的标定方法、使用平面模板的标定方法和自标定方法，以及变焦摄像机的在线标定。第 6 章针对地面移动目标，介绍其快速定位理论和技术，内容包括坐标系统及其转换、利用 GPS/INS的移动目标直接定位方法，以及非量测型摄像机的移动目标定位方法等。第 7 章涉及面向序列影像大区域应用的配准与镶嵌问题；首先给出角点特征提取与匹配的基本算法，然后分析讨论若干序列图像配准模型，最后介绍一个实用的序列图像自动镶嵌系统。第 8 章关注序列影像的运动估计问题，介绍传感器的运动投影关系；在分析常用光流运动分析方法的基础上介绍多约束条件的光流运动估计方法，以及红外序列影像的相位信息运动估计方法。第 9 章阐述序列影像的运动检测；首先介绍静态场景的运动检测，然后分析空中视频的运动目标检测涉及的基本问题，进而着重讨论动态平台条件下运动检测方法与实现问题。第 10 章介绍利用视频流跟踪地面运动对象的理论和方法，内容包括运动跟踪模式分析、基于目标特征的运动跟踪方法和基于状态滤波的运动跟踪方法。

作者谨以此书向中国科学院院士高俊教授致以崇高的敬意和由衷的谢意。十多年前，正是高俊院士为作者及作者团队指明了无人机遥感测绘应用的新方向，并自那时起一直为作者及作者团队承担的相关课题的研究倾注着热情的支持与关怀。作者还特别感谢解放军信息工程大学的游雄教授和万刚教授，在长期的科研合作和联合攻关中，他们给予作者及作者团队以大量无私的帮助。解放军信息工程大学的张永生教授、姜挺教授、张占睦教授、秦志远教授、冯伍法教授、刘智教授和朱宝山教授等为本书的撰写提出了宝贵的意见与建议，在此一并致谢。最后要感谢的是研究生周俊、刘景正、谭熊、付琼莹、秦进春、余岸竹、魏祥坡和刘冰等同学，他们参与了本书所涉及的研究或有关章节的校正工作。

本书的出版得到了解放军信息工程大学地理空间信息学院教材出版专项基金、国家自然科学基金项目(机载低空摄像机在线检校与视频影像实时处理技术研究，41201477)、中国博士后科学基金(基于多视立体的无人机海岛礁测绘数据处理关键技术，2013M542456)的资助。

无人飞行器遥感方兴未艾，定将在互联网和大数据时代迸发出巨大的能量，人们目前所感受到的只是其潜能的冰山一角。相应地，无人飞行器序列影像分析和处理的理论与技术也在不断地充实、发展及完善之中，本书仅结合当前的典型应用做了提炼和总结，没有也不可能形成一个全面的体系。同时，限于作者的学术水平，以及部分研究有待深化，书中一定存在错误及疏漏之处，欢迎读者批评指正。

目　　录

第二版前言
第一版前言
第1章　绪论 ·· 1
　1.1　无人飞行器序列影像数据特性 ·· 1
　　1.1.1　序列影像一般特性 ·· 2
　　1.1.2　无人飞行器视频影像数据特性 ··· 3
　　1.1.3　无人飞行器视频分析特性 ·· 6
　1.2　序列影像处理与运动分析相关技术 ·· 7
　　1.2.1　计算机视觉 ·· 8
　　1.2.2　视频处理技术 ·· 9
　　1.2.3　运动目标分析 ·· 9
　　1.2.4　视频卫星监测 ·· 11
　　1.2.5　智能视频分析 ·· 11
　1.3　本书内容组织 ·· 14
　参考文献 ··· 17
第2章　无人飞行器目标监测系统 ·· 18
　2.1　概述 ·· 18
　2.2　无人飞行平台 ·· 19
　　2.2.1　无人机平台 ·· 19
　　2.2.2　无人飞艇平台 ·· 22
　　2.2.3　飞行控制系统 ·· 24
　2.3　地面控制站 ·· 26
　　2.3.1　基本组成 ··· 26
　　2.3.2　物理配置 ··· 27
　　2.3.3　基本功能 ··· 27
　　2.3.4　外部接口 ··· 30
　2.4　任务载荷 ··· 31
　　2.4.1　成像传感器 ·· 31
　　2.4.2　传感器位置与姿态测量 ··· 37
　2.5　数据链路 ··· 42
　　2.5.1　数据链路的组成 ··· 42

2.5.2　数据链路的特征 ·· 43

2.5.3　数据传输特性 ·· 44

参考文献 ··· 47

第 3 章　摄像机成像几何模型 ··· 48

3.1　针孔摄像机模型 ·· 48

3.2　空间直角坐标变换 ·· 49

3.3　摄像机几何成像模型 ·· 51

3.3.1　内参数 ·· 51

3.3.2　外参数 ·· 54

3.4　镜头畸变 ··· 55

3.5　与摄影测量成像模型的比较 ··· 56

参考文献 ··· 59

第 4 章　摄像机几何标定 ·· 60

4.1　经典的摄像机标定方法 ·· 60

4.1.1　利用野外控制点的方法 ·· 60

4.1.2　利用三维标定参照物的方法 ··· 62

4.2　利用平面模板标定摄像机 ·· 62

4.2.1　Tsai 两步法 ··· 62

4.2.2　张正友方法 ··· 66

参考文献 ··· 73

第 5 章　地面移动目标快速定位 ·· 74

5.1　GNSS/INS 坐标系及其变换 ·· 74

5.1.1　GNSS 坐标系 ·· 74

5.1.2　与 INS 相关的坐标系 ·· 75

5.1.3　摄影测量坐标系 ·· 78

5.1.4　GNSS 坐标系与我国地图坐标系的变换 ······························ 80

5.2　基于 GNSS/INS 的移动目标直接定位 ······································ 82

5.2.1　偏心角和偏心分量 ·· 82

5.2.2　摄影测量外方位元素 ·· 85

5.2.3　单像目标定位解算 ·· 87

5.3　非量测型摄像机移动目标定位 ·· 89

5.3.1　基本原理 ··· 89

5.3.2　确定投影矩阵 ··· 92

参考文献 ··· 93

第 6 章　运动估计 ··· 94

6.1　二维运动估计 ·· 94
　　6.1.1　二维运动产生原因 ··· 94
　　6.1.2　二维运动估计基本概念 ·· 96
　　6.1.3　二维运动模型建立 ··· 98
　　6.1.4　二维运动估计基本方法 ·· 99
6.2　基于特征的运动估计 ··· 100
　　6.2.1　Harris 算子特征点提取与匹配 ·· 100
　　6.2.2　SIFT 算子特征点提取与匹配 ·· 105
　　6.2.3　特征精匹配 ··· 110
　　6.2.4　全局运动估计与背景运动补偿 ·· 115
6.3　基于光流的运动估计 ··· 116
　　6.3.1　光流基本原理 ·· 117
　　6.3.2　光流计算方法 ·· 119
　　6.3.3　光流运动估计实现 ·· 124
　　6.3.4　背景运动补偿 ·· 127
6.4　基于块的运动估计 ·· 128
　　6.4.1　块运动模型 ··· 128
　　6.4.2　块匹配法运动估计 ·· 130
　　6.4.3　背景运动补偿 ·· 136
6.5　基于网格和区域的运动估计 ··· 136
　　6.5.1　基于网格的运动估计 ··· 136
　　6.5.2　基于区域的运动估计 ··· 138
参考文献 ·· 140
第 7 章　视频编码 ·· 142
　7.1　视频数据冗余 ·· 142
　　　7.1.1　视频数据冗余类型 ·· 142
　　　7.1.2　视频数据冗余去除方法 ··· 143
　7.2　游程编码 ·· 144
　7.3　变换编码 ·· 145
　　　7.3.1　K-L 变换编码 ·· 145
　　　7.3.2　DCT 编码 ·· 148
　7.4　预测编码 ·· 152
　　　7.4.1　帧内预测编码 ··· 153
　　　7.4.2　帧间预测编码 ··· 155
　7.5　量化 ··· 157
　7.6　熵编码 ·· 159

7.6.1 信息论基本概念 ·······················160
7.6.2 香农编码定理 ·························161
7.6.3 变长编码 ····························162
7.6.4 算术编码 ····························164
7.7 视频影像质量评价 ···························165
7.7.1 主观质量评价 ·························165
7.7.2 客观质量评价 ·························166
7.8 视频编码标准 ·····························166
7.8.1 颜色空间 ····························169
7.8.2 MPEG-1 ····························172
7.8.3 MPEG-2 ····························177
参考文献 ·································178

第8章 视频影像处理 ·····························179
8.1 色彩校正与调整 ···························179
8.2 视频影像降噪 ·····························181
8.2.1 空域滤波 ····························182
8.2.2 频域滤波 ····························186
8.2.3 时域滤波 ····························189
8.2.4 时空域滤波 ··························190
8.3 视频影像增强 ·····························192
8.3.1 直方图增强 ··························193
8.3.2 Retinex 增强 ························197
8.3.3 基于帧融合的视频影像增强 ···············200
8.4 视频影像超分辨率重建 ······················202
8.4.1 非均匀插值法 ························205
8.4.2 迭代反投影法 ························206
8.4.3 Robust 超分辨率重建法 ················206
8.4.4 最大后验概率法 ······················207
参考文献 ·································207

第9章 序列影像运动目标检测 ·······················209
9.1 概述 ·································209
9.2 静态场景运动目标检测 ······················211
9.2.1 帧差法 ·····························211
9.2.2 背景减除法 ··························213
9.2.3 光流法 ·····························215
9.2.4 三种方法比较 ························217

9.3　动态场景运动目标检测 ···217
　　9.3.1　基于背景纠正差分的运动目标检测 ·····························218
　　9.3.2　结合多尺度影像空间的帧差法运动目标检测 ···············219
　　9.3.3　基于光流法的运动目标检测 ·······································222
9.4　运动目标检测的性能评价 ···224
9.5　运动目标检测的典型应用 ···226
　　9.5.1　智能视频监控 ···227
　　9.5.2　无人飞行器序列影像运动分析系统 ·····························227
参考文献 ···229

第 10 章　序列影像运动目标跟踪 ···231
10.1　概述 ··231
　　10.1.1　运动目标的表示方法 ···232
　　10.1.2　运动目标的特征表示 ···234
　　10.1.3　运动目标跟踪方法的分类 ···239
10.2　确定性运动目标跟踪方法 ··241
　　10.2.1　基于特征匹配的运动目标跟踪方法 ··························241
　　10.2.2　基于模板匹配的运动目标跟踪方法 ··························245
　　10.2.3　基于 MeanShift 的运动目标跟踪方法 ·····················246
　　10.2.4　基于 CamShift 的运动目标跟踪方法 ·······················251
　　10.2.5　基于相关滤波的运动目标跟踪方法 ··························255
10.3　非确定性运动目标跟踪方法 ···257
　　10.3.1　卡尔曼滤波跟踪方法原理 ···258
　　10.3.2　粒子滤波跟踪方法原理 ··262
参考文献 ···264

彩图

第1章 绪 论

动态环境监测需要实时获取地面动态环境数据和移动目标信息，无人飞行器搭载视频传感器是获取该类型信息的有效手段。从信息处理的角度，需要对无人飞行器获取的视频数据进行处理。本章首先探讨无人飞行器获取的序列影像的数据特性，然后介绍序列影像处理分析的相关技术，最后结合本书内容的安排，介绍无人飞行器序列影像处理分析的相关内容。

1.1 无人飞行器序列影像数据特性

在无人飞行器众多功能类型的载荷中，传感探测载荷(图 1.1)是基本的组成部分之一。尽管随着各类传感探测技术的成熟，高分辨率相机、合成孔径雷达、激光探测仪、成像光谱仪等先进传感设备已逐步搭载于各种无人飞行器上，但是无论怎样发展，这些先进传感设备始终无法取代视频传感器的主体地位，无法发挥其基础作用。视频传感器就是无人飞行器的"眼睛"。

图 1.1　无人飞行器及其传感探测载荷

视频传感器获取的数据是视频影像(动态影像、运动图像)。从模拟到数字，从连续到离散，视频影像亦可视作一组时空高度相关的序列(静态)影像(相对于视频影像概念而言，序列影像的外延更大，可以使用序列影像来指代视频影像或者在时间和空间上具有很强相关性的静态影像)。随着探测成像技术的进步，特别是高速相机的产生和发展，视频影像的动态效果完全可以由连续的静态序列影像来合成，并提取其中的运动信息。因此，从信息处理的角度，序列影像更符合对于运动影像的描述与定义，但这并不排斥视频影像成为序列影像的基本数据源。

序列影像通常被定义为同一传感器连续获得的一组影像，如图 1.2 所示。在更广泛的意义上，序列影像可认为是在不同时间、不同方位对目标依序连续获取，且在影像尺寸、分辨率等方面基本一致，或者是进行相互变换的影像数据集合。视频影像，特别是数字视频影像是较为典型的序列影像。

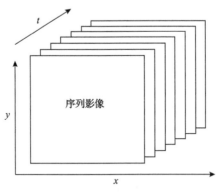

图 1.2　序列影像示意图

序列影像的数据特性决定了数据处理的手段和方法。视频影像的基本功能体现在对动态信息的表达上，区别于静态图像，视频影像采用"时间+空间"这种三维信号连续记录地物及其动态信息。无人飞行器作为移动的空中监测平台，其采集的视频影像尤其适合运动目标分析。从数据特性上看，无人飞行器获取的视频影像有不同于其他搭载方式的显著特点。

1.1.1　序列影像一般特性

序列影像既包含空间信息，也包含时间信息。序列影像数据的本质特性是影像间的时空相关性。在时间维度上，序列影像是连贯的；在空间维度上，相邻影像之间又具有很大的重叠度。对时空相关性的利用是进行序列影像处理的基础。

描述序列影像时间信息的基本参数包括记录的起始时刻、终止时刻、采样时间间隔等。起始时刻和终止时刻限定了数据采集的时间范围。采样时间间隔限定了在某一时间范围内采集影像的频次，反映了数据在时间维的离散程度，即数据的时间分辨率。对于运动平台或者运动视频，采样时间间隔也决定了序列影像帧间内容的相关程度。

在空间维度上，序列影像表现出所摄场景在时序上的变化。尽管有一些特例，如光照条件的变化，但是在绝大多数条件下，序列影像包含的主要信息是所摄对象的运动变化。

一般情况下，序列影像的空间分辨率和时间分辨率、影像的尺寸、辐射量化等级等都相对固定，影像反映的时序变化呈现出较为平滑的过渡。如果以上条件无法满足，那么需要在预处理中对数据进行调整改化，使得数据能够在统一的基准下完成后续的处理分析。

序列影像往往包含运动信息。运动信息是场景中对象与观察者(相机)之间、对象与对象之间、对象各部分(子对象)之间的空间位置随时间发生的相对变化。对序列影像进行运动分析需要确定或区分目标对象与背景。目标对象也称为前景信息，是观察者感兴趣并期望从背景中分离出来的主体。

在序列影像中，目标对象是与实体空间中的物体对象相对应的。在一些应用中，目标可以是车辆、舰船、飞机等运载工具，也可以是人员或动物等；在另一些应用中，目标可以是人的肢体或器官部位、细胞或微生物以及气象云团或星空轨迹等。因此，难以对序列影像中的目标对象进行统一的定义和描述，通常在具体的应用中根据关注或感兴趣的对象主体进行指定。与之相反的是场景中的背景，一般情况下，背景由场景中固定或相对变化较少的物体组成，通常是不关注或希望忽略的信息内容。相比于目标对象，背景一般在影像中所占的区域面积更大。随着时空的演进，目标与背景皆可能具有持续的动态变化，包括几何形状和辐射亮度等，并且目标与背景之间可能还会相互变换。

从信息内容划分的角度，序列影像数据主要包括目标对象和背景信息，还可能含有噪声等。序列影像数据处理的基本要点是：提取目标、抑制背景、剔除噪声。所有的预处理操作都是围绕这些基本要点展开的。

综上，序列影像的一般特性可归纳为如下两点：

(1)序列影像的关键特性是影像帧间较强的时空相关性，这也是序列影像区别于其他数据类型且能够反映动态信息的根本所在。

(2)序列影像数据记录的主体是运动信息。在序列影像中按内容将其主要分为目标信息和背景信息，序列影像数据相关处理的一个基本方向是突出影像中的目标信息，同时弱化或削减背景信息。

1.1.2 无人飞行器视频影像数据特性

无人飞行器获取的视频影像也是一种序列影像。由于搭载平台及传感器的特殊性，无人飞行器获取的视频影像除了具有序列影像的一般特性外，在获取平台、信息内容、目标对象等方面还具有非常显著的特点。

1. 获取平台特性

无人飞行器是运动的空中平台，根据飞行任务和地面控制站的操作指令，飞行器经常需要做出偏航、俯仰、横滚等姿态的调整。此外，受阵风气流等外界环境的影响，飞行器还会出现颤振抖动的情况。无论是受控的运动还是非受控的运动，飞行器姿态的变化都会对获取的视频影像质量产生较大的影响。

实践中，传感器是通过云台或吊舱与飞行器进行连接的。尽管有些云台和吊舱装有自稳定模块，可以消除飞行器的倾斜和振动对获取视频质量的影响，但在大多数情况下，自稳定模块并不能完全消除飞行器的倾斜和振动。因此，在无人飞行器视频处理分析中，来自传感器姿态变化的影响不容忽视。另外，飞行器的机动必然引起传感器位置的移动(摄像机位置的变化)，进一步引起场景的被动运动和视频影像所包含信息内容的变化。

对视频影像进行运动估计可反求传感器的姿态变化。如果已知视频影像中每一帧对应的传感器姿态参数，那么也可以推导出视频影像中背景的运动。但是，传感器姿态参数与视频影像运动信息的联合求解存在诸多问题。

首先，视频影像帧的获取与姿态参数的获取在时间上是不同步的。通常情况下，视频影像的离散采样频率与姿态测量装置的采样频率不能保证完全一致，即使完全一致，也难以保证两者在采样时刻上完全同步。通常的解决方法是，通过重采样对两者的采样频率进行匹配，并通过时间戳进行对齐。即便如此，依然有可能由于精度不够而无法获得准确可靠的计算结果。

其次，单纯利用影像空间信息解算实物空间参数存在"病态问题"。与实物空间(三维立体)相比，影像空间(二维平面)缺少一个空间维度，因此由影像空间无法恢复实物空间(Hartley et al., 2000)。尽管从理论上可以利用视频中相邻的多幅影像构建立体成像模型，但由于受影像相邻帧之间的重叠度过大、成像投影距离较摄站(摄像机光学中心位置)移动距离过大等条件限制，这种立体成像模型难以达到所需的稳定性和精度要求。此外，也需要考虑摄像机的镜头畸变和焦距变化、飞行器升降和转向等非常规机动导致的传感器姿态剧烈变化等特殊问题。

鉴于传感器姿态参数获取与求解所包含的一些难题，序列影像相邻帧之间或连续帧之间，其运动分析不需要利用姿态参数或者考虑传感器姿态的影响，而是通过序列影像相邻帧之间的匹配来估计背景的运动。这种"离散化"的处理方式基于一个前提：序列影像的采样时间间隔较短，而传感器的姿态在该时间间隔内变化不大，那么便可以认为相邻帧或连续帧之间的运动是平滑过渡的，可以将其限定为平移、旋转、拉伸等相对简单的形式或者这几种简单形式的组合。当然，这个前提并不总是成立的，但是对无人飞行器视频影像处理来说，在大多数情况下是适用的，而对于某些特殊情况，如传感器视场的快速调整、信号传输受到干扰等，则需要采取其他处理手段。

2. 信息内容特性

在视频影像处理中，数据所包含的信息内容也在很大程度上决定了处理分析方法的选取和采用。对于信息内容，无人飞行器视频影像与其他方式采集的视频影像也存在较大的区别。

1) 复杂性

无人飞行器视频影像信息内容的复杂性是综合背景信息和目标信息的类型属性，以及各种成像条件之后的结果。

对于地面运动目标分析，背景信息一般是地面场景。地面场景通常由各种类型的地物组成，如建筑物、农田、道路、河流等，即便是同类型的地物，在形状、尺寸、纹理等特征属性上也会表现出较大的差异。地物类型的多样性反映到视频影像中就是背景信息较为复杂(Zhou, 2009)。另外，各种地物在地面的空间分布相互交错。例如，某些地物与其他地物在空间位置分布上存在邻接、包含、上下重叠等复杂关系，造成地物影像出现黏连、叠置、遮挡等，这也进一步增加了背景信息的复杂程度。

与背景信息类似，目标信息也包含许多不同的类型，而且具有多种运动方式。目标信息类型与运动方式的结合构成了目标信息的复杂性。

此外，成像条件的变化也增加了信息内容的复杂性，例如，不同光照条件造成的阴影，地物不同含水量造成的信息内容复杂性。

2) 变化性

在无人飞行器平台中，传感器与探测场景之间、目标对象与背景之间可能存在相对运动，而实际空间中的运动导致视频影像中信息内容的变化。按照不同的运动方式，视频影像信息内容的变化也可以粗略地分为被动变化(传感器运动引起)和主动变化(目标对象运动引起)两种形式。

无人飞行器的机动、传感器姿态的调整以及镜头焦距的缩放统称为传感器运动，传感器运动会使视频影像信息内容产生被动变化。由于传感器的运动，各种地物的影像都会随之发生变化，而其中的静态背景会产生一个与传感器运动方向相反的运动矢量。

目标或者场景的运动使得视频影像信息内容发生主动变化。无人飞行器视频影像中运动目标(如车辆、人员等)的变化以某一速度沿某一方向的位置移动为主，而背景运动的情况比较特殊，既可能是非目标对象的运动(将其归入背景)，也可能是背景地物的有规律运动(如河水的流动、树木的摇动等)。

此外，光照、云雾、烟尘、阴影等各种成像环境条件的变化也使得视频影像的信息内容富有变化性。

3. 目标对象特性

动态信息分析的重点是运动目标。在现实世界中，运动目标可以是任何能够自主运动的物体对象。不同的应用方向关注的目标类型及其属性特征也不尽相同。无人飞行器目标视频分析的运动目标主要是地面上的各种车辆和人员。尽管智能交通、安保监控等视频影像应用也关注地面上的车辆和人员，但是其在数据获取方式、应用目的等方面与无人飞行器目标视频分析不同，与此类应用相比，无人飞行器目标视频分析具有一些独特的特性。

概括来讲，无人飞行器视频影像中的运动目标具有小、多、变的特点，与视频影像信息内容的复杂性和变化性相似。目标对象的这三个特点也给视频影像处理与运动分析造成了一定的困难。

首先，受传感器条件的限制，尽管视频影像的成像比例尺较大，但分辨率不是很高，并且传感器视场较小，在非识别状态下传感器通常使用中短焦距段以包含更大的场景范围。因此，在空间分辨率相对较小的视频影像中，多数情况下，车辆、人员等运动目标在视频影像中只占有很小的面积，从数百像素到数十像素不等(张天序，2005)。目标影像相对较小，其包含的特征信息也较少，不利于对目标进行定义以区别于背景或其他目标，而且难以对目标进行检测和搜索。

其次，无人飞行器的传感器能够覆盖一定的地面区域，区域中一般会有一个以上的目标在活动，并且某些情况下目标对象是以群体的形式出现的，如车队、人群等。因此，视频影像中经常会含有多个移动目标。移动目标较多对运动处理造成的困扰会增加运算量，需要具有并行处理能力的算法；目标之间的交错、重叠等现象也会对目标持续跟踪造成影响，同时为了区分不同的目标还需要多种特征属性的综合定义。

最后，飞行器与目标对象间的相对运动以及场景环境条件的改变，也会使视频影像中的目标发生变化。这些变化主要通过目标的运动方向、形状轮廓、颜色亮度等特征属性来体现。目标的多变性要求基于特征属性的目标定义必须随时进行更新，必要时还需要重新启动整个处理流程以适应情况的变化，另外要考虑更新及循环前后的衔接等问题。

上述无人飞行器视频影像中的目标对象特性，对运动分析提出了难题和挑战。但是与其他类型的运动分析应用相比，无人飞行器视频影像中的目标对象也包含一些有利于处理分析的特性，例如，目标的运动一般是刚性且规则的。

1.1.3　无人飞行器视频分析特性

对于军事应用，无人飞行器所搭载的视频传感器的重要意义是由其自身的基本特性决定的。视频传感器的基本特性主要有两个方面：动态信息获取和目标探测快速响应。究其本质，两者并无差别，不同的是动态信息获取着重于描述传感器的运动信息(目标)捕捉能力，而目标探测快速响应则反映了视频信息的时效性

（或者实时性）。这两点对军事侦察、监测等应用的意义无疑是十分明显的。另外，通信传输和成像显示等方面的技术为视频信号提供了便利条件，也进一步强化了视频传感器的优势地位。

在图像处理分析中，影像中的信息在内容上可以分为目标（感兴趣区域）和背景（非感兴趣区域）两类，许多处理方法的根本目的就是通过突出目标或者抑制背景对两者进行区分。对于序列影像的处理与运动分析，如何区分目标与背景同样是一个核心问题。序列影像与静态影像处理的区别是：静态影像中的目标一般是操作者感兴趣的物体或区域，而序列影像中的目标往往是运动的物体或对象。不难看出，序列影像的处理与分析是围绕着运动属性展开的。无论是从应用的需求来考虑，还是从数据的特点来考虑，序列影像针对的主要是运动对象（目标），提供的主要是运动信息。这种"特长"是以静态影像为载体的数据形式所缺少的。序列影像处理与运动分析相关技术的研究涉及不同的方向（如图像处理、机器视觉等），但是不管采用何种方式都必须以运动信息的处理为根本前提。

1.2　序列影像处理与运动分析相关技术

序列影像处理与运动分析相关技术的研究主要涉及三个领域方向：计算机视觉、视频处理技术和运动目标分析。三者之间基本上是由大到小的包含关系（图 1.3）：计算机视觉具有较广的内容范围，其中的理论方法为本项技术提供了原理基础；视频处理技术所针对的视频数据及其影像所具有的动态属性确立了计算机视觉和运动目标分析之间的联系，包含了与运动目标分析有关的各种序列影像处理技术内容；运动目标分析则更为具体地将研究指向运动目标的处理及相关应用。无人飞行器序列影像处理与运动分析相关技术研究的开展正是由这三方面支持和推动的。

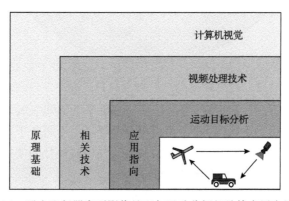

图 1.3　无人飞行器序列影像处理与运动分析相关技术层次关系

1.2.1 计算机视觉

计算机视觉(机器视觉)的发展时间并不长，但得到了非常广泛的应用。通俗地讲，计算机视觉是利用计算机的运算处理能力对视觉感知过程进行的模仿。在技术层面上，计算机视觉要实现一种变换：将照相机或摄像机获取的影像数据变换为决策或者其他新的表达形式。从定义来看，计算机视觉研究的目的就是构建具有感知获取、处理分析、理解认知等一系列能力的"人工"视觉系统，从而凭借计算机强大的信息数据处理能力代替人眼进行视觉感知。图 1.4 显示了"人工"视觉系统的构成，内层列举了其涵盖的各种技术方法，外层则给出了技术方法在系统集成后的性能指标上需要考察的因素(Davies，2005)。从中不难看出，"人工"视觉系统的综合是一项复杂的系统工程。

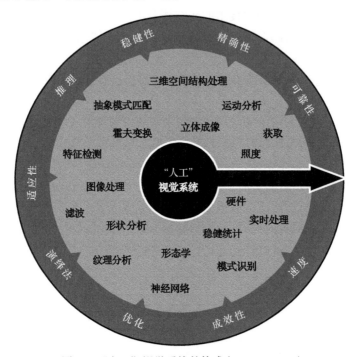

图 1.4 "人工"视觉系统的构成(Davies，2005)

计算机视觉的相关研究实际上就是围绕视觉系统的建立展开的，包括图像处理、模式识别、运动分析、三维空间结构处理等。由于服务于同一个组织体系，各分支技术之间也有紧密的联系，例如，运动分析就涉及图像处理、模式识别、三维空间结构处理等方面的部分内容与方法。

运动信息是视觉接收感知到的最主要的信息，与之对应，运动分析也就成为计算机视觉一个十分重要的研究方向。基于序列影像的运动分析，其所包含的问题基本上可以划分成三个方面：对应问题、重建问题和分割问题。对应是指影像帧间同名像素的对应；重建是利用同名像素以及相机参数对运动和场景进行空间恢复和重建；分割则是将影像中的不同区域对应于现实中的运动对象。在计算机视觉领域，用于解决这三个问题运动分析的方法有很多，并且各种方法之间不断地交叉融合，使得新的技术、新的算法层出不穷，从而为具体技术的实现提供了条件。

　　此外，区别于计算机视觉中一般意义上的视频，无人飞行器获取的序列影像在影像几何特性上具有明显的独特性。这是由于无人飞行器搭载的视频摄像机一般指向载体下方的地面，属于空中对地面的成像方式。这种成像方式接近于摄影测量学中的成像方式，不同的是摄影测量学对成像的几何条件要求更为严格。因此，本书对序列影像几何特性的分析，部分内容直接采用了发展较为成熟的摄影测量学的基本方法。

1.2.2　视频处理技术

　　视频作为应用最广泛的多媒体数据已与人们的生活密不可分，是人类获得信息的重要途径之一。在视频处理技术的发展过程中，从模拟到数字的变换是一次伟大的技术革新。Bovik(2006)认为，数字视频处理技术是图像处理研究和发展的前沿及未来方向。

　　视频处理技术的核心是将视频实时高清地呈现出来，技术基础是视频影像处理与压缩编码。对于无人飞行器获取的视频，一方面，视频在获取和传输过程中不可避免地会引入信号失真和噪声，因此对视频影像进行实时高效的处理，提高视频质量非常必要；另一方面，无人飞行器持续获取并实时传输监控视频，原始视频数据量巨大，在现有的技术条件下，很难存储和传输原始视频数据，因此需要对原始视频数据进行压缩。

　　视频影像处理与压缩技术是连接视频获取传输与视频分析理解的关键桥梁，也是诸多视频应用的基础。相关的研究内容包括视频压缩编码、视频影像降噪、视频影像增强、视频影像超分辨率重建等视频处理技术。随着视频获取、数据传输、人工智能技术的深入发展，视频影像处理与压缩技术正在发生深刻变革，诸多新技术层出不穷，如视频大数据的视觉表示机理、视觉信息紧凑表达、高层与低层视觉融合处理方法及相应硬件技术等。继数字化、高清化之后，视频处理技术正在经历由超高清和智能化等新一轮技术革新带来的跨越式发展(贾川民等，2021)。

1.2.3　运动目标分析

　　与静态影像相比，视频最具特色且最有价值之处在于，可以对其中的运动目标进行持续跟踪与监测，因此运动目标分析在视频处理技术中占据重要的地位，尤其是对无人飞行器视频而言。较为先进的无人飞行器系统，如"全球鹰"(Global hawk)、"捕食者"(Predator)、"先锋"(Pioneer)、"警卫"(Outrider)、"猎手"(Hunter)等，均内嵌有运动目标处理分析的相关软硬件模块。

　　运动目标分析的基本功能是对人员和车辆等运动对象进行检测及跟踪，进而推断出目标的行为并报告异常情况。与固定平台的监控视频相比，无人飞行器这类移动平台很重要的特点是传感器自身一般处于运动状态下，因此运动目标分析成功应用的关键在于移除视频中的"自身运动"成分。为此，一般的处理方法是将视频帧纠正到选定的参考影像上，以抵消传感器的运动，形成数秒的影像稳定。随后，利用稳定后的视频实现目标检测及跟踪。

　　图 1.5 为空中视频监视技术流程图。通过运动估计、运动目标检测和目标跟踪等处理步骤，提取视频场景中的运动目标轨迹。利用序列影像与场景模型对应标识其中的运动目标，将由跟踪得到的运动目标轨迹和目标标识放入场景环境中进行综合关联分析，实现对目标行为的推理判断。图 1.5 中的场景模型可包括正射影像、数字高程模型、地形地貌数据等基础地理空间数据。

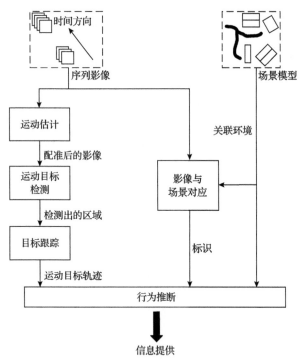

图 1.5　空中视频监视技术流程图

1.2.4 视频卫星监测

随着遥感平台和传感器技术的快速发展，人们可以在卫星上搭载视频传感器来快速获取视频数据。目前，国内外已发射了数颗可进行视频拍摄的低轨卫星，其发射时间与技术指标见表 1.1。从表 1.1 中可知，目前以国外发射的商业视频卫星为主，我国商业视频卫星紧跟国外发展；从影像质量来看，美国 Skybox 公司发射的 SkySat 系列卫星和加拿大 UrtheCast 公司搭载在国际空间站的视频卫星成像质量较好。美国 Skybox 公司发射的 SkySat-1 和 SkySat-2、加拿大 UrtheCast 公司的视频卫星和中国长光卫星技术股份有限公司的"吉林一号"代表了国内外视频卫星发展的前沿水平(袁益琴等，2018)。

表 1.1 国内外视频卫星的发射时间与技术指标(袁益琴等，2018)

卫星/平台	发射时间	机构	视频颜色	视频分辨率/m	帧率/(帧/s)	成像区域	视频长度/s
LAPAN-A1	2007.1	印度尼西亚国家航空航天研究所	黑白	200	50	81km×81km	—
SkySat-1	2013.11	美国 Skybox 公司	黑白	1.1	30	2km×1.1km	90
国际空间站	2014.1	加拿大 UrtheCast 公司	彩色	1	30	5km×3.4km	90
Surrey-V1C	2014.2	美国 SSTUS 公司	彩色	<1	100	—	1800~3600
SkySat-2	2014.7	美国 Skybox 公司	黑白	1.1	30	2km×1.1km	90
LAPAN-A2	2014.9	印度尼西亚国家航空航天研究所	黑白	200	50	81km×81km	—
"天拓二号"	2014.9	中国国防科技大学	黑白	5	25	—	180
"吉林一号"	2015.1	中国长光卫星技术股份有限公司	彩色	1.13	25	4.6km×3.4km	90

视频卫星数据在国民经济领域具有非常广泛的应用，例如可以应用于城市大范围车流密度监测，也可以应用于自然灾害应急响应、重大工程的实时监测、突发性群体事件处置。视频卫星数据在军事领域也具有广泛的应用，例如可以对热点地区、边境线连续监测，为边境小规模冲突处置提供参考依据。

图 1.6 显示了 SkySat-1 拍摄的迪拜某区域的两帧视频影像，在 30s 的视频中完整地记录了一架飞机从迪拜上空飞过的过程(袁益琴等，2018)。

1.2.5 智能视频分析

随着工业技术的发展，视频监控越来越广泛地应用到各行各业中，摄像机数量越来越庞大，这给传统的视频监控带来了严峻挑战，采用人工分析视频的方式已经远远不能满足需要。研究表明，操作员盯着电视屏幕墙超过 10min，将漏掉

图 1.6　SkySat-1 对迪拜飞机实时监测(袁益琴等，2018)

90%的视频信息，从而使视频监控工作失去意义。因此，视频分析技术也逐渐向智能化和无人化的方向发展。智能分析系统可以将操作员从繁杂而枯燥的"盯屏幕"任务中解脱出来，由机器来完成分析识别工作，还可以在海量的视频数据中快速搜索到想要的影像帧。

智能视频分析系统是在传统视频监控的基础上发展而来的，其最核心的部分是基于计算机视觉的视频内容理解技术，通过对原始视频影像进行背景建模、目标检测与识别、目标跟踪等一系列算法处理，分析其中的目标行为及事件，从而回答人们感兴趣的"是谁"、"在哪"、"干什么"的问题，然后按照预先设定的安全规则及时发出报警信号(黄凯奇等，2015)。智能视频分析系统能对多路视频同时进行分析，极大地提高视频监控的工作效率，使得视频分析更加及时、监测更加全面。智能视频分析系统通常具备如下特点。

(1)具备"会思考的大脑"，能像人一样分析视频中的内容。

(2)基于计算机视觉对监控场景的视频影像内容进行分析，从纷繁的视频影像中检测、识别出关键目标。

(3)自动分析、抽取视频源中的关键信息，并及时形成相应事件和告警的监控报告，从而使传统监控系统中的摄像机不仅成为"人的眼睛"，也成为"人的大脑"。

智能化是视频分析的发展方向，具有广阔的发展空间，但大规模应用中的核心技术尚处在发展阶段，需要大量的技术积累以及不断的应用验证，这其中涉及机器学习、深度学习、强化学习、目标检测、目标跟踪、行为分析等诸多技术。

智能视频分析研究的主要内容是如何从原始的视频数据中提取出符合人类认知的语义理解，即希望计算机能和人一样自动分析并理解视频数据。例如，判断场景中感兴趣目标、历史运动轨迹、从事行为以及目标之间的关系等。一般而言，智能视频分析研究对视频影像的处理可以分为三个层次，如图 1.7 所示，底层主要是从视频影像采集终端获取序列影像，对感兴趣目标进行检测和跟踪，主要解决"目标在哪里"的问题。中层主要是在底层的基础上提取运动目标的各种信息并进行相关判断，这部分内容包括目标识别，目标识别是对目标进行分类，进而识别目标的身份，可分为目标分类和个体识别。中层的分析为底层处理到高层行为理解搭建了一座桥梁，填补了底层与高层之间的语义空白。高层处理完成对目标的行为分析和理解，高层的信息蕴含着特定的语义场景，往往和具体的应用紧密相关。行为分析可以分为姿态识别、行为识别和事件分析，主要解决"目标在干什么"的问题。

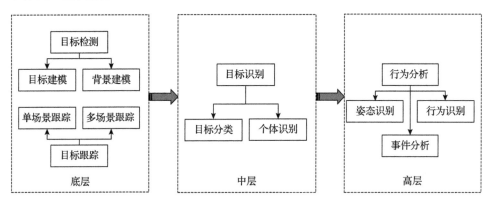

图 1.7　智能视频分析系统典型框架(黄凯奇等，2015)

将智能处理技术应用于无人飞行器视频处理与分析，已经取得了大量的研究成果。例如，彭博等(2019)提出一种用于无人机视频车辆自动识别的改进 Faster R-CNN 算法(CNN(convolutional neural network，卷积神经网络))，对多种场景的视频车辆检测具有较好的适用性；王硕等(2020)提出一种基于 CNN 和长短期记忆(long short-term memory, LSTM)网络混合模型的车辆行为检测方法来识别车辆行为；黄同愿等(2019)研究了深度学习技术在行人检测领域的应用，对行人检测目前面临的主要问题和挑战进行了分析。

图 1.8 为典型智能视频分析系统部分功能示意图。完整的系统包含视频诊断、视频分析和视频影像增强等模块，它们各自又包含了大量的功能算法。其中，视频诊断模块包括清晰度检测、视频干扰检测、亮度色度检测、PTZ 控制功能检测(PTZ 是 pan/tilt/zoom 的缩写，表示云台全方位移动及镜头变倍、变焦控制)，以及视频丢失、镜头遮挡、镜头喷涂、非正常抖动等检测；视频分析模块包含跨线检测、进入区域检测、遗留遗失检测、方向检测、人群计数、人员密度估计、徘徊检测、流量统计、区域稠密度统计、人脸识别、车牌识别、烟火烟雾检测、自

动 PTZ 跟踪等功能；视频影像增强模块包含稳像、去雾、滤波、全景拼接等。由此组合衍生出的算法种类又有很多，应用方式也千变万化。

(a) 跨线检测　　　　　　　　　　　　(b) 进入区域检测

(c) 徘徊检测　　　　　　　　　　　　(d) 人员密度估计

图 1.8　典型智能视频分析系统部分功能示意图(见彩图)

1.3　本书内容组织

　　本书在介绍无人飞行器目标监测系统后分两部分展开。前半部分重点介绍无人飞行器序列影像的几何特性以及地面移动快速定位方法(第 2~5 章)；后半部分主要围绕视频数据处理和地面运动目标的检测与跟踪应用讨论相关的问题(第 6~10 章)。下面结合各章内容安排对本书的理论体系和技术体系进行介绍。

　　第 2 章介绍无人飞行器目标监测系统。这不仅是为了内容体系上的完整性，更是因为序列影像的分析处理过程通常不是单纯地针对影像数据本身来进行的，往往还需要结合飞行平台和传感器的状态参数以及数据传输特性。首先介绍无人机和无人飞艇的系统组成。然后分别介绍地面控制站、任务载荷和数据链路。对作为无人飞行器中枢系统的地面控制站，在介绍其基本组成和物理配置的基础上，重点剖析针对各类任务的规划功能和飞行控制功能，对其与无人飞行器系统其他部分的外部接口也进行简要介绍。接着介绍任务载荷，重点针对目标感知指标介绍一种成像传感器性能分析方法，同时讨论传感器位置与姿态测量方法。最后介绍无人飞行器的数据链路，在分析其组成和特征之后着重讨论数据传输特性。

第 3 章讨论摄像机成像几何模型。无人飞行器携带的通常是非量测型成像传感器。相对于遥感测绘中使用的量测型相机而言，非量测型成像传感器的内部结构不规则，内参数完全未知或部分未知，甚至不稳定。对于非量测型成像传感器，基于计算机视觉方法建立成像几何模型。该章首先介绍针孔摄像机模型和空间直角坐标变换。然后分别定义摄像机内、外参数，包括表示像平面坐标系与摄像机坐标系关系的内部参数(摄像机内参数)和表示物方空间直角坐标系与摄像机坐标系关系的外部参数(摄像机外参数)，并推导考虑镜头径向畸变的摄像机几何成像模型。最后，分析基于计算机视觉的成像几何模型与遥感测绘中广泛使用的摄影测量成像模型——共线条件方程之间的异同以及各自的适用性。

第 4 章讨论摄像机几何标定。几何标定既是无人飞行器序列影像用于移动目标定位的前提，也是纠正图像镜头畸变的依据。几何标定需要通过实验与计算来确定摄像机内外参数和镜头畸变模型参数。本章首先介绍经典的摄像机几何标定方法，包括利用野外控制点的方法和利用三维标定参照物的方法，然后讨论采用平面模板的几何标定方法。由于无人飞行器的飞行和起降操作机动灵活，而且可以方便地更换搭载传感器，所以需要更加灵活的几何标定方法。平面模板是一种更适用于标定无人飞行器摄像机的方便灵活的标定参照物。当采用平面模板进行几何标定时，需要充分考虑所有场景点均位于同一平面这一特定约束条件，并建立合适的几何成像模型以解算摄像机的内外参数，对于这方面，将详细介绍目前最具有代表性的 Tsai 两步法和张正友方法的基本原理和实现过程。

第 5 章探讨地面移动目标快速定位。视频影像中的目标定位可以充分利用成像时传感器的位置和姿态，结合地面控制条件，快速确定出现在无人飞行器图像或视频中的地面目标的地理坐标。理论上，传感器的位置可采用全球导航卫星系统(global navigation satellite system, GNSS)来确定，传感器的姿态可采用惯性导航系统(inertial navigation system, INS)来确定。实践中，通常采用 GNSS/INS 组合系统联合测量位置姿态参数。基于 GNSS/INS 的目标定位涉及多种坐标系，包括 GNSS 坐标系和与 INS 相关的坐标系，以及摄影测量坐标系和表示最终定位结果的地图坐标系。该章首先介绍这些坐标系并给出它们之间的变换关系，然后探讨将 GNSS/INS 的输出信息变换为摄像机外方位元素的方法，最后针对序列影像中的移动目标施以单像目标直接定位方法。无人飞行器搭载的非量测型摄像机，其内部结构不规则，为此介绍作者提出的一种更适合这类非量测型传感器的移动目标定位方法。

第 6 章讨论运动估计。这一处理有两个主要目的：一方面是计算并补偿由传感器运动引起的影像变化造成的背景位移,从而便于后续的运动目标检测和跟踪;另一方面是估计像素的运动矢量,为后续的视频处理与运动分析提供基础数据。运动估计的方法较多,从大的方面可分为基于特征的运动估计方法、基于光流的运动估计方法、基于块的运动估计方法以及其他估计方法。基于特征的运动估计方法利用特征点提取和匹配来估计序列影像的背景位移。基于光流的运动估计方法依据物体运动前后(前后两帧影像中)亮度不变的假设形成光流方程,再附加一定的平滑约束条件联合求解像素的光流值。基于块的运动估计方法把图像分割成许多小块,假设每个块足够小且运动一致,则每个块内的运动变化就可以用一个简单的模型来表示,同时每个块的运动矢量可以独立地进行估计。其他估计方法包括基于网格的运动估计方法和基于区域的运动估计方法。该章首先分析引起影像中像素二维运动产生的原因,建立运动模型,并介绍运动估计的基本方法,然后针对每种方法分别展开,具体描述相应的运动估计和运动补偿技术。

在序列影像运动估计与运动补偿技术的基础上,第 7 章讨论视频编码。视频编码技术是后续视频数据储存、传输和应用的基础,其目的是去除视频数据中的冗余,从而便于视频数据的存储和传输。该章首先分析视频数据冗余的类型,然后介绍最为基础的游程编码。接着针对视频数据的空间冗余重点讨论两种经典的变换编码,即主成分变换和离散余弦变换。针对视频数据的时间冗余分别讨论帧内预测编码和帧间预测编码,针对视频数据的编码冗余分别介绍量化和熵编码。最后给出视频图像质量评价和视频编码标准。

第 8 章介绍视频影像处理。在任何一个多层次的影像分析系统中,处理技术一般被视作最底层和最初级的技术,对于视频影像亦是如此,这一环节之所以不可或缺,是因为其直接关乎后续分析的质量和效率。视频影像质量的退化既有可能来自色调的失真,也有可能来自各类噪声污染,甚至有较大的斑点遮挡影像中的关键信息或重要特征。为了解决上述问题,该章分别讨论色调校正与调整、视频影像降噪、视频影像增强和视频影像超分辨率重建的基本理论和方法。

第 9 章对序列影像运动目标检测展开讨论。运动目标检测是序列影像智能分析的核心技术之一,也是后续分析(如目标跟踪、目标识别、行为分析理解等)的前提和基础。在无人飞行器序列影像应用中,运动目标检测的难点主要来自背景的运动。在最终达成针对动态平台的运动目标检测之前,首先结合静态场景的运动检测进行一些理论和技术准备。事实上,静态背景是目前广泛应用的各类地面视频监控系统的主要特征,因此相关的理论和技术完全适用于这些系统。针对静态场景运动目标检测问题,分别讨论三种基本的静态场景运动目标检测方法,即帧差法、背景减除法和光流法。对于动态场景的运动目标检测,首先讨论基于背景纠正差分的运动目标检测,然后介绍结合多尺度影像空间的帧差法运动目标检测,以解决传统帧差法存在的检测目标不完整的问题,进一步介绍如何利用光流技术进行运动目标检测。最后介绍运动目标检测的性能评价和典型应用。

第 10 章讨论序列影像运动目标跟踪。对于从序列影像中检测出的运动目标，如果确认其为感兴趣目标，就需要锁定该目标并对其进行跟踪。该章首先对运动跟踪技术进行系统分析，包括运动目标的表示方法、运动目标的特征表示和运动目标跟踪方法的分类。然后从总体上将运动目标跟踪方法分为确定性运动目标跟踪方法和非确定性运动目标跟踪方法两类。确定性运动目标跟踪方法分别讨论基于特征匹配的运动目标跟踪方法、基于模板匹配的运动目标跟踪方法、基于 MeanShift 的运动目标跟踪方法、基于 CamShift 的运动目标跟踪方法和基于相关滤波的运动目标跟踪方法。非确定性运动目标跟踪方法引入概率统计的思想，将不确定性观察（如概率密度函数）与不同的状态相联系，利用状态空间对跟踪系统的运动进行模型化。卡尔曼滤波是基本的非确定性运动目标跟踪方法，粒子滤波则是近年来发展起来的较为有效的运动目标跟踪方法。因此，非确定性运动目标跟踪方法主要讨论卡尔曼滤波和粒子滤波。

参 考 文 献

黄凯奇，陈晓棠，康运锋，等. 2015. 智能视频监控技术综述[J]. 计算机学报，38（6）：1093-1118.

黄同愿，向国徽，杨雪姣. 2019. 基于深度学习的行人检测技术研究进展[J]. 重庆理工大学学报（自然科学版），33（4）：98-109.

贾川民，马海川，杨文瀚，等. 2021. 视频处理与压缩技术[J]. 中国图象图形学报，26（6）：1179-1200.

彭博，蔡晓禹，唐聚，等. 2019. 基于改进 Faster R-CNN 的无人机视频车辆自动检测[J]. 东南大学学报（自然科学版），49（6）：1199-1204.

王硕，王岩松，王孝兰. 2020. 基于 CNN 和 LSTM 混合模型的车辆行为检测方法[J]. 智能计算机与应用，10（2）：232-235, 239.

袁益琴，何国金，江威，等. 2018. 遥感视频卫星应用展望[J]. 国土资源遥感，30（3）：1-8.

张天序. 2005. 成像目标自动识别[M]. 武汉：湖北科学技术出版社.

Bovik A. 2006. Handbook of Image and Video Processing [M]. 2nd ed. Singapore: Elsevier.

Davies E R. 2005. Machine Vision: Theory, Algorithms, Practicalities[M]. 3rd ed. Singapore: Elsevier.

Hartley R, Zisserman A. 2000. Multiple View Geometry in Computer Vision[M]. Cambridge: Cambridge University Press.

Zhou G. 2009. Near real-time orthorectification and mosaic of small UAV video flow for time-critical event response[J]. IEEE Transactions on Geoscience and Remote Sensing, 47（3）：739-747.

第 2 章　无人飞行器目标监测系统

无人飞行器具有结构简单、维护方便、机动灵活、使用成本低等特点,已成为一种广泛使用的新型空中监测平台。利用无人飞行器搭载摄像机构建的对地观测系统,能够持续获取并即时传输观测对象的动态信息,可在生态环境监测、区域安全监控、工程施工监测、交通监控、公安侦查等领域发挥重要作用。在军事上亦可用于目标侦察、动态环境监测、炮兵校射等即时传输型应用。

无人飞行器目标监测系统一般由无人飞行平台、地面控制站、任务载荷和数据链路组成。

2.1　概　　述

无人飞行器主要包括无人机和无人飞艇两大类。无人机是无人驾驶飞机(unmanned aerial vehicle, UAV)的简称,是一种由无线遥控设备或预设导航控制系统操纵、动力驱动、机上无人驾驶、可重复使用的飞行器。飞艇是人类最早使用的飞行器之一,曾有过迅速发展的黄金时代,并且在 20 世纪初期一度成为主要的民航运输工具。与无人机相比,无人飞艇具有起降条件要求低、操作技术难度小等优点,缺点是需要填充氦气(在无明火的安全环境下可使用成本相对较低的氢气替代)、机动性能较差。除飞行平台不同外,无人飞艇在飞行控制、数据传输、数据处理等方面均与无人机相差无几。无人机实验飞行的成本和任务飞行的成本几乎相同,而无人飞艇与无人机工作方式相似,并且飞行成本更低,因此除了可作为一种低速的空中信息获取平台外,无人飞艇还可作为一种低成本的替代实验平台,用于无人机系统研发过程中的联机调试和飞行实验环节。无人飞艇的另一个优势在于,能够利用艇囊中比空气轻的浮升气体的浮力长时间停留在空中。

一套典型的无人飞行器系统应包括一个或多个飞行器、一个或多个地面控制系统、一种或多种任务载荷及无线电通信网络。此外,很多无人飞行器系统还包括发射与回收子系统、地面数据处理与应用子系统、运载工具及其他地面维护设备。无人飞行器飞行和执行任务有两种控制方式:一种是由飞行控制员通过地面控制站设置的开关或操纵杆人工调整飞行器的方向、高度、速度,以及摄像机的指向、焦距等;另一种是通过预设指令,由自动驾驶仪保持飞行器飞行,利用各种类型的导航系统(全球导航卫星系统、无线电控制系统、惯性导航系统等)和传感器执行事先设定的任务,同时飞行控制员可利用监视器对其进行操控。在无人飞行器飞临目标区上空，收集到任务数据后，可立即将数据传输到用户终端。如果用户有了新的操作请求，也可立即通知地面控制站，由飞行控制员发送指令改变无人飞行器的飞行程序。在无线电通信范围内，飞行器与地面控制站之间可通过无线电直接通信，在超出通信范围时，可经由通信卫星进行通信，如图 2.1 所示（Fahistrom et al.，2003）。

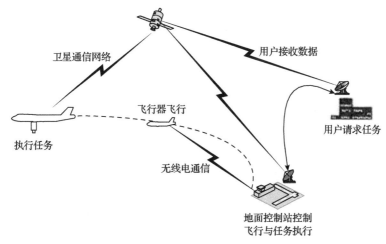

图 2.1　无人飞行器系统工作原理模型

2.2　无人飞行平台

无人飞行平台是无人飞行器系统中的空中部分，包括飞机机体(或飞艇艇体)、推进装置、飞行控制装置和供电系统等。无人机的空中设备一般安装在飞机机体内，无人飞艇的空中设备则安装在飞艇艇体底部的吊舱内。飞行数据通信终端被安装在无人飞行平台上，被认为是通信数据链路的空中部分。任务载荷也安装在无人飞行平台上，但它通常被认为是独立的子系统，能够在不同的飞行器之间通用，并且经过特殊设计，能够完成各种不同的任务。

2.2.1　无人机平台

无人机的飞速发展使得现代无人机的种类繁多、型号各异，目前对无人机的分类尚无统一的方式。为方便比较，将已有的各种分类方式大致归纳如下。

(1)按大小和质量分类，可分为大型无人机、中型无人机、小型无人机和微型无人机。起飞质量在 500kg 以上为大型无人机，在 200～500kg 为中型无人机。小型无人机则是起飞质量小于 200kg、最大尺寸在 3～5m、活动半径在 150～350km 的无人机。小型无人机上可安装视频摄像机、前视红外装置、红外扫描仪或激光测距仪等载荷设备，采用无线电遥控、自主飞行或两者组合的控制方式，回收可采用降落伞回收、滑跑着陆回收和拦截网回收等方式。对于微型无人机，美国国防高级研究计划局的定义是翼展在 15cm 以下的无人机。英国《飞行国际》杂志将翼展或机体最大尺寸小于 0.5m、使用距离约 2km 的无人机统称为微小型无人机。

(2)按航程分类，可分为近程无人机、短程无人机、中程无人机和长航时无人机。近程无人机一般在低空工作，任务载荷不到 5kg，飞行范围为 5～50km，根据任务的不同巡航时间为 1～6h，地面控制站可由人工携带或者装载在机动轮式车辆上。短程无人机要求能在 150km 的范围内活动，最好能达到 300km，续航时间为 8～12h。短程无人机由于尺寸小、费用低、使用灵便，受到世界各国的青睐，发展很快。中程无人机是一种活动半径在 700～1000km 的无人机，可以安装光学相机、红外扫描仪和视频摄像机，能实时传输图像。中程无人机通常采用自主飞行方式，辅以无线电遥控飞行，发射方式多为空中投放或地面发射两种，回收方式既可由降落伞回收，也可由大型飞机在空中回收。长航时无人机有 24h 以上的续航时间，飞行高度超过 6000m，主要用于军事侦察和监视。目前，"全球鹰"的续航时间已超过 36h，正在研制的太阳能高空无人机的飞行时间将达到 7 天以上。

(3)按飞行方式分类，可分为固定翼无人机、旋翼无人机、扑翼无人机等。其中，旋翼无人机是一种利用飞行时的相对气流吹动旋翼自转以产生升力的无人机，它的前进力通过发动机带动螺旋桨高速旋转提供。扑翼无人机是一种能像昆虫和鸟一样通过拍打、扑动机翼来产生升力的无人机。

本书讨论的无人机限定为固定翼无人机，其自身有动力，可自主飞行或遥控飞行，能携带任务载荷获取地面目标信息，可重复使用。固定翼无人机的机体主要由机身、机翼、尾翼、起落装置和推进器组成。

1. 机身

机身主要用来装载发动机、燃油、任务载荷、电源、控制与操纵系统(包括导航系统)、数据链路设备，并将机翼、尾翼、起落装置等部件连成一个整体。

2. 机翼

机翼是飞行器用来产生升力的主要部件。固定翼无人机的机翼一般分为左右两个翼面，机翼通常有平直翼、后掠翼、三角翼等。机翼前缘和机翼后缘都保持基本平直的称为平直翼，机翼前缘和机翼后缘都向后掠的称为后掠翼，机翼平面形状呈三角形的称为三角翼。平直翼较适用于低速飞行器，后掠翼和三角翼较适用于高速飞行器。通常，在左右机翼后缘各设一个副翼，用于控制飞行器倾斜。当左右副翼偏转方向不同时，会产生滚转力矩，使飞行器产生倾斜运动。例如，若使左机翼上的副翼向上偏转，则左机翼升力会下降；若使右机翼上的副翼向下偏转，则右机翼升力将上升，在两个机翼升力差作用下无人机会向左滚转。

3. 尾翼

尾翼分为垂直尾翼和水平尾翼两种。对一些结构比较特殊的无人机来说，可能会不设置垂直尾翼或水平尾翼。

垂直尾翼垂直安装在机身尾部，主要功能是保持机体的方向平衡和航向操纵。通常，垂直尾翼后缘设有用于操纵方向的方向舵，例如，如果飞行控制系统控制方向舵右偏，那么气流吹在垂直尾翼上就会产生一个向左的侧力，此侧力相对于机体重心产生一个力矩，使机头右偏，反之，则使机头左偏。

水平尾翼水平安装在机身尾部，主要功能是保持俯仰平衡和俯仰操纵。低速无人机水平尾翼前段为水平安定面，是不可操纵的，其后缘设有操纵俯仰的升降舵，水平尾翼是左右对称的两个，左右两侧的升降舵同步偏转才能操纵机体俯仰。若使升降舵上偏，则当相对气流吹向水平尾翼时，水平尾翼会产生附加的负升力（即向下的升力），此力对机体重心产生一个力矩，使机头抬头，反之，使机头低头。

4. 起落装置

起落装置的作用是使无人机在地面或水面起飞、着陆、滑行和停放。在着陆时，还通过起落装置吸收撞击能量，改善着陆性能。

起落装置在无人机组成中形式最为多样化，这主要是因为无人机有多种发射回收方式。采用轮式起飞、着陆的无人机设有三个起落架。大型无人机的起落装置包含起落架和改善起落性能的装置两部分，起落架在起飞后收起，以减小飞行阻力；大多数小型无人机的起落架很简单，在空中也不收起；对于采用弹射方式发射、拦截网回收的小型无人机，不需要起落架；对于采用手掷发射的小型无人机，也没有起落架；采用降落伞回收的无人机，着陆装置可以说就是降落伞。

5. 推进器

推进器的引擎有五种基本类型，即四冲程往复式内燃机、二冲程往复式内燃机、旋转式引擎、涡轮发动机及电马达。四冲程往复式内燃机、二冲程往复式内燃机、旋转式引擎、涡轮发动机都是通过燃烧汽油、汽油/机油混合物、喷气燃料（航空煤油）或柴油产生功率的，电马达则使用电池产生功率。往复式内燃机和旋转式引擎连接到推进器上就可提供推力来推动飞行器。汽油涡轮发动机既能进行直接喷气推进，又能用齿轮连接到推进器或水平旋翼上。旋转机翼的无人机常使用汽油涡轮发动机。电马达目前仅在微型无人机上使用。

四冲程往复式内燃机广泛应用于汽车，优点是高效可靠，缺点是机械结构相当复杂，工作时由活塞的往复运动造成的振动较大。二冲程往复式内燃机的机械结构要比四冲程往复式内燃机的简单得多，通常用在割草机、电锯和模型飞机上。二冲程往复式内燃机的最大缺点是燃烧残留物与新鲜油气混合物相混合，新鲜油气混合物中总会掺进一些杂质，引起油耗增大及运转不平滑，从而造成振动。

振动对电子系统和敏感的光电任务载荷系统影响极大，振动也是导致无人飞行器系统可靠性降低的主要原因。如果引擎的往复式振动和周期性冲程变换能以某种方式稍加缓解，则振动会大为减弱。旋转式引擎的工作原理是以带有双凸轮三边形定子的旋转为基础的，转子在定子内旋转，从而使三个顶点与定子保持连续接触。转子旋转一周就是一个工作循环，因此可以把单组旋转式引擎看作三缸引擎，往复式运动已不复存在，因此振动也就微乎其微。

所有引擎中最可靠的是燃气涡轮机，由于稳定的燃烧冲程特性和单纯的旋转运动，燃气涡轮机产生的振动最小。基于上述原因及固有的可靠性，垂直起飞/着陆飞行器常使用燃气涡轮机。燃气涡轮机能直接产生推力或与齿轮连接以转动旋翼或推进器。燃气涡轮机比旋转式引擎振动更小，高空飞行效率高，主要缺点是造价高、因航空动力学上的尺度效应造成的微型化能力受限。

2.2.2　无人飞艇平台

飞艇是比空气轻的浮空器。与同为浮空器的气球相比，飞艇有动力、可操控且外形采用流线型，因此飞行性能好得多。飞艇按浮空气体的特点可分为常温浮升气体(氦气、氢气)飞艇和热浮升气体飞艇(即热气飞艇)；飞艇按容量大小可分为大型飞艇、中型飞艇和小型飞艇。飞艇按结构特点可分为软式飞艇、半硬式飞艇和硬式飞艇。软式飞艇也称轻型飞艇，其艇囊(也称气囊)内充满轻于空气的浮升气体，艇囊的外形由浮升气体的压力保持。用于获取地面目标信息的无人飞艇一般采用中小型常温浮升气体软式飞艇。软式飞艇的艇体主要包括艇囊、副气囊、吊舱、起落架和动力推进系统等(甘晓华等，2005)。

1. 艇囊

艇囊是飞艇浮空飞行的浮力源，也是最能反映飞艇外形特点的主体结构之一。飞艇对艇囊的主要要求有：流线型外形，以减小空气阻力和提高飞艇的操控性能；能承受飞行中的空气静力、动力和推进装置产生的载荷。艇囊的形状对飞艇的整体性能有很大的影响，理想的形状是椭圆形或橄榄形。

在艇囊的结构设计上，要保持艇囊内部对外部空气有恒定的压力差，以防止在飞艇飞行高度改变时温度和气压发生变化导致艇囊变瘪或爆裂。在实践中，可以通过改变副气囊中的空气量来补偿艇囊气体体积的变化，即调节副气囊中的空气量，以保持艇囊的恒定压力，进而保持艇囊的结构形状。

2. 副气囊

飞艇的浮力平衡也是通过副气囊来控制的，典型的副气囊是一个充满空气的气袋，与艇囊连接。副气囊中的空气与艇囊中的浮升气体相隔绝，通过软管和阀门与外部空气连通，软管用来给副气囊充气和排气。副气囊可完全充满或部分充满空气，这由艇囊所需的工作状态决定。副气囊底部的阀门用于排气。

大多数飞艇将副气囊和艇囊连成一个整体。一般是将与艇囊相同材料制成的半球面体沿周边紧密缝制在艇囊的内下表面，这部分表面也就成了副气囊的下表面。这样，就可以在艇囊内形成单独的副气囊气密舱。

3. 吊舱

术语"吊舱"出自早期的齐柏林飞艇，是具有空气动力学外形(外形像船体)的硬式容器结构。飞艇吊舱也称吊篮，是飞艇载荷的主要承力结构，也是飞艇的工作中心。飞艇吊舱内部容纳燃油箱、电气系统、航空电子设备、飞艇任务设备、压舱物等，外部安装推进器(螺旋桨等)、发动机、着陆装置(起落架)等。对软式飞艇来说，一般是单个吊舱，也可以采用任务设备(摄像机等)与发动机吊舱分开设置的方案，提供独立的任务设备和动力吊舱，这样有利于将发动机的振动与任务设备隔离。

吊舱在艇囊下方的安装位置，应使得吊舱重心在飞艇浮升气体的静升力(浮力)中心正下方。吊舱中的可变质量(燃油、压舱物等)应在吊舱之内，以保持整个飞艇的平衡。

4. 起落架

飞艇的起落架是具有独特结构的一类着陆装置。从构造上讲，与其他类航空器最大的区别是大多数飞艇都只有一个起落架(即单腿独脚)。这是由飞艇本身的浮空飞行特点决定的。

飞艇起落架的数量和位置，应从防止飞艇与地面撞击和有助于飞艇保持水平姿态出发，取决于艇体与发动机推进器(螺旋桨等)部件的总体布局。在飞艇重心下面安装起落架，承受飞艇质量是最基本的要求。

5. 动力推进系统

飞艇的动力推进系统为飞艇做浮空飞行和辅助系统(操控系统等)提供动力。飞艇的动力推进系统一般包括：能源(燃油)、原动力(发动机)和推进飞艇飞行的推进器(螺旋桨、风扇等)。发动机不仅提供推进飞艇前进的动力，而且要为辅助系统提供动力,例如,提供艇载设备和飞艇操控系统使用的电力和(或)液压动力等。但对飞艇来说,发动机的核心任务是提供推动飞艇做浮空飞行的前进动力。早期飞艇的推进器一般只承担飞艇前进的推进作用。现代飞艇推进发动机的推力转向技术将会改进飞艇的性能和操控性。

2.2.3　飞行控制系统

飞行控制系统的作用是保证飞行过程中飞行器的稳定性和操纵性,提高飞行器的飞行性能和完成任务的能力,增强飞行的安全性。飞行控制系统分为人工飞行控制系统和自动飞行控制系统两大类。现代无人飞行器一般采用自动飞行控制系统。

1. 稳定性

飞行器要维持飞行就必须是稳定的。飞行器的稳定性包括静态稳定性与动态稳定性。静态稳定性是指作用在飞行器上的各种力(推力、重力及航空动力学上的各种力)合成为一个合力,在飞行器遭受阵风或其他外力扰动后,合力仍有将飞行器恢复到初始平衡位置的趋势。如果飞行器不是静态稳定的,那么即使是微小的扰动也会使得飞行器远远偏离初始的飞行状态。一架静态稳定的飞行器在干扰消失后有返回到初始位置的趋势,但是在受到干扰时,飞行器或许会过冲、回转、反方向运动、再次反冲乃至最终振荡不止直至损坏,在这种情况下,飞行器是静态稳定的,但不是动态稳定的。如果振荡受到抑制并最终消失,那么可以认为该飞行器是动态稳定的。

为了获得动态稳定性,恢复力必须能吸收来自系统的能量。动态稳定性是由与机翼、机尾、机身等表面的运动速度成比例的各种力决定的,这些翼面都有一个称为稳定性导数的比例常数。稳定性导数与飞行器的角速度相乘得到一个力,这个力通常减小该飞行器的角速度(也就是说吸收能量),因此这是一种阻尼现象。真实系统中摩擦总是自然存在的,如果系统是静态稳定的,那么系统通常但并不总是具有动态稳定性。

飞行器有偏航、俯仰和横滚三个自由度。俯仰轴稳定性是最关键的,一定程度的横滚轴和偏航轴不稳定性是可以忍受的。俯仰轴稳定性称为纵向稳定性,一般将横滚轴稳定性和偏航轴稳定性结合在一起,称为横向稳定性。

2. 航空动力学控制

对飞行器的俯仰轴、横滚轴和偏航轴的控制分别由升降舵、副翼和方向舵来实现。这些控制的分析涉及复杂的铰接力矩、驾驶杆运动和感觉系统。有些特殊的飞行状态需要控制翼面产生特殊的运动或力,例如,控制机身俯仰的升降舵的能力(升降舵控制功率)取决于升降舵的大小、形状和速度。在着陆过程中,飞行器通常低速飞行,升降舵有必要获得足够大的功率来保持机头上仰,从而阻止飞行器再增大速度。在弹射过程中,速度通常很低(接近停车速度),一旦飞行器受到干扰,在获得适当的空速前一定要有足够的稳定性控制来保持飞行器的姿态。

俯仰力矩是通过改变尾翼升力系数得到的,尾翼升力系数可通过偏转升降舵得到。升降舵偏转决定飞行器能产生的加速度大小,因而也决定转弯半径的大小。副翼是用来实现横滚的,当飞行器正在跟踪目标时,有必要进行横滚控制来转弯及避免飞行器摇摆,因而也会缓解万向节上传感器的运动(飞行器越稳定,锁定目标的万向节上任务载荷的运动就越小)。方向舵可用于控制转弯时的飞行平衡,也可用于控制偏航。

3. 电子控制

自动化电子控制系统普遍应用于现代无人飞行器。自动化电子控制系统采用称为反馈或闭环的工作方式。系统对飞行器的实际状态、飞行路径、姿态、高度、空速等进行检测、电反馈并与期望状态进行比较(相减)。差信号或误差信号经放大后用于设定控制翼面的适当位置,从而产生一个力来使飞行器返回期望的位置,使误差信号趋近于零。一个闭环自动化电子控制系统的简化功能框图如图 2.2 所示。

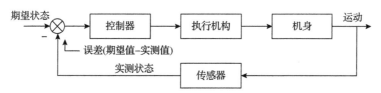

图 2.2　闭环自动化电子控制系统的简化功能框图(Fahistrom et al., 2003)

传感器测量飞行器的姿态(水平陀螺仪、垂直陀螺仪)、角速度(速率陀螺仪)、空速(全压静压系统)、航向(罗盘)、高度(气压计或雷达高度仪)及其他所需的参数,把测得的数值与期望状态进行比较,若偏差超出了规定值,则会产生用于移动控制翼面的误差信号,以便消除这些偏差。利用 GNSS 也可测量高度、空速和飞行器位置等参数,比较功能通常由控制器实现。

控制器包含必需的电子装置来产生前述的误差信号,放大后发送给执行机构。执行机构接到指令后产生所需的力来移动控制翼面。大型飞机上的执行机构通常是液压装置,但无人飞行器上常常是电气执行机构,因而可避免使用笨重且易泄漏的液压泵、调节器、管路、液体等。控制翼面移动时会产生力,这些力将引起飞行器做出反应,传感器可感知这一反应或飞行器的运动。当姿态、速度或位置在规定的范围之内时,误差变为零,同时执行机构停止移动控制翼面。对误差信号进行补偿是缓慢进行的，以便飞行器慢慢接近其期望位置或期望姿态而不至于出现过冲。系统连续地搜索干扰并进行调整，以便飞行器平滑飞行。

2.3　地面控制站

地面控制站是无人飞行器系统的神经中枢。地面控制站控制飞行器的发射、飞行与回收，接收和处理来自任务载荷的传感器数据，控制传感器的运行以及提供无人飞行器系统与外部系统的接口。此外，大多数无人飞行器的地面控制站还包括任务规划功能，因此地面控制站有时也称为任务规划与控制站。

2.3.1　基本组成

在一些简单的无人飞行器系统中，组成地面控制站的装置并不比无线遥控模型飞机的控制装置复杂：一台显示任务载荷图像的显示器、任务规划及导航用的地图、与外部系统通信的装置。然而，实践表明，即使对于最简单的系统，也很有必要为操作员提供一个友好的人机交互界面，其中包括一些基本的自动飞行与导航功能。操作员仅需要输入目的地、飞行高度、飞行速度等操作命令，实际的飞行控制则由地面控制站中的计算机及飞行器上的自动驾驶仪来处理。当然，起飞和降落阶段，在飞行环境突变、紧急返航等复杂情况下，飞行控制还是要更多地依靠操作员的经验。

不同系统任务载荷操作的自动化程度差别较大。在最简单的系统中，一个最常见的任务载荷是摄像机，几乎完全由人工控制。最低程度的自动化功能要求用惯性来稳定摄像机，以减小视频画面的抖动。更高程度的自动化功能包括：稳定摄像机的视线以对地面目标进行自动跟踪，或自动指向由操作员以某种方式指定的地面坐标。最高程度的自动化功能是任务载荷可对指定的地面区域自动执行搜索过程。此时，导航、飞行及任务载荷的自动操作相互协同，浑然一体。飞行器按预定的路线飞行，飞行路线与任务载荷相互配合，对指定的区域进行彻底的搜索。

地面控制站可通过数据通信链路控制飞行器的飞行。在飞行过程中必须掌握飞行器的位置，以便执行规划好的飞行路线以及设定传感器的姿态和指向。目前，大多数系统都能在显示器上显示地图与飞行器的位置及航迹。若任务区域处于通信范围之内，则各种命令可传送至飞行器以控制飞行路线、激活和控制各种传感器。若任务区域超出通信范围，则可以通过执行预先制定的飞行路线到达任务区域，并执行预先编程的命令后自动返回。若无人飞行器用来获取信息，例如利用摄像机获取视频影像，则地面控制站要包含接收下行信号和显示任务载荷所收集信息的装置。传送至飞行器和传感器的指令信号使用数据链路系统的上行链路，来自飞行器的状态信号及传感器获取数据使用数据链路系统的下行链路。因此，地面控制站包括发送上行链路信号的天线和发射机、捕获下行链路信号的天线和接收机以及用来操作数据链路的其他控制装置。

地面控制站必须为操作员显示两类信息。第一类信息是飞行器自身控制需要显示的基本状态信息，如位置、高度、航向、空速及剩余燃油等。这些信息的显示与有人驾驶飞机的驾驶舱内的显示极为相似。第二类信息包括传感器任务载荷收集到的数据。显示这些信息的显示器特性各异，取决于传感器的特性和使用信息的方式。对于来自摄像机或热成像仪的图像，每帧都可静止显示(帧冻结)，图像可以进行增强处理以获得更高的清晰度。雷达传感器可使用图像方式显示，气象传感器的信息可用文字显示或模拟仪表显示。通常可在传感器显示器上加上文字及数字，以表示获取时间、飞行器的位置与高度、传感器的姿态角等信息。所有传感器数据均可被记录和回放，从而允许操作员比实时显示更加从容地检查这些数据，对数据进行编辑，并发送给其他数据用户以便对数据进行更深入的分析。

位于地面控制站以外的指挥机构与用户也可能需要掌握飞行器所收集的信息或飞行状态。因此，地面控制站的基本组成部分也应包括给无人飞行器操作员指派任务、下达命令以及与其他数据用户进行通信的外部通信信道。

2.3.2　物理配置

地面控制站中的所有设备都置于一个或多个机箱内，便携式的地面控制站可放进手提箱甚至公文包大小的机箱内。大多数地面控制站由 1~2 个标准化车载方舱构成，方舱必须为操作员提供工作空间，也必须为操作员及设备提供环境控制装置(如空调)。

任务监视器、地图显示器、飞行器状态指示、控制输入装置(操纵杆、轨迹球、电位器)及键盘等许多功能设备可组合到一个或多个通用显控台或工作站中。与其他工作站、数据链路、中央计算机及通信设备进行通信的所有电子接口都在一个工作站内。

受控制站方舱面积所限，操作员的人数也受到限制。通常希望专职飞行器操作员和任务载荷操作员并排坐在一起。任务载荷操作员特别重要，因为是他对看到的一切做出分析判断。通常由一个任务指挥员负责监视和指挥飞行器的飞行及任务载荷的运作，并担任总协调员。

2.3.3　基本功能

地面控制站具有与飞行和执行任务相关的基本功能，如飞行器状态的获取和控制、任务载荷数据的显示和对任务载荷的控制、与飞行器的无线通信、与其他地面系统的(有线或无线)通信等。现代地面控制站系统还具有自检和故障隔离的功能，并能在飞行器不进行实际飞行的条件下(飞行器由内置模拟器替代)训练操作员。在以上功能中，最重要的是任务规划和飞行控制。

1. 任务规划

任务规划是指综合考虑飞行任务、飞行环境和气象条件等因素制订的任务计划，包括确定飞行器执行任务的批次、参与的飞行器的种类和数量、每一个飞行器的具体目标及其往返航线等内容。其中，确定飞行器的飞行航线(即航迹规划)是其主要任务之一。航迹规划是指在综合考虑飞行器飞行时间、油料、威胁以及可飞行区域等因素的前提下，为飞行器规划出最优的飞行路线，以保证圆满完成飞行任务，并安全返回回收区域。

与有人驾驶飞机相比，无人飞行器的任务规划是成功完成任务的关键。任务规划功能的复杂程度取决于任务的复杂程度。例如，一个最简单的任务是监测一个路口或一座桥梁并报告交通流量。这一任务的规划制定要求确定接近和离开该监测点的飞行路线，并选择监测该点时飞行器巡航的区域。

对于地面目标监测，还必须考虑需要监测的任务区域、所使用传感器的类型、传感器的视场范围。如果传感器是视频摄像机一类的光电传感器，那么目标与太阳的相对位置及飞行器的位置也要作为选择巡航路线的一个因素。如果地面起伏较大或植被茂盛，那么应事先选择合适的巡航路线以便在观察目标区域时有良好的视线。

即使是执行并不复杂的任务，地面控制站内的自动规划辅助系统也非常有用。自动规划辅助系统通常包括以下软件功能：在地图上叠加显示预设的飞行路线、对设定的飞行路线自动计算飞行时间及燃油消耗、自动记录飞行路线并在地图上实时叠加显示等。

制定任务规划之后，将其存储在地面控制站内。这样，在执行任务规划的各个子任务时，从存储器调出程序并下达命令即可。例如，任务规划可分解成若干子任务，即从发射到指定地点的飞行、在指定地点上空的巡航飞行、飞向第二指定地点上空的飞行及返回回收区域的飞行等。于是，为了按任务规划来执行任务，操作员只需依次激活各个子任务。灵活的软件系统允许操作员在较少量的重新规划后就能从各点退出并进入预定的任务，例如，如果在飞向预定巡航地点的途中观测到另一个感兴趣的目标，那么可以挂起预定子任务并执行一个新的巡航与监测任务，当接到恢复预定规划的指令时，再重新恢复执行预定子任务。

更复杂的任务能够分解为几个可供选择的子任务。这类任务很重视时间和燃油消耗的计算，以便能在飞行器的总续航时间内按时完成各个子任务。为了辅助此类规划，需要有一个标准任务规划库，例如，对以特定地点为中心的小区域进行搜索的航线库。航线库的输入包括指定地点、以该指定地点为中心的搜索半径、观察该区域的方向，还包括预期的目标区域地形的复杂程度、待搜索目标的类别。基于已知的传感器性能，规划辅助系统将进行该子任务的规划，设计合理的巡航路线、设置传感器的搜索模式和速度、计算搜索该区域所需的总时间。形成的子任务将插入总飞行规划中，该子任务所需的燃油消耗及时间也要添加到任务总表中。合成图像模拟器可用来帮助选择从哪个方向搜索指定区域。各个子任务都添加到任务总表中，因此任务规划人员要监控总的任务安排、掌握特定时间以及飞行器完成任务所需的总时间。与当前飞行器状态相对应的任务状态的显示对任务规划人员执行任务管理来说是至关重要的。任务状态包括当前飞行器的位置、已完成的任务规划、未完成的任务规划、完成任务规划所需的时间、剩余燃油及可支撑的飞行时间等。

2. 飞行控制

一旦完成任务规划，地面控制站的功能就要转变到对任务执行期内的所有要素进行控制这一基本功能上。这一基本功能包括：对飞行器飞行过程(包括发射和回收)的全程控制，对任务载荷的控制，任务载荷数据的接收、显示、处理、记录以及向用户的传输。

一般来说，飞行器有自主能力，可以从一点飞向另一点；也有绕某一点盘旋的标准机动飞行能力。发射过程中的控制及爬升、回收过程中的控制一般也应通过对飞行器的自动驾驶仪进行预先编程来实现。应当把一些预规划飞行子任务存储在飞行器上，以应对通信链路中断问题。这些子任务包括在链路中断点力图恢复链路，在链路中断的一定预置间隔后自动返回回收区域。

地面控制站通过发送指令来控制飞行器，以特定的高度及空速从一点飞向另一点。通常，这些命令作为一个完整的飞行子任务以一条单独指令发送出去。飞行器操作员的工作职责应集中在对飞行器位置及状态的全面监控上。操作员的输入包括选择菜单来激活预定的飞行子任务，而不像飞行员对飞行器姿态和控制翼面进行控制。如果需要添加新的子任务，通常应使操作员在对飞行全程进行详细检查后，制定一个新的飞行子任务并加以实施，而不是单独输入高度、航向或空速等参数。这就要求地面控制站软件对新的飞行子任务与地形(如果有数字化的地形数据)的冲突进行评审，以及为各种机动飞行使用标准的库航线，以确保新的命令不会给飞行器带来灾难。

为控制飞行器的飞行，首先必须确定飞行器的位置。在早期的无人飞行器系统中，飞行器的位置是使用数据链路确定的方位角数据和距离数据，相对于已测得的地面控制站数据链路天线位置来解算的。此时，导航一般由航位推算、惯性导航、数据链路的距离和方位测量组成。现代无人飞行器系统中的导航则大多被 GNSS 取代。

显然,从地面控制站的角度来看,飞行器控制可能相当简单。这似乎与直觉有点相悖,因为人们认为控制飞行器是地面控制站的主要功能。虽然飞行器控制确实是地面控制站的一项关键功能,但对于现代无人飞行器系统,对飞行器的控制并不是地面控制站执行功能最繁重的任务。相反,对任务载荷或传感器的控制可能比对飞行器的控制更复杂,也更困难,原因是传感器常常需要操作员进行实时控制。当自动驾驶仪轻易地把飞行器维持在指定的飞行高度及空速飞行时,无须操作员干预就可使飞行器绕空中一点以固定的轨道飞行,若没有操作员的连续干预,则传感器通常无法智能地指向感兴趣区域。

2.3.4　外部接口

地面控制站需要通过外部接口与无人飞行器系统的其他部分以及外部通信系统连接,本节简要描述所需要的外部接口。

1. 飞行器接口

飞行器接口是从地面控制站至飞行器的逻辑接口,是经由数据链路自地面控制站局域网至飞行器局域网的网关。飞行器接口有如下级别:地面控制站局域网至地面控制站方舱内的数据链路接口;自方舱内的数据链路部分至方舱外的数据链路中的调制解调器、射频部分、天线部分;自射频传输至飞行器内数据链路的射频及调制解调器部分(机载数据终端);自飞行器内的调制解调器至飞行器局域网。

2. 发射架接口

发射架接口可以简单到仅是自地面控制站局域网至发射架的语音链路(有线或无线)。在某些系统中,还有一个数据接口是自地面控制站局域网至发射架或者飞行器的。发射架接口用于地面控制站确认飞行器已做好发射准备、指挥飞行器执行发射计划并指挥发射本身。

3. 回收系统接口

回收系统接口可以是到回收系统的语音链路,也可以是精心设计的数据链路。最简单的情形是飞行器自动飞入某种类型的回收网中,地面控制站与回收系统间的通信仅用于确认回收网是否已准备完毕以及确认回收网上的所有信标是否工作正常。较为复杂的情形可能是人工着陆,在这种情况下,要有一个供操作员使用以控制飞行器飞行的远程飞行器显控台。显控台必须与飞行器有链路连接,或者通过自己的短程数据链路来连接,或者通过地面控制站来连接。

4. 外部通信接口

地面控制站可能需要有与外部通信网络连接的接口，用于接收和报告任务、传输数据等。较为简单的情况是，数据链路直接连接到附近外部通信网络的同轴电缆或光缆。如果距离遥远，也可以用宽带射频数据链路，这种数据链路对天线及射频系统有自己的特殊要求。对于宽带数据(视频直播或视频录像)的远程分发，地面控制站要有到远程用户接收机的特殊数据链路。

2.4　任务载荷

任务载荷是指为了执行任务而装备到无人飞行器上的设备，包括传感器、支撑传感器的稳定平台、测量传感器位置和姿态的设备，以及执行遥感监测、侦察与监视、目标搜索与跟踪等任务所需要的设备。在本书中，将用于飞行器飞行、导航和回收的设备作为无人飞行器的基本组成部分来考虑，因此这里的任务载荷不包括航空电子设备、数据链路和燃油。

2.4.1　成像传感器

无人飞行器上使用最普遍的任务载荷是用于目标监测的成像传感器。成像传感器有被动式和主动式之分。被动式成像传感器本身不发射任何能量，必须依靠目标辐射或反射的能量，例如，光学照相机和摄像机接收目标对太阳光、月光或星光的反射能量；热红外传感器接收目标的热辐射能量。与此形成对比的是，主动式成像传感器发射能量到被观察的目标，并且接收从目标反射回来的能量，合成孔径雷达是典型的主动式成像传感器。主动式成像传感器和被动式成像传感器都受到大气吸收和散射的影响。

成像传感器输出的是能被操作员理解的图像，视频摄像机图像就是被拍摄场景的电视图像。如果摄像机工作在电磁波谱的可见光波段，那么图像就是人们平常看到的那种图像。如果摄像机工作在近红外波段，那么图像(在这种情况下几乎总是单色图像)与平常观察到的地物图像相比具有一些不同的特征，例如，绿色植物因为其强烈的近红外反射特性而呈亮白色，但是场景的几何特性是相似的。

如果成像传感器工作在中红外波段或热红外波段，那么输出的图像代表了场景内物体温度和辐射的变化，呈现给操作员的场景是特征不明显的图像，热的物体显得明亮，冷的物体显得暗淡(或者根据操作员的选择，反向显示，也可以根据物体的温度用不同的色彩显示)。对于热场景图像的识别，需要一个熟悉的过程并进行一定的训练，这是因为建立在长期经验(来自对可见光波段的物体表面的观察)之上的某些直观印象是有欺骗性的。在热场景中会出现一些有趣的现象,例如,一辆停着的汽车开走后,原来车身下的"阴影"仍然保留在原地,这是因为停车时被遮住的地面因照射不到阳光而变冷。

本书主要讨论可见光与热红外这两种被动式成像传感器获取的序列影像的处理与分析。这两种传感器主要用来执行目标监测、侦察与监视、目标搜索与跟踪等任务。结合测量传感器位置和姿态的设备,利用这两类传感器还能够对目标进行定位。

探测、识别和确认目标是无人飞行器感知地面目标的三个层次。探测是在传感器视场内,发现感兴趣的目标并确定其位于图像中的某个具体位置;识别是确定目标的属性,如建筑物、车辆、小船或人;确认是确定目标的型号,如一辆载重 20t 的卡车、一艘长条形的冲锋舟或一个穿过马路的行人。顺利地完成这些任务依赖系统的分辨率、目标的对比度和大气条件诸要素间的相互关系,图像传输方式(数据链路)也是一个重要的因素。

系统分辨率是指从传感器获取并传输的图像中分辨物体细节的能力。它通常以影像上 1mm 范围内能分辨出宽度相同的黑白线对数(line pairs,单位记为 lp)表示,单位为 lp/mm(线对/毫米,表示 1 毫米宽度包含的黑白线对数)。系统分辨率越高,单位长度内能分辨的线对数越多,分辨影像上细小地物的能力也就越强。

约翰逊准则表明,要达到 50%的探测概率,需要有两条线(1 个线对)穿过目标。如果要提高探测概率、确定更多的目标细节特征(即识别目标和确认目标),就需要有更多的线穿过目标。图 2.3 中的约翰逊准则给出探测概率、识别概率和确认概率随穿过目标的线对数变化的曲线。

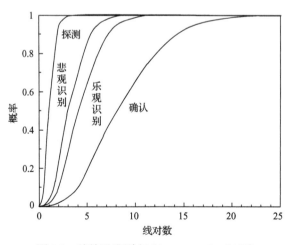

图 2.3　约翰逊准则(Fahistrom et al., 2003)

反过来,考察地面上多大的地物能够被无人飞行器探测到,这取决于系统分辨率和图像的比例尺。例如，若系统分辨率为 2lp/mm，则按照约翰逊准则，图像上宽度达到 0.5mm 的物体，才能有两条线(1 个线对)穿过目标，即达到 50% 的探测概率。进一步，假设图像比例尺为 1:10000，则对应于地面宽度 5m 的物体能达到 50% 的探测概率。

但是对于以数字方式成像的传感器，上述系统分辨率不能充分描述图像分辨率的特征，因为数字图像是由作为最小信息单元的像素组成的，而不是视频摄像机的扫描线。像素又称为像元，是传感器中最小的敏感单元，如数码相机中电荷耦合器件(charge-coupled device, CCD) 的探测元件。因此，对这类光电传感器的数字图像，常用像素分辨率作为评价其分辨率的标准。像素分辨率是指像素所覆盖的地面尺寸，通常以 m 为单位。

在以扫描方式成像的数字影像上，物体细节的分辨能力可以参照约翰逊准则确定。需要注意的是，数字影像上的 2 个像素并不完全能分辨出 1 个扫描线对。可以用图 2.4 来说明，在图(a) 的情况下，6 个像素能分辨出 3 个线对；但在图(b) 的情况下，6 个像素不足以分辨出 3 个线对，即 2 个像素不足以分辨出 1 个线对。因此，在平均意义下，要有 2 个多像素才能分辨出 1 个线对。一般认为，用 2.5 或 2.8 个像素可以代表 1 个线对内相同的信息。

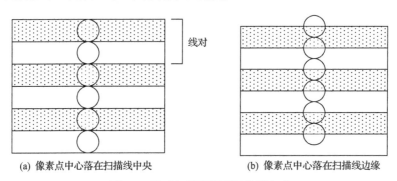

(a) 像素点中心落在扫描线中央　　　　　(b) 像素点中心落在扫描线边缘

图 2.4　线对与像素的不同排列方式

在目前的技术条件下，光电传感器的实际分辨率是由传感器系统中探测器的特性决定的，不受光学系统衍射角分辨率的限制。此外，由传感器运动和振动引起的图像模糊、传感器系统或显示系统中视频放大器的高频衰减、图像的处理方式和在数据链路中的传输方式引起的失真等因素，也会造成最终系统分辨率的下降。

目标的对比度对传感器探测目标的能力也有很大影响。前面关于系统分辨率的讨论中假定图像有很高的信噪比。如果信噪比降低，那么分辨图像中目标的难度也会加大。图像中的信噪比是以目标和背景之间的对比度来度量的。对于依赖

物体反射可见光和近红外工作的传感器，对比度 C 定义为

$$C = \frac{|B_t - B_b|}{B_b} \tag{2.1}$$

式中，B_t 为目标的亮度；B_b 为背景的亮度。

对于工作在中红外或热红外波段的热成像传感器，对比度定义为目标与背景间的辐射温度差 ΔT，即

$$\Delta T = |T_t - T_b| \tag{2.2}$$

式中，T_t、T_b 分别为目标和背景的辐射温度。

考虑目标对比度和系统分辨率的共同影响，可见光和近红外传感器系统可用最小可分辨对比度(minimum resolvable contrast, MRC)表示其分辨目标对比度的能力，热红外传感器系统则可用最小可分辨温度差(minimum resolvable temperature difference, MRTD)表示。MRC 是指在传感器系统的光瞳入口处能被传感器分辨的光栅间的最小对比度，MRTD 是指在传感器系统的光瞳入口处能被传感器分辨的光栅间的最小温度差，MRC 和 MRTD 都是系统空间频率的函数。

空间频率是角分辨率的倒数，用传感器视场单位角度所包含的线对数来度量，单位为 lp/mrad(线对/毫弧度)。角分辨率数值越小，空间频率越大，表明系统的分辨率越高。例如，一个面阵 CCD 探测器由 768×576 像素组成，竖直方向上视场角为 10°(约 174.5mrad)，则其竖直方向上像素的角分辨率 174.5÷576≈0.303mrad/像素。0.303mrad/像素的角分辨率相当于 3.3 像素/mrad(像素/毫弧度)，即每毫弧度包含 3.3 个像素，按 2.5 个像素代表 1 个线对的信息量计算，换算为潜在的可分辨黑白线对的最大能力，为 1.32lp/mrad，因此其空间频率为 1.32lp/mrad。

MRC 和 MRTD 是综合评价系统对比度分辨率和温度分辨率的主要系统参数，它不仅考虑了传感器系统的各个组成部分，包括前置光学元件、探测器、电子器件、对观察者的显示，还包括传感器对地面的视角摆动或运动引起的模糊效应，以及观察者的主观因素。图 2.5 和图 2.6 分别为典型的 MRC 曲线和 MRTD 曲线。若系统对低频条纹(角分辨率数值较大，空间频率较低)具有较小的 MRC 值或 MRTD 值，则表明该系统具有较好的灵敏度；若系统对高频条纹具有较小的 MRC 值或 MRTD 值，则表明该系统具有高分辨率。

需要指出的是，MRC 曲线和 MRTD 曲线表示的是传感器系统对于光瞳入口处的有效对比度和温度差，这是地物反射或发射的电磁波经过大气衰减后的能量。传感器光瞳处的对比度是由目标的固有对比度(零距离处)和大气透过率来决定

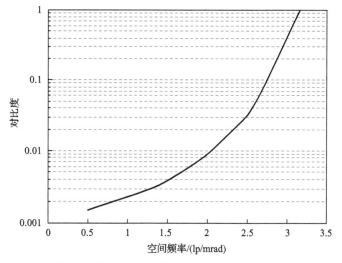

图 2.5　典型 MRC 曲线（Fahistrom et al., 2003）

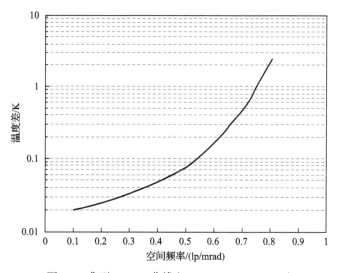

图 2.6　典型 MRTD 曲线（Fahistrom et al., 2003）

的。大气透过率是目标与传感器的距离 R 的函数，因此到达传感器的有效对比度 C 和温度差 ΔT 也与距离 R 有关（Fahistrom et al., 2003）。

目标对比度不仅依赖目标表面的属性（涂料和粗糙程度等）和背景（物质和颜色等），也与光照条件有关。对于可见光、近红外传感器的系统分析，假定对比度的值约为 0.5。对于较恶劣的条件，可将对比度的值调小一点。假定大部分目标的对比度在 0.25～0.5 是比较合理的。对于热红外传感器，传感目标的热对比度可以指定，如果没有指定，那么 ΔT 在 1.75～2.75K 取值是合理的。这是指在零距离处目标的对比度，由于大气衰减，在传感器光瞳处目标的对比度会下降，影响传感器与目标作用的距离。

在了解传感器的 MRC 和 MRTD 特性、大气消光作用和目标特征后，就可以具体分析传感器探测、识别和确认目标的距离。

第一步是将 MRC 和 MRTD 中单位为 lp/mrad 的空间频率轴变换为距离。设定了目标感知的层次(探测、识别、确认)和期望的概率后，可以用式(2.3)实现变换：

$$R = \frac{L \cdot \xi}{n} \tag{2.3}$$

式中，R 为传感器到目标的距离；L 为目标在视线方向的宽度；ξ 为空间频率，表示每弧度(而不是毫弧度)的线对数；n 为按期望的概率完成目标探测、识别、确认所需穿过目标的线对数。例如，某一感兴趣的目标在视线方向具有 4m 的宽度，即 L=4m；要以 50%的概率对目标进行探测，按照约翰逊准则，需要在视线方向有两条线穿过目标(线对数 n=1)。依据以上条件，可把每毫弧度的线数或周数(MRC 和 MRTD 横轴的单位)直接映射为传感器到目标的距离。

完成映射变换后，就可以将 MRC 曲线或 MRTD 曲线的横轴由空间频率重新标注为距离，如图 2.7 所示。

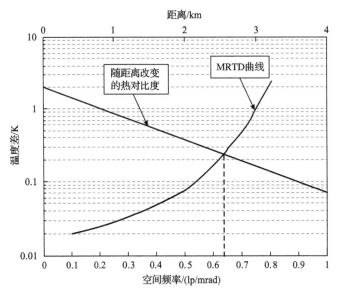

图 2.7　载荷线分析(Fahistrom et al.，2003)

需要注意的是，这个轴仅适用于特定的 L 和 n。以零距离处的目标对比度为纵轴方向的截距，计算或测量对比度随距离的变化，按同样的刻度比例描绘目标的对比度线(载荷线)，载荷线与 MRC 曲线或 MRTD 曲线在最大距离处相交。在最大距离范围内,传感器光瞳处的有效对比度超过完成任务(以 50%的概率探测宽度为 4m 的目标)所需的对比度。因此,载荷线与 MRC 曲线或 MRTD 曲线交点处的距离值预测了传感器系统能完成任务的最大距离。

在上述特例中,利用普通 MRTD 曲线估算出以 50%的概率探测一个宽度为 4m 的目标所对应的距离。假定零距离处的热对比度为 2K,总的红外消光系数为 $0.1(km)^{-1}$,则载荷线与 MRTD 曲线在 0.63lp/mrad(对应于距离轴 2.5km)处相交。这意味着,在小于 2.5km 的距离,传感器光瞳处的有效对比度(载荷线)超过完成任务所需的对比度(MRTD 曲线);超过 2.5km 的距离,有效对比度小于完成任务所需的对比度。因此,该传感器系统以 50%的概率探测 4m 的目标所对应的最大距离是 2.5km。

由于大气的衰减作用,目标的对比度线一般为一条下降的曲线。需要注意的是,在上述特例中,对比度线是一条直线。这是因为对于热辐射,到达传感器的有效温度差 ΔT 由式(2.4)给出:

$$\Delta T(R) = \varepsilon(R)\left|T_t - T_b\right| = \varepsilon(R)\Delta T_0 \tag{2.4}$$

式中, T_t 和 T_b 分别为目标和背景的辐射温度; $\Delta T_0 = \left|T_t - T_b\right|$ 为零距离处的温度差; $\varepsilon(R)$ 为从地物到距离 R 处的大气透过率,由如下比尔定律给出:

$$\varepsilon(R) = \exp\left[-k(\lambda)R\right] \tag{2.5}$$

式中, $k(\lambda)$ 称为大气消光系数,依赖大气状态和传感器的工作波长 λ。此处假定总的红外消光系数为常数,并在纵轴方向采用对数刻度,因此目标对比度和距离的关系就变成了一条直线。对于在可见光和近红外波段的反射图像,到达传感器的有效对比度与大气透过率的关系更为复杂,因此对比度线很难描绘成直线。

前面介绍的是用于成像传感器探测、识别和确认距离分析的标准方法。该方法可以从正反两个方向加以运用:根据给定的 MRC 曲线或 MRTD 曲线的预测性能;根据所要求的性能反推在不同空间频率上所需的 MRC 或 MRTD 的上限值。尽管这种方法精度很高,且在实践中已被证明是合理、准确的,但应认识到这只是获得的系统性能的一个估计值。实际上目标的对比度和大气状况难以精确测量、操作员的水平参差不齐、场景的混乱程度不同等,使得难以得到相同条件下的大量试验结果,因此也就无法精确估计系统的性能。

2.4.2　传感器位置与姿态测量

一方面,为满足目标探测和搜索的需要,需事先规划好飞行航线和传感器指向,并在执行时实时测量传感器位置和传感器姿态。另一方面,需利用无人飞行器对地面目标进行快速定位,这是其主要优势之一。位置和姿态测量装置可以连续测量成像时传感器的位置和姿态,为地面运动目标快速定位提供一种有效的技术途径，极大地提高了目标快速定位的效率。

应用于无人飞行器的传感器位置与姿态测量设备主要是全球导航卫星系统和惯性导航系统。

GNSS 泛指所有的导航卫星系统，包括全球的、区域的和增强的，包括我国的北斗卫星导航系统、美国的全球定位系统(global position system, GPS)、俄罗斯的格洛纳斯导航卫星系统(global navigation satellite system, GLONASS)、欧洲的伽利略导航卫星系统(Galileo navigation satellite system, Galileo)，以及相关的增强系统，如美国的广域增强系统(wide area augmentation system, WAAS)、欧洲静地导航重叠服务(European geostationary navigation overlay service, EGNOS)、日本星基增强系统(multi-functional transport satellite-based augmentation system, MSAS)，以及在建和要建的其他导航卫星系统。其中，GPS 是由美国国防部研制建立的一种具有全方位、全天候、全时段、高精度的导航卫星系统。

1. GPS 定位

本书以 GPS 为例说明传感器位置与姿态测量的基本方法。GPS 定位的基本原理是测量出已知位置的卫星到用户接收机之间的距离，综合多颗卫星的数据就可解算出接收机的位置。要达到这一目的，卫星的位置可以根据星载时钟的时间在卫星星历中查出。接收机到卫星的距离则通过记录卫星信号传播到接收机所经历的时间，再乘以光速得到。由于信号传播时间包含卫星时钟与接收机时钟不同步的误差、卫星星历误差、接收机测量误差以及信号在大气中传播的延迟等，这一距离并不是用户与卫星之间的真实距离，而是伪距(pseudo range)。当 GPS 卫星正常工作时，会不断地用伪随机码(简称伪码)发射导航电文。GPS 使用的伪码共有两种，分别是民用的 C/A 码和军用的 P(Y)码。当用户接收到导航电文时，提取出卫星时间并将其与自己的时钟进行对比便可得知卫星与用户的距离，再利用导航电文中的卫星星历数据推算出卫星发射电文时所处的位置，便可得知用户在1984 世界大地测量系统(world geodetic system 1984, WGS-84)坐标系中的位置、速度等信息。

按定位方式，GPS 定位分为单点定位和相对定位(差分定位)。单点定位根据一台接收机的观测数据来确定接收机位置，它只能采用伪距观测量，可用于车船等的概略导航定位。为提高定位精度，在精密定位应用中通常采用差分 GPS (differential GPS, DGPS)技术：将一台(或几台)GPS 接收机安置在基准站上，与流动站上的接收机进行同步观测。根据基准站已知的精密坐标，计算出基准站到卫星的距离改正数，并对流动站接收机的定位结果进行改正，从而提高定位精度。根据数据处理时间的不同，DGPS 分为实时差分和事后处理差分；按照观测值类型的不同，DGPS 又可分为伪距差分和载波相位差分。研究表明，伪距差分能得到米级的动态定位精度，载波相位差分可以获得厘米级的动态定位结果。当用于测量载体的实时位置时，DGPS 技术至少需要两台 GPS 接收机，一台安装在飞行载体上，另一台安置在已知点上。

GPS 接收机有军用和民用两种类型。军用 GPS 接收机能够接收 GPS 卫星发布的公开的 C/A 码星历和保密的 P1、P2 码星历，精度很高，在全球范围内的定位精度为 1m 左右，但仅限于美国及其盟国军方使用。民用 GPS 接收机分测量型和导航型。测量型民用 GPS 接收机主要用于精密大地测量和精密工程测量，这类仪器主要采用载波相位观测值进行差分定位，定位精度高，可达毫米级，但仪器结构复杂，价格较高，且需要长时间的静态观测，不能用于动态导航。导航型民用 GPS 接收机则主要用于运动载体的导航，可以实时地给出载体的位置和速度，这类接收机价格低，应用广泛。然而，导航型民用 GPS 接收机只能接收 GPS 卫星发布的公开的 C/A 码星历，单点实时定位精度较低，有选择可用性(selective availability, SA)加密影响时定位精度为±100m，2000 年 5 月 1 日关闭 SA 加密后，定位精度显著提高，可达±10m。随着技术的进步，目前新型的导航型民用 GPS 接收机的实际定位精度达到 5m 以内。导航型民用 GPS 接收机还可以进一步分为车载型(用于车辆导航定位)、航海型(用于船舶导航定位)、航空型(用于飞机导航定位，飞机运行速度快，因此航空型接收机要求能适应高速运动)和星载型(用于卫星的导航定位，卫星的速度高达 7km/s 以上，因此对星载型接收机的要求更高)。用于无人飞行器的 GPS 接收机应选用航空型接收机。

2. INS 位置和姿态测量

惯性导航(inertial navigation, IN)是通过测量飞行器的加速度(惯性)，自动进行积分运算，获得飞行器瞬时速度和瞬时位置数据的技术。组成惯性导航系统的设备都安装在飞行器内，工作时不依赖外界信息，也不向外界辐射能量，不易受到干扰，是一种自主式导航系统。

惯性导航系统属于一种推算导航方式，即从一个已知点的位置根据连续测得的载体航向角和速度推算出下一个点的位置，因而可连续测出载体的当前位置。惯性导航系统主要有如下优点：①不依赖任何外部信息，也不向外部辐射能量，所以隐蔽性好且不受外界电磁干扰的影响；②可全天候、全球、全时间段地工作于空中、地表乃至水下；③能提供位置、速度、航向和姿态角数据，所产生的导航信息连续性好且噪声低；④数据更新率高、短期精度和稳定性好。

按照在飞行器上的安装方式，惯性导航系统分为平台式惯性导航系统(惯性导航器件安装在惯性平台的台体上)和捷联式惯性导航系统(惯性导航器件直接安装在飞行器上)。相比平台式惯性导航系统，捷联式惯性导航系统有两个主要的区别：①省去了惯性平台，陀螺仪和加速度计直接安装在飞行器上，使系统体积小、重量轻、成本低、维护方便。陀螺仪和加速度计直接承受飞行器的振动、冲击和角运动，因而会产生附加的动态误差。这就对陀螺仪和加速度计有更高的要求。②需要用计算机对加速度计测得的飞行器加速度信号进行坐标变换，再进行导航计算得出需要的导航参数(航向、地速、航行距离和地理位置等)。这种系统需要进行坐标变换，而且必须进行实时计算，因此要求计算机具有很高的运算速度和较大的容量。现代电子计算机技术的迅速发展为捷联式惯性导航系统创造了条件。

目前惯性导航系统已经发展出挠性惯性导航、光纤惯性导航、激光惯性导航、微固态惯性仪表等多种方式。陀螺仪由传统的绕线陀螺发展到静电陀螺、激光陀螺、光纤陀螺、微机械陀螺等。激光陀螺测量的动态范围宽、线性度好、性能稳定、具有良好的温度稳定性和重复性，在高精度的应用领域一直占据着主导位置。

惯性导航的基本工作原理以牛顿力学定律为基础，通过测量载体在惯性参考系的加速度，将其对时间进行积分，且变换到导航坐标系中，就能得到载体在导航坐标系中的速度、偏航角和位置等信息。惯性导航系统通常由惯性测量单元(inertial measurement unit, IMU)、计算机、控制显示器等组成。IMU 是 INS 的核心部件，负责姿态测定。IMU 通常由 3 个加速度计、3 个陀螺仪、数字电路和中央处理器组成(李学友，2005)。3 个加速度计用来测量飞行器 3 个平移运动的加速度，3 个陀螺仪用来测量飞行器的 3 个转动运动。

INS 的位置姿态测量主要是利用 IMU 中的陀螺仪、加速度计等惯性元件来测量载体运动的加速度和角速度，在已知初始位置和速度的情况下，通过积分求出载体的速度、位置和姿态等信息。

3. GNSS/INS 组合系统

本书以 GPS/INS 为例阐述 GNSS/INS 组合系统的工作原理。虽然 GPS 可量测传感器的位置和速率，具有高精度、误差不随时间积累等优点，但其易受干扰、动态环境中可靠性差(易失锁)、输出频率低、不能测量瞬间快速的变化、没有姿态量测功能。INS 有姿态量测功能，具有完全自主、保密性强、可定位、可测速、快速量测传感器瞬间移动、可输出姿态信息等优点，主要缺点是误差随着时间迅速积累增长、导航精度随时间而发散、不能单独长时间工作、必须不断进行校准。可以看出，GPS 与 INS 正好是互补的，因此最优化的方法是对两个系统获得的信息进行综合，这样可得到高精度的位置、速率和姿态数据。

GPS/INS 组合有多种方式，代表了不同的精度和水平。最简单的方式是将 GPS 和 INS 独立使用，仅起冗余备份作用，这是早期的组合方式。最理想的组合方式是从硬件层进行组合，即一体化组合，GPS 为 INS 校正系统误差，而 INS 辅助 GPS 缩短卫星捕获时间，增强抗干扰能力，剔除多路径等粗差的影响，这种组合体积小、重量轻、功耗低，多用于军事领域。在工程中比较易于实现的是从软件层进行组合，保持 GPS 和 INS 各自硬件的独立，只需要通过相应的接口将 GPS 和 INS 的数据传输到中心计算机上，并利用相应的算法进行两套数据的时空同步和最优组合即可，这是目前最主要的组合方式(孙红星, 2004)。

GPS/INS 组合主要通过卡尔曼滤波来实现。以 INS 误差方程为状态方程，以 GPS 测量结果为观测方程，采用线性卡尔曼滤波器为 INS 误差提供最小方差估计，利用这些误差的估计值修正 INS，以提高系统的导航精度。另外，经过校正的 INS 又可以提供导航信息，以辅助 GPS 提高其性能和可靠性。

在利用卡尔曼滤波进行 GPS 与 INS 的组合时，通常有两种方式，即松散组合(位置与速率的组合)和紧密组合(伪距与伪距率的组合)(郭杭等, 2002)。两种组合方式各有优劣，一般认为松散组合可靠性高、精度低，特别是当 GPS 观测卫星少于 4 颗时，完全依靠 INS 导航的精度将更低。紧密组合精度高，但可靠性较低(董绪荣等, 1998)。在松散组合下组合系统利用 GPS 数据来调整 INS 输出，即利用 GPS 输出的位置和速度信息直接修正 INS 的漂移误差，得到精确的位置、速度和姿态参数。当 GPS 正常工作时，系统输出为 GPS 和 INS 信息，当 GPS 中断时，INS 以 GPS 停止工作时的瞬时值为初始值继续工作，系统输出 INS 信息，直到下一个 GPS 工作历元出现为止。

松散组合具有以下优点。

(1)GPS 和 INS 保持了各自的独立性，当其中任何一个出现故障时，系统仍能继续工作。

(2)组合系统结构简单，便于设计。

(3)GPS 和 INS 的开发与调试独立性强，便于系统的故障检测与隔离。

(4)组合系统开发周期短。

松散组合的缺点是组合后 GPS 接收机的抗干扰能力和动态跟踪能力没有得到任何改善，组合系统的导航精度没有紧密组合高(孙红星等, 2010)。

紧密组合的工作原理是：利用 INS 输出的位置信息和速度信息来估计 GPS 的伪距和伪距率，且与 GPS 输出的伪距和伪距率进行比较，用差值构建系统的观测方程，经卡尔曼滤波后得到精确的 GPS 和 INS 输出信息。

紧密组合具有以下优点。

(1)GPS 接收机向 INS 提供精确的位置信息和速度信息，辅助并帮助克服 INS 的漂移误差积累。

(2)INS 同时向 GPS 接收机提供实时的位置信息和速度信息，提高 GPS 接收机的抗干扰能力和动态跟踪能力。

(3)在 INS 的辅助下，GPS 接收机可以接收到更多的卫星信息，而组合滤波器可以利用尽可能多的卫星信息提高滤波修正的精度。

(4)能够对 GPS 接收机信息的完整性进行监测。

在数据处理上,紧密组合将 GPS 和 INS 的原始观测数据一起输入到一个滤波器中进行估计,得到整体最优估计结果;松散组合首先使用一个分滤波器对 GPS 进行独立滤波定位,然后将定位结果输入到一个包含 INS 误差状态方程的主滤波器中,估计 INS 的导航误差。

GPS 和 INS 的系统集成从 20 世纪 80 年代初的简单组合开始,到 80 年代末已经达到软硬件组合的水平。目前,GPS/INS 组合系统的精度主要取决于 GPS 数据的定位精度。近年来,随着我国北斗卫星导航系统的快速发展,俄罗斯 GLONASS 的复苏,以及欧洲 Galileo 系统投入运营,GNSS 的阵营不断壮大。结合 GPS、GLONASS、Galileo、北斗卫星导航系统等多套导航系统的卫星信号,GNSS 接收机可接收的卫星数成倍增加,能提供更多的多余观测用于定位计算,卫星的空间配置也更合理,因此能达到比任何单一系统更高的精度和可靠性。

2.5　数据链路

数据链路是无人飞行器与地面控制站之间进行连接的纽带。地面控制站既通过数据链路控制飞行器的飞行与传感器的运行,也通过数据链路接收飞行器上的任务载荷数据。数据链路还可用于测量地面天线相对于飞行器的距离和方位、飞行器的导航、辅助传感器对目标进行定位等。

2.5.1　数据链路的组成

无人飞行器的数据链路包括一条上行链路和一条下行链路。上行链路(也称为指挥链路)一般为几千赫兹带宽,用于地面控制站对飞行器以及飞行器上设备的控制。上行链路必须保证能随时启用,以确保能及时发送地面控制站的指令。但在执行前一个命令期间(如在自动驾驶仪的控制下从一点飞到另一点期间)可以保持静默。

下行链路提供两条通道(可以合并为单一的数据流),第一条通道(也称为遥测通道)用于向地面控制站传递当前的飞行速度、发动机转速以及飞行器上的设备状态等信息,该通道仅需要较小的带宽,类似于上行链路。第二条通道用于向地面控制站传递传感器数据,它需要足够的带宽以传输大量的数据,其带宽范围为 300kHz～10MHz。一般下行链路是连续传输的,但有时也会临时启动以传输飞行器上暂存的数据。

数据链路由空中部分和地面部分组成。数据链路的空中部分包括机载数据终端和天线。机载数据终端包括射频接收机、发射机以及用于连接射频接收机和发射机到系统其余部分的调制解调器。有些机载数据终端为了满足下行链路的带宽限制要求，还提供用于压缩数据的处理器。天线一般采用全向天线，有时也采用具有增益的有向天线。

数据链路的地面部分也称为地面数据终端，该终端包括天线、射频接收机、发射机以及调制解调器。若传感器数据在传输前经过压缩，则地面数据终端还需采用处理器对数据进行重建。地面数据终端可以分装成几个部分，一般包括一辆天线车(可以停放在与地面控制站有一定距离的地方)、一条连接地面天线与地面控制站的数据连线，以及地面控制站中的若干处理器和接口。

数据链路既可以传递数字信号，也可以传递模拟信号。若要传递数字信号，则数据链路既可采用数字式载波调制，也可采用模拟式载波调制。很多简单的遥测链路在视频通道内采用模拟式载波调制，大多数抗干扰数据链路采用数字式载波调制传递数字信号。

几乎所有的现代无人飞行器系统都采用数字计算机进行控制，在地面控制站和飞行器上引入自动驾驶仪，机载的传感器数据预处理部分一般也是数字式的，至少它的末级是数字式的。大多数情况下，数字信号形式是实现检错编码、提高抗干扰能力(通过冗余传输)、实现加密和文电鉴别码的基本途径。因此，无人飞行器数据链路选择数字信号和数字式载波调制。

2.5.2　数据链路的特征

如果无人飞行器的数据链路是在严格控制的条件下使用的，那么一部简单的收发信机就够了。这样的收发信机会受到来自其他具有同样频率范围的发信机的干扰，不过这种干扰可以通过仔细调谐工作频率加以克服。然而，经验表明，只要将工作频率从一个已解决了频率冲突问题的测试频段改变到另一个测试频段，这种简单的数据链路就不能再可靠工作了。

对数据链路的基本要求是，不会因为干扰而工作失常。除了避免频率冲突之外，还可以采用检错码、应答和重发协议以及其他类似的抗干扰技术来提高抗干扰能力。数据链路在存在干扰的情况下保持正常工作的能力称为抗干扰能力，可用抗干扰系数衡量。抗干扰系数可定义为无干扰时系统的实际信噪比与系统正常工作所要求的最小信噪比的比值，单位为 dB[①]。数据链路的抗干扰系数用来表示该数据链路能忍受的最大干扰功率，即致使工作性能恰好下降到不能接受的水平时的干扰功率。

在战场上，无人飞行器系统可能面临各种电磁威胁，如引导地面控制站实施

---

① dB 是一个关于比例系数的无量纲单位。若有两个相同单位的量，其比例系数 R 是一个无量纲的量，则该比例系数可以用 $10\lg R$ 表示，其单位即 dB。因此，一个系统抗干扰系数为 30dB 的含义是，干扰必须使接收机的信噪比下降到原来的 $\frac{1}{1000}$ ($10\lg1000=30$) 以上才能使系统工作失常。

炮火攻击的测向定位、锁定地面数据终端辐射源的反辐射武器、电子截获、电子欺骗、对数据链路的无意干扰和蓄意干扰。要在战场电磁环境下工作，无人飞行器的数据链路必须有足够高的可靠性，至少能保证在用户需要测试、训练或者操作的任何地方都能正常工作。这就要求数据链路既能在分配的各频率点上工作，又能抵御来自其他可能出现的发信机的无意干扰。因此，军用无人飞行器的数据链路需要尽可能地增加抗电磁威胁的功能。

2.5.3　数据传输特性

数据链路的基本功能是在无人飞行器和地面控制站之间传输数据。本节仅讨论数据双向传输时可能出现的延时问题和下行链路数据传输率的问题。

1. 控制环路延时

某些无人飞行器的系统功能需要地面控制站的闭环控制。传感器指向的人工调节、目标自动跟踪的初始化就需要这种控制，人工控制飞行器回收也需要这种控制。完成这种控制功能的控制环路通过数据链路进行双向传输。如果数据链路采用数据压缩或裁剪、消息分组、上下链路在同一频率上的时分多路传输，那么在控制环路的控制和反馈传输中将会出现延时，这种延时可能带来严重的甚至灾难性的后果。

一个难以预测的延时是控制环路延时，其主要来自数据链路传输率的降低以及传感器数据块传输与重建过程。另一个更难预测的延时是在指令消息分组传输的机制下，数据链路在传输前要等待足够条数的指令以形成完整的消息组，这种等待造成了与飞行器间的消息阻塞。在这种情况下，组成消息组的最后一条指令几乎能马上被传出去，可是下一个消息组中的第一条指令必须一直等待，直到有足够的指令形成完整的消息组。当然，数据链路在达到某个最大等待时间后也可以将不完整的消息组传递出去，或者地面控制站以一定的速率发出指令，以保证形成一个消息组所需要的等待时间是可以接受的。

为了说明克服控制环路延时的重要性，本节举一个例子。假如有一个特殊的数据链路，它的上行链路 1s 仅传输一条指令，下行链路 1s 仅传输一帧视频信号，操作员正在控制无人机降落(操作员按照事先决定的俯仰角调节摄像机，并根据电视画面手动控制飞机朝向跑道的入口)，那么总共会产生 2s 多的延迟，其中包括 1s 的发送指令时间、1s 的等待(1s 后才能看到反映飞行路线变化的一帧视频画面)、零点几秒的操作员反应时间和一些控制电路的延时，这种延时很可能造成无人机不能可靠降落。

有两种解决上述问题的方案，最简单的一个解决方案是增加一个低功率、宽带、无抗干扰能力的辅助数据链路。该数据链路只在接近回收网和跑道的最后阶段使用。另一个解决方案是采用对数据链路延时不敏感的回收方式,例如,采用自动降落系统、降落伞或翼伞回收。自动降落系统可以跟踪跑道或回收网中的无线电信标,并利用跟踪数据驱动自动驾驶仪实施降落,因此无须控制环路。降落伞只需要一条指令就可以打开,用于打开降落伞的 1s 左右的时间是无关紧要的。翼伞降落得比较慢,对于地面降落,控制环路 2~3s 的延时是可以接受的,但是若在移动平台(如航行中的船)上进行回收,就必须考虑控制环路延时的影响。

对于调节传感器指向时的延时问题,不能依靠备份数据链路,解决的方法是设计一种特殊的控制环路,在延时 2~3s 的情况下仍能正常工作。研究表明:如果能对延时期间传感器视场的移动自动进行补偿,那么有可能设计出这样的控制环路。然而,这项技术要求飞行器上带有很好的惯性基准,传感器指向系统带有高分辨率的分解器,以使指向指令能够按照惯性基准计算和执行。

当然,也可以通过提高数据链路的数据传输率来解决传输延时的问题。但是,这种解决方案会影响到抗干扰能力,增加了数据链路的复杂性和费用。

2. 下行链路数据传输率

如何降低数据传输率是下行链路设计中需要着重考虑的问题。几乎所有的成像传感器发送数据的速率都比数据链路的传输速率高得多。例如,来自普通的前视红外(forward looking infra-red, FLIR)传感器能产生约 74Mbit/s 的原始数据(640×480 像素×30 帧/s×8 bit/像素),而光学摄像机产生的数据量更大。

采用数据压缩或数据裁剪的方法可以降低数据传输率。数据压缩是将数据变换成数据量更小但在地面控制站可以重建的表现形式。理想的情况是,数据被压缩传输再重建后,信息不会丢失。实际上,由于压缩重建过程中的近似处理,常常会丢失少量的信息。数据裁剪处理则是有意丢失部分数据。

压缩视频信号的主要方法是通过减少图像中的冗余数据和相关信息来降低描述每个像素所需的平均比特数。图像数据中存在很大的冗余,相邻的像素灰度值存在相关性。例如,图像中包括一片晴朗的天空,对应天空这一部分的像素可能有相同的灰度值,那么就只需要为所有这些像素指定一个灰度值而不需要为每一像素重复发送这个灰度值。对整幅图像来说,每个像素所需的平均比特数减少了。即使是图像中含有物体的部分,像素与像素之间也存在相关性。除了阴影边界和对比度较高的物体的边缘,图像中灰度等级的变化一般是连续光滑的。于是,相邻像素间灰度等级的差一般比 8bit 所表示的原始灰度值小得多。利用这一特性可以进行差值编码,即用一个像素与前一像素之间的灰度差而不是用灰度值来代表该像素的灰度等级,而该灰度差可以用小于 8bit 的二进制数来表示。

采用更复杂的变换编码方法可进行进一步的压缩。很多方法利用类似于傅里叶变换基础之上的频谱分解技术,将图像从空域变换到频域,然后传输频率分量的系数, 并在地面控制站利用这些系数重建图像。频域中的低频成分包含图像中的大部分主体信息(低频分量的系数较大), 高频成分仅包含少量信息(高频分量的系数较小或为 0)。因此, 在传输时可以丢弃或大幅压缩高频分量的系数, 可以减少需要的比特数。在传输之前, 通常将图像划分成大小为 8×8 或 16×16 的子图像, 这样可根据子图像的内容为每个子图像选择相应的比特数。包含晴朗天空的子图像只需要用到很少的比特数, 而含有大量物体细节的子图像则需要用到较多的比特数。

联合使用差值编码和变换编码可以做到以平均每像素 0.1bit 传输可识别的图像。这意味着, 将每像素 8bit 的原始数据压缩到原来的 1/80。以 30 帧/s 的速率传输尺寸为 640×480 的图像, 其数据传输率仅为 1Mbit/s。但是, 每像素 0.1bit 的图像在重建后, 其分辨率下降了, 产生了严重的信息损失。因此, 需要在压缩率和系统操作性能之间进行权衡。实验表明, 数据压缩到每像素 0.4bit 或更低, 对于搜索目标阵列是可接受的; 压缩到每像素 1.0~1.5bit, 对于搜索孤立的单个目标是可接受的。这里假定一旦发现目标, 能够立即改变到较窄的视场进行足够的放大观察, 以便识别目标。

另外一些实验结果显示, 压缩到每像素 1.0~1.5bit 对于大多数应用来说是可以接受的。需要注意的是, 图像的质量与用于变换的算法有关, 目前还没有明确的证据表明不能通过采用更好的编码和处理技术来进一步降低比特数, 该领域仍存在进一步开发的潜能。

将每像素比特数降到尽可能低的程度后, 就有必要考虑降低要传输的像素数, 这需要采用数据裁剪。对于视频数据, 减少像素数最简单的方法是降低帧传输率。选择 30 帧/s 作为一种视频标准是为了获得无闪烁的画面, 但实际上, 在无人飞行器视频中, 在 1/30s 内地面上的任何物体都不会移动太远。因此, 新的一帧图像中仅包含少量的新信息。

当帧传输率下降到 15 帧/s 时, 大部分观察者感觉不到, 除非提醒他们注意观察。当帧传输率下降到 7.5 帧/s 时, 如果图像中有物体在移动或者传感器的位置发生变化, 则图像会出现明显的抖动。当帧传输率更低时, 观察者能明显感觉到帧的出现, 但有些功能仍能与帧传输率在 15~30 帧/s 时一样正常执行。

一些实验结果表明, 帧传输率下降到 0.25 帧/s 时, 操作员在传感器视场中搜索目标的时间不受影响。如果采用"步进-凝视"模式, 即保持传感器对准某区域约 4s, 再移动到另一区域, 对于目标探测任务, 0.25 帧/s 的传输率应该是可以接受的。

另一些实验结果表明, 帧传输率降低到 3.75 帧/s, 对于手动跟踪, 将自动跟踪器锁定运动目标是可接受的; 帧传输率降低到 0.12~0.25 帧/s, 对于自动目标搜索、精确回传, 将自动跟踪器锁定静止目标是可接受的。

但是, 对于需要传感器、数据链路和操作员之间进行闭环控制的一些操作,例如，操作员移动传感器以观察感兴趣的不同区域(粗略回转)、指向特殊点或特殊目标(精确回转)、将自动跟踪器锁定目标以便进行激光指示或手动跟踪目标，对于某些无人机，操作员通过观察来自摄像机或红外传感器的图像手动控制飞机的降落。在所有这些情况下，帧传输率的下降导致了延时，使操作员滞后一段时间才能看到他所实施指令的结果。实践表明，帧传输率下降造成的延时会影响闭环控制活动。如果在设计控制环路时没有考虑控制延时，那么可能带来灾难性的后果。

若以上压缩和裁剪措施仍不足以将数据传输率降低到数据链路可以承受的范围内，则还有两种形式的裁剪可用于无人飞行器的数据链路：降低分辨率和视场裁剪。降低分辨率是对相邻像素进行平均处理，将垂直方向或者水平方向甚至两个方向的像素数都减少到原来的 1/2 或 1/4，但是这种裁剪处理会丢失部分有用信息。

以上讨论的是降低下行链路数据传输率的具体措施，另一个难题是在无人飞行器系统的哪个环节实现数据传输率降低的功能。数据链路的设计者倾向于在数据链路内部实现该功能。数据链路接收标准的电视视频信号，提供标准的按 30Hz 刷新的电视视频信号给地面控制站监视器，简化了数据链路与系统其余部分的接口。一种观点认为，设计压缩和重建算法的专门技术应该由传感器的设计者而不是由数据链路的设计者来开发，这样设计的算法与传感器的数据匹配良好，且信息损失最少。但是，每种传感器需要采用不同的压缩和重建方法，即使是视频传感器和 FLIR 传感器这两种成像性质较接近的传感器，也有必要采用不同的数据压缩算法，以达到最佳的压缩效果。视频传感器与雷达传感器之间的差别更大了。一个通用数据链路需要许多不同的模块(软件的和硬件的)处理各种不同的数据。如果由传感器部分来完成压缩、裁剪，那么数据链路就成了接收和传递带有一定特性的数据流的通道。由传感器制造商提供的重建单元要提供与这些特性相符合的缓存。

参 考 文 献

董绪荣, 张守信, 华仲春. 1998. GPS/INS 组合导航定位及其应用[M]. 长沙: 国防科学技术大学出版社.

甘晓华, 郭颖. 2005. 无飞艇技术概论[M]. 北京: 国防工业出版社.

郭杭, 刘经南. 2002. GPS/INS 组合系统数据处理方法[J]. 测绘通报, 13(5): 957-965.

李学友. 2005. INS/DGPS 辅助航空摄影测量综述[J]. 测绘科学, 30(5): 110-113.

孙红星. 2004. 差分 GPS/INS 组合定位定姿及其在 MMS 中的应用[D]. 武汉: 武汉大学.

孙红星, 袁修孝, 付建红. 2010. 航空遥感中基于高阶 INS 误差模型的 GPS/INS 组合定位定向方法[J]. 测绘学报, 39(1): 28-33.

Fahistrom P G, Gleason T J. 2003. 无人机系统导论[M]. 2 版. 吴汉平, 等译. 北京: 电子工业出版社.

第3章 摄像机成像几何模型

无人飞行器用于运动目标监测的任务载荷一般为非量测型的数字相机、光电摄像机、红外热像仪等成像传感器。非量测型成像传感器是相对于遥感测绘中使用的量测型相机而言的，其内部结构不规则，内参数完全或部分未知，甚至内参数不稳定。内参数指的是成像传感器的基本几何参数，如光学焦距、像主点坐标（主光轴与物理成像平面的交点）、镜头畸变、几何结构偏差以及其他系统误差，是进行影像几何定位的关键参数。由于上述三类成像传感器在几何特性上的相似性，除非特别说明，下面将不再严格区分这三类传感器，而统称为摄像机。对于这类摄像机，可以采用计算机视觉进行几何建模。本章首先介绍计算机视觉中的摄像机几何成像模型、镜头畸变；然后分析其与遥感测绘中广泛使用的摄影测量成像模型——共线条件方程之间的异同，以及各自的适用性。

3.1 针孔摄像机模型

在摄像机坐标系 o-xyz 中，用 P 表示场景中的一点，p 表示它在物理成像平面上的像点，分别用 (x, y, z) 和 (x', y', z') 表示 P 和 p 在摄像机坐标系中的坐标，如图 3.1 所示（Forsyth et al.，2004）。

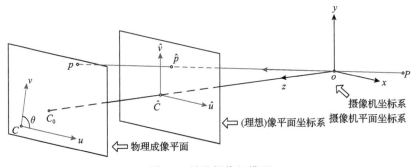

图 3.1 针孔摄像机模型

因为 p 位于物理成像平面，所以 $z' = f'$，f' 为摄影机镜头焦距。同时，由于 P、p 和镜头光学中心 o（也就是摄像机坐标系的原点）位于一条直线上，所以有 $op = \lambda oP$，λ 为成像比例系数，展开为

$$\begin{cases} x' = \lambda x \\ y' = \lambda y \\ f' = \lambda z \end{cases} \Rightarrow \lambda = \frac{x'}{x} = \frac{y'}{y} = \frac{f'}{z} \tag{3.1}$$

消去成像比例系数 λ，得到

$$\begin{cases} x' = f'\dfrac{x}{z} \\ y' = f'\dfrac{y}{z} \end{cases} \tag{3.2}$$

式(3.2)即针孔摄像机模型(物点、光心、像点共线)的通用公式。若使用齐次坐标，则式(3.2)可表示为

$$\hat{\boldsymbol{p}}' = \frac{1}{z}[\boldsymbol{K} \quad \boldsymbol{0}]\hat{\boldsymbol{P}}^c \quad \boldsymbol{K} = \begin{bmatrix} f' & 0 & 0 \\ 0 & f' & 0 \\ 0 & 0 & 1 \end{bmatrix} \tag{3.3}$$

式中，$\hat{\boldsymbol{p}}' = (x', y', 1)^{\mathrm{T}}$ 为像点 p 投影到摄像机平面坐标系 $o\text{-}xy$ 中的齐次坐标向量；$\hat{\boldsymbol{P}}^c = (x, y, z, 1)^{\mathrm{T}}$ 为场景点 P 在摄像机坐标系中的齐次坐标向量。点的平面齐次坐标由原始二维平面坐标添加一维并取值为 1，变为一个三维向量得到；类似地，点的空间齐次坐标由原始三维空间坐标添加一维，变为一个四维向量得到。

3.2　空间直角坐标变换

设场景点 P 在摄像机坐标系 $o\text{-}xyz$ 中的坐标为 (x, y, z)，在物方空间直角坐标系(也称为世界坐标系) $S\text{-}XYZ$ 中的坐标为 (X, Y, Z)，则 P 在物方空间直角坐标系中的坐标向量可由其在摄像机坐标系中的坐标向量反算得出，计算公式为

$$\boldsymbol{P} = \boldsymbol{R}\boldsymbol{P}^c + \boldsymbol{T} \tag{3.4}$$

式中，$\boldsymbol{P} = X, Y, Z^{\mathrm{T}}$ 为场景点 P 在 $S\text{-}XYZ$ 中的坐标向量；$\boldsymbol{P}^c = x, y, z^{\mathrm{T}}$ 为场景点 P 在 $o\text{-}xyz$ 中的坐标向量；$\boldsymbol{T} = X_S, Y_S, Z_S^{\mathrm{T}}$ 为 $o\text{-}xyz$ 的原点 o 在 $S\text{-}XYZ$ 中的坐标向量；$\boldsymbol{R}$ 为坐标系 $o\text{-}xyz$ 相对于 $S\text{-}XYZ$ 的旋转矩阵，表示三个旋转角 φ　ω　κ 的函数：

$$\boldsymbol{R} = \begin{bmatrix} a_1 & a_2 & a_3 \\ b_1 & b_2 & b_3 \\ c_1 & c_2 & c_3 \end{bmatrix}$$

$$= \begin{bmatrix} \cos\varphi\cos\kappa - \sin\varphi\sin\omega\sin\kappa & -\cos\varphi\sin\kappa - \sin\varphi\sin\omega\cos\kappa & -\sin\varphi\cos\omega \\ \cos\omega\sin\kappa & \cos\omega\cos\kappa & -\sin\omega \\ \sin\varphi\cos\kappa + \cos\varphi\sin\omega\sin\kappa & -\sin\varphi\sin\kappa + \cos\varphi\sin\omega\cos\kappa & \cos\varphi\cos\omega \end{bmatrix}$$

$$\tag{3.5}$$

$\boldsymbol{R}$ 的几何意义是，将坐标系 $S\text{-}XYZ$ 绕联动轴 $Y\text{-}X\text{-}Z$ 旋转 $\varphi\text{-}\omega\text{-}\kappa$ 角后，各坐标轴指向与摄像机坐标系 $o\text{-}xyz$ 对应各轴指向完全一致(王之卓，1992)，即此时两个物方空间直角坐标系平行，如图 3.2 所示。

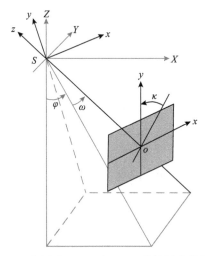

图 3.2　坐标系 $S\text{-}XYZ$ 和 $o\text{-}xyz$ 的旋转变换关系

坐标系 $S\text{-}XYZ$ 绕联动轴 $Y\text{-}X\text{-}Z$ 旋转 $\varphi\text{-}\omega\text{-}\kappa$ 角是指坐标系的三步旋转过程：第一步，将坐标系 $S\text{-}XYZ$ 绕 Y 轴按左手系法则旋转 φ 角，使 $S\text{-}YZ$ 平面与坐标系 $o\text{-}xyz$ 的 z 轴平行；第二步，将第一步旋转后的 $S\text{-}XYZ$ 绕旋转后的 X 轴按右手系法则旋转 ω 角，使 Z 轴与 $o\text{-}xyz$ 的 z 轴指向一致，此时 $S\text{-}YZ$ 平面与 $o\text{-}xy$ 平面平行；第三步，将前两步旋转后的 $S\text{-}XYZ$ 绕旋转后的 Z 轴按右手系法则旋转 κ 角，使 X　Y 轴同时与 $o\text{-}xyz$ 的 x　y 轴指向一致。旋转矩阵 $\boldsymbol{R}$ 是单位正交阵，其逆矩阵存在，且 $\boldsymbol{R}^{-1} = \boldsymbol{R}^{\mathrm{T}}$。由式(3.4)可知，场景点 P 在摄像机坐标系中的坐标向量可表示为

$$\boldsymbol{P}^c = \boldsymbol{R}^{\mathrm{T}}\boldsymbol{P} - \boldsymbol{R}^{\mathrm{T}}\boldsymbol{T} \tag{3.6}$$

另外，根据任意两个直角坐标系之间的刚体变换，也可以直接写出

$$\boldsymbol{P}^c = \boldsymbol{R}_2\boldsymbol{P} + \boldsymbol{t} \tag{3.7}$$

式中，$\boldsymbol{t} = \ t_x, t_y, t_z\ ^{\mathrm{T}}$ 为 $S\text{-}XYZ$ 的原点 S 在 $o\text{-}xyz$ 中的坐标向量；$\boldsymbol{R}_2$ 为坐标系 $S\text{-}XYZ$ 相对于 $o\text{-}xyz$ 的旋转矩阵(将坐标系 $o\text{-}xyz$ 分别绕联动轴 $y\text{-}x\text{-}z$ 旋转 $\varphi'\text{-}\omega'\text{-}\kappa'$ 角后，各坐标轴指向与坐标系 $S\text{-}XYZ$ 对应各轴指向一致，$\boldsymbol{R}_2$ 由旋转角 φ'　ω'　κ' 组成)，显然，此旋转矩阵 $\boldsymbol{R}_2$ 即 $\boldsymbol{R}^{-1}$(或 $\boldsymbol{R}^{\mathrm{T}}$)。对比式(3.6)与式(3.7)，有

$$\boldsymbol{P}^c = \boldsymbol{R}^{\mathrm{T}}\boldsymbol{P} + \boldsymbol{t} \tag{3.8}$$

且

$$t = -R^T T \tag{3.9}$$

若使用齐次坐标，则式(3.8)写为

$$\hat{P}^c = \begin{bmatrix} R^T & t \\ 0^T & 1 \end{bmatrix} \hat{P} \tag{3.10}$$

式中，$0 = {0,0,0}^T$；$\hat{P} = (X, Y, Z\,1)^T$ 为场景点 P 在物方空间直角坐标系中的齐次坐标向量。这样，用一个 4×4 矩阵就可以表示两个直角坐标系之间的刚体变换。

3.3　摄像机几何成像模型

式(3.2)是理想条件下的摄像机几何成像模型，这个方程的成立是有条件的，像点和场景点的坐标都要在摄像机坐标系中进行度量。实际应用中，像点的坐标是在像平面坐标系中测量的，而场景点的坐标是在物方空间直角坐标系中测量的。因此，需要用一些物理参数来表示摄像机坐标系和像平面坐标系与物方空间直角坐标系之间的变换关系，这些物理量就是摄像机参数。其中，表示像平面坐标系与摄像机坐标系关系的参数称为摄像机内部参数(或者内参数)，包括焦距、像素尺寸、像主点(主光轴与物理成像平面的交点)坐标、物理成像平面坐标轴夹角；表示物方空间直角坐标系与摄像机坐标系关系的参数称为摄像机外部参数(或者外参数)，包括物方空间直角坐标系在摄像机坐标系中的平移参数和旋转参数。

3.3.1　内参数

首先建立二维的像平面坐标系 $\hat{C}$-$\hat{u}\hat{v}$ 作为辅助坐标系，如图 3.1 所示。该坐标系确定的平面平行于摄像机的物理成像平面，而且到摄像机光心的距离为单位长度。原点 $\hat{C}$ 定在光轴与平面的交点处，坐标轴 $\hat{u}$、$\hat{v}$ 与摄像机坐标系的坐标轴 x、y 平行。场景点 P 在这个平面上的像点 $\hat{p}$ 的坐标记为 $(\hat{u}, \hat{v})$，则由摄像机几何模型 (3.2)得到

$$\begin{cases} \hat{u} = \dfrac{x}{z} \\ \hat{v} = \dfrac{y}{z} \end{cases} \Rightarrow \quad \hat{p}'' = \frac{1}{z}[I \quad 0]\hat{P}^c \tag{3.11}$$

式中，I 为单位阵；$0 = {0,0,0}^T$；$\hat{p}'' = {\hat{u}, \hat{v}, 1}^T$ 为 $\hat{p}$ 在像平面坐标系中的齐次坐标向量；$\hat{P}^c = {x, y, z, 1}^T$ 为场景点 P 在摄像机坐标系中的齐次坐标向量。

实际的物理成像平面 $C\text{-}uv$ 与本书定义的像平面坐标系不同,它到光心的距离为 $f(f \neq 1)$,物理图像坐标 (u,v) 一般以像素(而不是以 $\hat{C}\text{-}\hat{u}\hat{v}$ 中的 m 或 mm)为单位。而且通用摄像机的像素单元一般不是正方形,而是长方形,因此需要用两个比例因子 k 和 l(单位为像素/mm 或像素/m)来表示,于是有

$$
\begin{cases}
u = kf\hat{u} \\
v = lf\hat{v}
\end{cases}
\tag{3.12}
$$

将其代入式(3.11),得到

$$
\begin{cases}
u = kf\dfrac{x}{z} \\
v = lf\dfrac{y}{z}
\end{cases}
\Rightarrow
\begin{cases}
u = \alpha\dfrac{x}{z} \\
v = \beta\dfrac{y}{z}
\end{cases}
\tag{3.13}
$$

式中, $\alpha = kf$ 、 $\beta = lf$,单位为像素。与式(3.2)对照, α 和 β 实际上可以分别看作 u 和 v 方向上以像素为单位的摄像机焦距。

一般把图像的一角而不是中心定为物理成像平面坐标系的原点(例如,在图 3.1 中,原点是左下角,则图像上一个像素的坐标就是它所在的列数和行数),则式(3.13)可改写为

$$
\begin{cases}
u = \alpha\dfrac{x}{z} + u_0 \\
v = \beta\dfrac{y}{z} + v_0
\end{cases}
\tag{3.14}
$$

式中, (u_0, v_0) 为主光轴与物理成像平面的交点 C_0 (像主点)的像平面坐标。

由于制造误差,物理成像平面坐标轴可能不完全垂直(但也接近垂直),如图 3.3 所示。

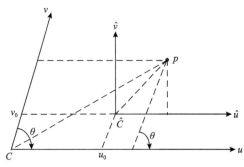

图 3.3 物理成像平面坐标系 $C\text{-}uv$ 和像平面坐标系 $\hat{C}\text{-}\hat{u}\hat{v}$ (Forsyth et al., 2004)

在这种情况下，假设之前建立的摄像机坐标系的 x 轴和物理成像平面坐标系的 u 轴平行，相应地，像平面坐标系的 $\hat{u}$ 轴与物理成像平面坐标系的 u 轴平行，则式(3.14)可改写为

$$
\begin{cases}
u = \alpha\dfrac{x}{z} - \alpha\cot\theta\dfrac{y}{z} + u_0 \\
v = \dfrac{\beta}{\sin\theta}\dfrac{y}{z} + v_0
\end{cases}
\tag{3.15}
$$

式中，θ 为物理成像平面坐标系 u 轴和 v 轴的夹角。

由式(3.11)和式(3.15)，得到场景点 P 在像平面坐标系 $\hat{C}\text{-}\hat{u}\hat{v}$ 上的像点 $\hat{p}(\hat{u},\hat{v})$ 和场景点 P 在物理成像平面坐标系 $C\text{-}uv$ 上的投影 $p(u,v)$ 之间的关系为

$$
\hat{\boldsymbol{p}} = \boldsymbol{A}\hat{\boldsymbol{p}}'', \quad \boldsymbol{A} = \begin{bmatrix} \alpha & -\alpha\cot\theta & u_0 \\ 0 & \dfrac{\beta}{\sin\theta} & v_0 \\ 0 & 0 & 1 \end{bmatrix}
\tag{3.16}
$$

式中，$\hat{\boldsymbol{p}} = (u,v,1)^{\mathrm{T}}$ 是像点在物理成像平面坐标系 $C\text{-}uv$ 中的齐次坐标向量；$\boldsymbol{A}$ 定义为内参数矩阵，由五个独立的参数构成。若不考虑参数的物理意义，仅从计算的角度出发，则 $\boldsymbol{A}$ 也可写为

$$
\boldsymbol{A} = \begin{bmatrix} \alpha & \gamma & u_0 \\ 0 & \beta' & v_0 \\ 0 & 0 & 1 \end{bmatrix}
\tag{3.17}
$$

比较式(3.16)和式(3.17)，有

$$
\beta = \beta'\sin\theta, \quad \cot\theta = -\frac{\gamma}{\alpha}
\tag{3.18}
$$

根据参数的物理意义，内参数之间还有如下关系：由于 α 和 β 分别是 u 和 v 方向上以像素为单位的摄像机焦距，且 $\alpha = kf$，$\beta = lf$，所以有

$$
\frac{\beta}{\alpha} = \frac{l}{k} = \frac{d_u}{d_v}
\tag{3.19}
$$

式中，$d_u = 1/k$ 和 $d_v = 1/l$ 分别表示物理成像平面上 u 方向和 v 方向的像素尺寸。进而，有

$$
\frac{\beta'}{\alpha} = \frac{d_u}{d_v\sin\theta}
\tag{3.20}
$$

将式(3.11)代入式(3.16)，得到像点 p 在物理成像平面坐标系中的齐次坐标向量 $\hat{p}$ 和场景点 P 在摄像机坐标系中的齐次坐标向量 $\hat{P}^c$ 之间的关系为

$$\hat{p}=\frac{1}{z}B\hat{P}^c \qquad B=[A \quad 0] \tag{3.21}$$

3.3.2 外参数

在式(3.21)中，场景点 P 仍然表示在摄像机坐标系中。为了表示像点 p 在物理成像平面坐标系中的坐标和场景点 P 在物方空间直角坐标系中的坐标之间的关系，还需要将场景点 P 表示在物方空间直角坐标系中。为此，将物方空间直角坐标的变换关系式(3.10)代入式(3.21)，得

$$\hat{p}=\frac{1}{z}A[R^T \quad t]\hat{P} \tag{3.22}$$

式中，$\hat{P}=(X,Y,Z,1)^T$ 为场景点 P 在物方空间直角坐标系中的齐次坐标向量；R^T 和 $t=(t_x,t_y,t_z)^T$ 的意义如式(3.7)中所述，这两组变量称为摄像机投影变换的外参数。

将式(3.22)写为

$$z\hat{p}=M\hat{P}, \quad M=A[R^T \quad t] \tag{3.23}$$

式中，M 称为投影矩阵。

式(3.23)中的深度 z (场景点 P 在摄像机坐标系中的坐标分量之一)与 M 和 $\hat{P}$ 是相关的。令 m_1^T、m_2^T 和 m_3^T 分别表示 M 的三行，由式(3.23)可知 $z=m_3^T\hat{P}$。为了方便，有时把式(3.23)写为

$$\begin{cases} u=\dfrac{m_1^T\hat{P}}{m_3^T\hat{P}} \\[3mm] v=\dfrac{m_2^T\hat{P}}{m_3^T\hat{P}} \end{cases} \tag{3.24}$$

式(3.22)～式(3.24)均可认为是摄像机几何成像模型。

投影矩阵 M 可以由 5 个内参数 $(\alpha,\beta,u_0,v_0,\theta)$ 和 6 个外参数(3 个表示旋转矩阵 R 的 3 个角度，3 个表示平移 t_x 　t_y 　t_z)显式表达为

$$M=\begin{bmatrix} \alpha\cdot r_1^T-\alpha\cot\theta\cdot r_2^T+u_0r_3^T & \alpha\cdot t_x-\alpha\cot\theta\cdot t_y+u_0t_z \\[3mm] \dfrac{\beta}{\sin\theta}r_2^T+v_0r_3^T & \dfrac{\beta}{\sin\theta}t_y+v_0t_z \\[3mm] r_3^T & t_z \end{bmatrix} \tag{3.25}$$

式中，r_1^T、r_2^T 和 r_3^T 表示旋转矩阵 $\boldsymbol{R}^T$ 的三行。

3.4　镜　头　畸　变

前面一直假设摄像机使用的是理想的无畸变透镜，真实的透镜会受到多种畸变的影响，最主要的有切向畸变和径向畸变两种。大量研究表明，影响图像变形的主要因素是径向畸变，而且主要是低次项形变。其他更复杂的畸变模型非但不会提高精度，反而会造成计算上的不稳定。

令 $(\tilde{u}, \tilde{v})$ 表示像点 p 在物理成像平面坐标系中的实际观测坐标（带有镜头畸变），(u, v) 表示理想的无畸变图像坐标，也就是按式(3.24)计算得到的图像坐标，以像素为单位。$\tilde{x} = (\tilde{u} - u_0) \cdot d_u$ 和 $\tilde{y} = (\tilde{v} - v_0) \cdot d_v$ 为实际观测像点坐标，$\overline{x} = (u - u_0) \cdot d_u$ 和 $\overline{y} = (v - v_0) \cdot d_v$ 为无畸变像点坐标，均以 mm 为单位。$d_u = 1/k$ 和 $d_v = 1/l$ 分别为物理成像平面上 u 方向和 v 方向的像素尺寸。由径向畸变模型(Zhang, 2000)得到

$$
\begin{cases}
\tilde{x} = \overline{x} + \overline{x}(k_1 \overline{r}^2 + k_2 \overline{r}^4 + \cdots + k_n \overline{r}^{2n}) \\
\tilde{y} = \overline{y} + \overline{y}(k_1 \overline{r}^2 + k_2 \overline{r}^4 + \cdots + k_n \overline{r}^{2n})
\end{cases}
\tag{3.26}
$$

式中，$k_1, k_2, \cdots, k_n$ 为径向畸变系数；$\overline{r} = \sqrt{\overline{x}^2 + \overline{y}^2}$ 为无畸变像点到像主点的距离。

式(3.26)也可以表示为关于图像坐标 $(\tilde{u}, \tilde{v})$ 和 (u, v) 之间关系的形式：

$$
\begin{cases}
\tilde{u} = u + (u - u_0)(k_1 r^2 + k_2 r^4 + \cdots + k_n r^{2n}) \\
\tilde{v} = v + (v - v_0)(k_1 r^2 + k_2 r^4 + \cdots + k_n r^{2n})
\end{cases}
\tag{3.27}
$$

式中，r 为无畸变像点到像主点的距离，可以用场景点 P 在摄像机坐标系中的坐标 (x, y, z) 给出：

$$
r = \sqrt{\left(\frac{x}{z}\right)^2 + \left(\frac{y}{z}\right)^2}
\tag{3.28}
$$

由式(3.15)可知，若物理成像平面坐标轴不正交，则 P 在摄像机坐标系中的坐标 (x, y, z) 之间的关系表示为

$$
\begin{cases}
\dfrac{x}{z} = \dfrac{u - u_0}{\alpha} + \cot\theta \cdot \dfrac{y}{z} \\
\dfrac{y}{z} = \dfrac{v - v_0}{\dfrac{\beta}{\sin\theta}} = \dfrac{v - v_0}{\beta'}
\end{cases}
\tag{3.29}
$$

实践中，物理成像平面坐标轴的夹角接近 90°。若忽略坐标轴不正交的影响，则有

$$\begin{cases} \dfrac{x}{z} = \dfrac{u - u_0}{\alpha} \\ \dfrac{y}{z} = \dfrac{v - v_0}{\beta} \end{cases} \tag{3.30}$$

这样，无须明确物理成像平面上的像素尺寸 d_u 和 d_v(对于民用级的摄像机，硬件制造厂商一般不提供该参数)，而直接以像素为单位给出内参数。

考虑镜头径向畸变，式(3.24)表示为

$$\begin{cases} \tilde{u} = u + \Delta u = \dfrac{\boldsymbol{m}_1^{\mathrm{T}} \hat{\boldsymbol{P}}}{\boldsymbol{m}_3^{\mathrm{T}} \hat{\boldsymbol{P}}} + \Delta u \\ \tilde{v} = v + \Delta v = \dfrac{\boldsymbol{m}_2^{\mathrm{T}} \hat{\boldsymbol{P}}}{\boldsymbol{m}_3^{\mathrm{T}} \hat{\boldsymbol{P}}} + \Delta v \end{cases} \tag{3.31}$$

式中

$$\begin{cases} \Delta u = (u - u_0)(k_1 r^2 + k_2 r^4 + \cdots + k_n r^{2n}) \\ \Delta v = (v - v_0)(k_1 r^2 + k_2 r^4 + \cdots + k_n r^{2n}) \end{cases} \tag{3.32}$$

3.5　与摄影测量成像模型的比较

在遥感测绘中，一般使用量测型相机。这类相机内部几何结构精密稳定，物理成像平面与光轴垂直，像点单元是正方形，所以只需要用焦距 f ($f = \alpha/k = \beta/l$) 而不需要用 α 和 β 来描述光心到物理成像平面的距离，f 的单位为 mm；同时，物理成像平面坐标轴正交，即式(3.15)中 $\theta = 90°$，为固定值。于是，内参数减少为三个相机内方位元素 f、u_0、v_0，投影矩阵 $\boldsymbol{M}$ 由式(3.25)退化为

$$\boldsymbol{M}_{3\times4} = \begin{bmatrix} kf \cdot \boldsymbol{r}_1^{\mathrm{T}} + u_0 \boldsymbol{r}_3^{\mathrm{T}} & kf \cdot t_x + u_0 t_z \\ lf \cdot \boldsymbol{r}_2^{\mathrm{T}} + v_0 \boldsymbol{r}_3^{\mathrm{T}} & lf \cdot t_y + v_0 t_z \\ \boldsymbol{r}_3^{\mathrm{T}} & t_z \end{bmatrix} \tag{3.33}$$

将其代入式(3.24)，并结合式(3.9)中 $\boldsymbol{t} = -\boldsymbol{R}^{\mathrm{T}}\boldsymbol{T}$，得到

$$\begin{cases} u - u_0 = kf \dfrac{a_1(X - X_S) + b_1(Y - Y_S) + c_1(Z - Z_S)}{a_3(X - X_S) + b_3(Y - Y_S) + c_3(Z - Z_S)} \\[3mm] v - v_0 = lf \dfrac{a_2(X - X_S) + b_2(Y - Y_S) + c_2(Z - Z_S)}{a_3(X - X_S) + b_3(Y - Y_S) + c_3(Z - Z_S)} \end{cases} \tag{3.34}$$

或

$$\begin{cases} \bar{x} - x_0 = f \dfrac{a_1(X - X_S) + b_1(Y - Y_S) + c_1(Z - Z_S)}{a_3(X - X_S) + b_3(Y - Y_S) + c_3(Z - Z_S)} \\[3mm] \bar{y} - y_0 = f \dfrac{a_2(X - X_S) + b_2(Y - Y_S) + c_2(Z - Z_S)}{a_3(X - X_S) + b_3(Y - Y_S) + c_3(Z - Z_S)} \end{cases} \tag{3.35}$$

式中, $\bar{x} = u/k$ 、 $\bar{y} = v/l$ 分别是以 mm 为单位度量的像点坐标; $x_0 = u_0/k$ 、 $y_0 = v_0/l$ 是以 mm 为单位度量的像主点坐标。此时, 内参数表示为 f 、 x_0 、 y_0 。

考虑径向畸变模型(3.26), 令 $(\tilde{x}, \tilde{y})$ 表示像点 p 在物理成像平面坐标系中的实际观测坐标(带有镜头畸变), $(\bar{x}, \bar{y})$ 表示理想无畸变图像坐标, 最后得到

$$\begin{cases} \tilde{x} - x_0 = \bar{x} - x_0 + \Delta x = f \dfrac{a_1(X - X_S) + b_1(Y - Y_S) + c_1(Z - Z_S)}{a_3(X - X_S) + b_3(Y - Y_S) + c_3(Z - Z_S)} + \Delta x \\[3mm] \tilde{x} - y_0 = \bar{y} - y_0 + \Delta y = f \dfrac{a_2(X - X_S) + b_2(Y - Y_S) + c_2(Z - Z_S)}{a_3(X - X_S) + b_3(Y - Y_S) + c_3(Z - Z_S)} + \Delta y \end{cases} \tag{3.36}$$

式中

$$\begin{cases} \Delta x = (\bar{x} - x_0)(k_1 r^2 + k_2 r^4 + \cdots + k_n r^{2n}) \\ \Delta y = (\bar{y} - y_0)(k_1 r^2 + k_2 r^4 + \cdots + k_n r^{2n}) \end{cases} \tag{3.37}$$

$$r = \sqrt{\bar{x}^2 + \bar{y}^2} \tag{3.38}$$

式(3.35)和式(3.36)即摄影测量成像模型。与王之卓(1992)提出的形式相比, 式(3.36)右边相差一个负号。这是因为摄像机几何成像模型(3.24)中假定摄像机成像符合针孔成像模型, 所成的像位于针孔(光心)的后面, 是实际场景的倒像, 如图 3.4 所示; 在摄影测量成像模型中, 使用的是相机输出的正像, 这相当于在针孔的前面虚拟一幅图像, 它到针孔的距离等于实际成像面到针孔的距离。下面分析这两种情况下像点坐标之间的关系。

根据针孔模型的物点、光心、像点共线原理, 在虚拟图像上, 像主点 C_0 处的像与实际图像像主点处的像完全一致, 虚拟的正像相当于在物理成像平面内将实际图像绕像主点 C_0 旋转 180° 得到, 如图 3.5 所示。

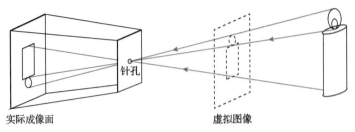

图 3.4　针孔成像模型(物理成像平面上的像是实际场景的倒像)

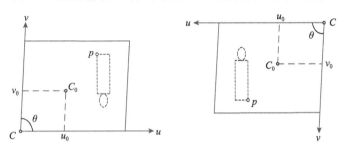

(a) 物理成像(倒像)平面坐标系　　　(b) 物理成像(正像)平面坐标系

图 3.5　虚拟的正像(实际图像绕像主点 C_0 旋转 180°得到)

下面考察摄像机输出正像时，已建立的摄像机几何成像模型中，内参数 $(\alpha,\beta,u_0,v_0,\theta)$ 的物理意义有何变化。

(1) α　β (u　v 方向上以像素为单位的摄像机焦距)不变。

(2) u_0　v_0 (像主点 C_0 在实际物理成像(倒像)平面坐标系 C-uv 中的坐标)若在虚拟图像上建立如图 3.6(b)所示的物理成像(正像)平面坐标系，则 (u_0,v_0) 仍为像主点 C_0 的坐标。

(3) θ (物理成像平面坐标系 u 轴和 v 轴的夹角)不变。

进一步地，假设像点 p 在物理成像(倒像)平面坐标系 C-uv 中的坐标为 (u,v)，则其在以像主点 C_0 为原点建立的物理成像(倒像)平面坐标系 C_0-$u'v'$ 中的坐标为 $(u-u_0,v-v_0)$，其中 u_0、v_0 为像主点 C_0 在物理成像(倒像)平面坐标系 C-uv

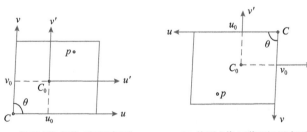

(a) 物理成像(倒像)平面坐标系　　　(b) 物理成像(正像)平面坐标系

图 3.6　以像主点 C_0 为原点建立物理成像平面坐标系

中的坐标,如图 3.6(a)所示。如果将倒像和正像中的像主点重合(坐标系 C_0-$u'v'$ 也重合),那么物理成像(倒像)平面坐标系中的像点 p 和其对应物理成像(正像)平面坐标系中的像点 p 关于像主点 C_0 对称,于是像点 p 在物理成像(正像)平面坐标系 C_0-$u'v'$ 中的坐标为 $(-(u-u_0),-(v-v_0))$。这说明,利用前面基于针孔模型建立的摄像机几何成像模型同样适用于摄像机输出正像的情形。实际应用中,摄像机一般输出为正像,此时只要将以像主点为原点的像点坐标符号取反即可,这也是式(3.36)相比王之卓(1992)提出的形式右边差一个负号的原因。

由以上分析可以看出,摄像机几何成像模型与摄影测量成像模型均表示像点坐标与物方空间直角坐标之间的关系,但是两者之间存在表示形式上的差异,具体表现在以下方面。

(1)摄像机几何成像模型更多地考虑了非量测型摄像机内部结构的不规则性;摄影测量成像模型则适用于内部结构规则的量测型相机。从理论上讲,对于无人飞行器搭载的非量测型摄像机的标定与定位,摄像机几何成像模型更适用。

(2)摄影测量成像模型中的内方位元素和像点坐标均使用实际的度量单位 mm 来表示,这说明在应用时需要知道相机的内部几何参数;摄像机几何成像模型中的内参数则可以用像素数表示,这意味着,在应用时可以不必关心相机内部的实际几何参数,有利于非量测型摄像机的应用。

参 考 文 献

王之卓. 1992. 摄影测量原理[M]. 北京: 测绘出版社.

Forsyth D A, Ponce J. 2004. 计算机视觉: 一种现代方法[M]. 林学訚, 王宏, 等译. 北京: 电子工业出版社.

Tsai R. 1987. A versatile camera calibration technique for high-accuracy 3D machine vision metrology using off-the-shelf TV cameras and lenses[J]. IEEE Journal of Robotics and Automation, 3(4): 323-344.

Zhang Z. 2000. A flexible new technique for camera calibration[J]. IEEE Transactions on Pattern Analysis and Machine Intelligence, 22(11): 1330-1334.

第4章 摄像机几何标定

摄像机几何标定是指通过实验与计算确定内参数、外参数和镜头畸变模型参数的过程，它是无人飞行器序列影像中移动目标定位的前提，也是纠正图像镜头畸变的依据。由于无人飞行器飞行和起降操作机动灵活，而且可以方便地更换传感器，所以需要一种更加灵活的摄像机几何标定方法。本章首先分析常规的摄像机几何标定方法对于无人飞行器搭载的摄像机进行几何标定的适用性，然后引入使用平面模板标定无人飞行器搭载摄像机的方法。

4.1 经典的摄像机标定方法

经典的摄像机几何标定方法需要利用像点坐标和对应物点坐标之间的几何关系来解算内参数。根据物点坐标获取的手段，可以将其分为利用野外控制点的方法和利用三维标定参照物的方法。

4.1.1 利用野外控制点的方法

遥感测绘中使用的量测型相机的几何标定是利用野外控制点来完成的。将相机内方位元素和镜头畸变参数看作未知量和外方位元素一起代入摄影测量成像模型 (3.36) 参与整体摄影测量平差解算。Faig (1975) 的标定方法是这一类标定技术的典型代表，其考虑了摄像机成像过程中的各种因素，设计了摄像机成像模型。对于每一幅图像，利用至少 17 个参数来描述其与三维物方空间的约束关系，计算量非常大。由于引进的参数比较多，所以在图像投影和三维重建时取得了很高的精度。

由于摄影测量成像模型是一个非线性方程，从其中求解未知参数需要对其进行线性化并迭代求解，当近似垂直对地摄影时，能够采用较为简单直观的方法估计相机外方位元素的初值。但是，当采用大倾角成像时，难以确定外方位元素的初值。直接线性变换 (direct linear transform, DLT) 方法是对上述非线性优化方法的一种简化。直接线性变换方法可由摄影测量成像模型改化得到，对式 (3.35) 进行转化，得到直接线性变换模型为

$$\begin{cases} \overline{x} = \dfrac{L_1 X + L_2 Y + L_3 Z + L_4}{L_9 X + L_{10} Y + L_{11} Z + 1} \\[2mm] \overline{y} = \dfrac{L_5 X + L_6 Y + L_7 Z + L_8}{L_9 X + L_{10} Y + L_{11} Z + 1} \end{cases} \tag{4.1}$$

式中，$L_1, L_2, \cdots, L_{11}$ 这 11 个参数可以由摄影测量内外方位元素表示。尽管式(4.1)仍然是一个非线性方程，但是可以在方程式两端同时乘以分母，得到一个关于 $L_1, L_2, \cdots, L_{11}$ 的方程组。此时，若已知 $N(N \geqslant 6)$ 个地面控制点的物点坐标 (X, Y, Z) 和对应像点坐标 (x, y)，将其代入得到的方程组，则可以方便地得到 11 个参数的初值。利用通用的非线性优化方法对式(4.1)进行线性化并迭代求解 11 个参数，进而反求相机的内方位元素(徐青等，2000)。

考虑径向镜头畸变，直接线性变换模型变为

$$\begin{cases} \tilde{x} = \bar{x} + \Delta x = \dfrac{L_1 X + L_2 Y + L_3 Z + L_4}{L_9 X + L_{10} Y + L_{11} Z + 1} + \Delta x \\[4mm] \tilde{y} = \bar{y} + \Delta y = \dfrac{L_5 X + L_6 Y + L_7 Z + L_8}{L_9 X + L_{10} Y + L_{11} Z + 1} + \Delta y \end{cases} \tag{4.2}$$

式中，$(\tilde{x}, \tilde{y})$ 表示实际观测像点坐标(带有镜头畸变)；$(\bar{x}, \bar{y})$ 表示无畸变图像坐标；Δx、Δy 的含义与式(3.37)相同。由此可以看出，在直接线性变换方法中，非线性镜头畸变的引入是非常方便的。但是，引入非线性镜头畸变后，无法用上述方法求解式(4.2)。可用两种方法求解式(4.2)：一种方法是对式(4.2)进行线性化，迭代求解，投影矩阵参数 $L_1, L_2, \cdots, L_{11}$ 的初值由式(4.1)解算得到；另一种方法是将参数 $L_1, L_2, \cdots, L_{11}$ 和镜头畸变参数分开解算，首先设定镜头畸变参数 $k_1, k_2, \cdots$ 的值(第一次迭代时均为零)，按照式(4.1)的方法解算参数 $L_1, L_2, \cdots, L_{11}$，然后固定参数 $L_1, L_2, \cdots, L_{11}$，解算镜头畸变参数，以上两步迭代计算直至收敛。

直接线性变换方法是对摄影测量经典方法的一种简化，更符合计算机视觉中使用的民用摄像机的特点，已成为连接摄影测量学和计算机视觉之间的桥梁。这体现在利用摄像机几何成像模型也可以推导出直接线性变换模型这一事实。用 $M_1, M_2, \cdots, M_{12}$ 表示投影矩阵 $\boldsymbol{M}$ 的 12 个元素，将其代入式(3.24)中，并将分子分母同时除以 M_{12}，直接得到直接线性变换模型为

$$\begin{cases} u = \dfrac{M_1' X + M_2' Y + M_3' Z + M_4'}{M_9' X + M_{10}' Y + M_{11}' Z + 1} \\[4mm] v = \dfrac{M_5' X + M_6' Y + M_7' Z + M_8'}{M_9' X + M_{10}' Y + M_{11}' Z + 1} \end{cases} \tag{4.3}$$

由于温度、湿度、大气等成像环境的变化，在不同的作业条件下，内参数的值会产生漂移，在摄像机变焦时尤为明显。上述方法的优点是可以利用真实作业条件下的摄像机图像进行野外几何标定，因而能够得到成像时精确的内参数。上述方法的缺点是需要有精确的野外控制点坐标，并量测其图像坐标，因而不适于无人飞行器这种机动灵活的平台搭载摄像机的几何标定。

4.1.2　利用三维标定参照物的方法

　　获取野外控制点精确坐标的工作量较大，一种简化的方法是在室内建立一个固定的三维标定场，或者放置一个可移动的三维控制架(图 4.1)作为标定参照物，控制架上粘贴大量的反光标志，这些反光标志的物点坐标是经过精确测量的，因而可以作为物方控制点。从不同角度对此三维控制架进行成像，在图像上量测各物方控制点的像点坐标，其结果可用于摄像机几何标定。

图 4.1　三维控制架

　　使用三维控制架或其他三维标定参照物的优点是仍然可以利用摄影测量方法和直接线性变换方法解算相机内方位元素，并且能够取得较高的标定精度。然而，它仍然不是一个理想的标定参照物：一是不便于搬运，使用场地受限制；二是移动或放置一段时间后容易变形，需要重新测量标志点的物点坐标。因此，该方法仍然不适于无人飞行器搭载摄像机的几何标定。

4.2　利用平面模板标定摄像机

　　对于无人飞行器搭载的非量测型摄像机的几何标定，需要一种方便灵活、便于搬运的标定参照物，平面模板是能够满足这一要求的理想选择。当采用平面模板进行摄像机几何标定时，需要充分考虑所有场景点均位于一个平面上这一特定的约束条件，建立合适的摄像机几何成像模型，并解算内参数和外参数。这方面的研究已经取得了很多实用成果，其中最具代表性的是 Tsai 两步法和张正友方法。

4.2.1　Tsai 两步法

　　摄影测量中的经典标定方法要使用最优化方法求解未知参数，求解的结果常常取决于给定的初始值。若初始值给定不合适，则很难得到正确的结果。直接线性变换方法可以利用线性方法求解内参数和外参数。若先利用直接线性变换方法求解内参数和外参数，再以求得的参数作为初始值，考虑畸变因素，并利用最优化方法进一步提高标定精度，则形成了两步法。

　　Tsai(1987)提出的方法就是典型的两步法，他使用一个平面模板作为标定参照物，并且将物方空间直角坐标系的原点取在模板平面上，使模板平面上的标定点在世界坐标系中的坐标为 $(X, Y, 0)$，即 $Z = 0$。Tsai 注意到，假定摄像机仅存在径向畸变，则无论畸变如何变化，从图像中心点 C_0 到像点 $p_d(u_d, v_d)$ 的向量 $\overline{C_0 p_d}$ 的方向均保持不变，且与 $\overline{P_{OZ} P}$ 平行，即 $\overline{C_0 p_d} \; // \; \overline{C_0 p} \; // \; \overline{P_{OZ} P}$，如图 4.2 所示。$P_{OZ}$ 是光轴上的一点，摄像机坐标系 o-xyz 中的 z 坐标与场景点 P 在摄像机坐标系 o-xyz 下的坐标值相同，p 是无畸变条件下 P 的像点，与之相对应，p_d 是存在径向畸变时 P 的像点，这就是径向一致约束(radial alignment constraint, RAC)，这一条件为 Tsai 两步法提供了理论基础，因而其比未考虑镜头畸变的直接线性变换模型解算更为严密。

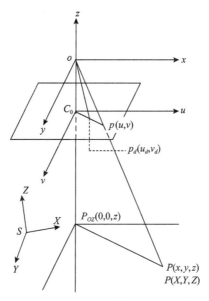

图 4.2　径向一致约束(Tsai, 1987)

1. 第一步

计算摄像机定向参数(旋转矩阵)和世界坐标系原点在摄像机坐标系中的前两个坐标 (t_x, t_y)。

　　上述径向一致约束 $\overline{C_0 p_d} \; // \; \overline{C_0 p} \; // \; \overline{P_{OZ} P}$ 等价于 $\overline{C_0 p_d} \times \overline{P_{OZ} P} = 0$，即

$$(u_d, v_d) \times (x, y) = 0$$

或

$$u_d \cdot y - v_d \cdot x = 0 \tag{4.4}$$

式中，$u_d = d_u(u - u_0)$、$v_d = d_v(v - v_0)$ 为像点坐标。$d_u = 1/k$ 和 $d_v = 1/l$ 分别为物理成像平面上 u 方向和 v 方向的像素尺寸，以 m 或 mm 为单位，由内参数和外参数提供；(u_0, v_0) 为光轴与物理成像平面的交点(像主点)坐标，Tsai 将 (u_0, v_0) 简单地取为图像中心，而不包含在要标定的内参数中。(x, y, z) 为物点在摄像机坐标系中的坐标，式(3.8)指出了其与物方空间直角坐标系的关系，写为矩阵形式为

$$\begin{bmatrix} x \\ y \\ z \end{bmatrix} = \begin{bmatrix} a_1 & b_1 & c_1 \\ a_2 & b_2 & c_2 \\ a_3 & b_3 & c_3 \end{bmatrix} \begin{bmatrix} X \\ Y \\ Z \end{bmatrix} + \begin{bmatrix} t_x \\ t_y \\ t_z \end{bmatrix} \tag{4.5}$$

将式(4.5)代入式(4.4)，并且考虑到 $Z = 0$，可得

$$u_d(a_2 X + b_2 Y + t_y) - v_d(a_1 X + b_1 Y + t_x) = 0 \tag{4.6}$$

将 a_1/t_y、b_1/t_y、t_x/t_y、a_2/t_y、b_2/t_y 作为 5 个未知量，式(4.6)可以转化为

$$\begin{bmatrix} v_d X & v_d Y & v_d & -u_d X & -u_d Y \end{bmatrix} \cdot \begin{bmatrix} a_1/t_y \\ b_1/t_y \\ t_x/t_y \\ a_2/t_y \\ b_2/t_y \end{bmatrix} = u_d$$

取 $N(N \geqslant 5)$ 个标定点，将其物点坐标和像点坐标代入上式，即可利用线性最小二乘法解算上述 5 个未知量。用这 5 个未知量分别解算旋转矩阵 $\boldsymbol{R}$ 的 9 个元素以及 t_x 和 t_y，具体公式及其推导参见相关文献(Tsai, 1987)。

2. 第二步

计算内参数(等效焦距、畸变参数)和世界坐标系原点在摄像机坐标系中的第三个坐标 t_z。

在 Tsai 两步法中，假定物理成像平面坐标轴的夹角 $\theta = 90°$，如同在 3.5 节中所讨论的，投影矩阵 $\boldsymbol{M}$ 由式(3.25)退化为式(3.33)，将其代入摄像机几何成像模型(3.24)，同时考虑到 $Z = 0$，得

$$\begin{cases} d_u(u - u_0) = f \dfrac{a_1 X + b_1 Y + t_x}{a_3 X + b_3 Y + t_z} \\ d_v(v - v_0) = f \dfrac{a_2 X + b_2 Y + t_y}{a_3 X + b_3 Y + t_z} \end{cases} \qquad (4.7)$$

将式(4.7)第二个公式中的 f 、t_z 作为未知量，式(4.7)改写为

$$\begin{bmatrix} y & -v_d \end{bmatrix} \cdot \begin{bmatrix} f \\ t_z \end{bmatrix} = w v_d \qquad (4.8)$$

式中，$y = a_2 X + b_2 Y + t_y$ ；$w = a_3 X + b_3 Y$ ；$v_d = d_v(v - v_0)$ 为像点坐标。

取 $N(N \geqslant 2)$ 个标定点，将其物方坐标和像点坐标代入式(4.8)，即可利用线性最小二乘法解算上述 2 个未知量。需要注意的是，在摄像时，物理成像平面不能平行于模板平面，否则式(4.8)将线性相关而无法求解。

目前，以上算法中还没有考虑镜头畸变的影响。由径向一致约束条件可知，径向镜头畸变的存在并不影响第一步求出的 5 个参数(3 个定向参数和 2 个位移参数 t_x 和 t_y)的值。因此，在考虑镜头畸变时，仅需要修正由式(4.8)求出的两个参数 f 和 t_z 。

在式(4.7)第二个公式中加入径向镜头畸变，式(4.7)第二个公式写为

$$\tilde{v}_d = v_d + \Delta v_d = f \dfrac{a_2 X + b_2 Y + t_y}{a_3 X + b_3 Y + t_z} + \Delta v_d \qquad (4.9)$$

式中，$\tilde{v}_d$ 为实际观测像点坐标(带有镜头畸变)；$\Delta v_d = v_d(k_1 r^2 + k_2 r^4 + \cdots + k_n r^{2n})$ 为径向镜头畸变，$r = \sqrt{u_d^2 + v_d^2}$ 为理想无畸变像点到像主点的距离，$u_d = d_u(u - u_0)$ 、$v_d = d_v(v - v_0)$ 为理想无畸变像点坐标，可利用式(4.7)计算得到，像点坐标均以 m 或 mm 为单位。

将 f 、t_z 和镜头畸变参数 $k_1, k_2, \cdots, k_n$ 看作未知参数，方程(4.9)是一个非线性方程，利用通用的非线性优化方法迭代求解此非线性方程，其中 f 和 t_z 的初值由式(4.8)求解得到，$k_1, k_2, \cdots, k_n$ 的初值均取为 0。

Tsai 两步法的最大好处是它所使用的大部分方程是线性方程，降低了参数求解的复杂性，因此其标定过程快速、稳定。实际上，若只考虑一阶畸变参数 k_1 ，则可以避免式(4.9)的非线性优化方法。例如，Zhang 等(2003)利用交比不变性求解一阶镜头畸变参数 k_1 ，则式(4.9)的未知参数减为两个(f 和 t_z)，此时式(4.9)为一个线性方程。

Tsai 两步法的一个缺点是只考虑了径向镜头畸变，没有考虑切向镜头畸变。

Weng 等(1992)同时考虑了切向镜头畸变,并给出了相应的算法,是对 Tsai 两步法的重要发展。Tsai 两步法的另一个缺点是将光轴与物理成像平面的交点坐标 u_0、v_0 简单地取为图像中心,而不包含在要标定的内参数中,也没有考虑物理成像平面坐标系的不正交情况,这适用于结构精密的工业摄像机,对于民用摄像机,标定精度不高。

4.2.2 张正友方法

张正友提出了一种基于平面模板的摄像机几何标定方法(Zhang, 2000)。这种方法不需要昂贵的实验设备和精确的操作步骤,只需要使用摄像机在几个(至少 3 个)不同的方位对一个平面模板进行成像就可以实现摄像机的几何标定。成像时,既可以通过摄像机,也可以通过平面模板的运动来实现不同方位的成像,均无须知道其运动参数。平面模板的制作也很简单,可以选择一种简单的图形模型(如棋盘方格)用激光打印机打印后粘贴在平面模板底板(如玻璃)上,如图 4.3 所示。在这样制作的模板上,模型点(角点或直线交点)的物点坐标是已知的。该方法首先利用在不同方位拍摄的若干幅平面模板图像的单应矩阵计算内参数、外参数的初值,然后采用最大似然准则对内参数、外参数进行优化。

图 4.3　张正友方法使用的平面模板(Zhang, 2000)

1. 平面成像模型

如前所述,摄像机几何成像模型可表示为式(3.22),即

$$\hat{p} = \frac{1}{z} A [R^\mathrm{T} \quad t] \hat{P}$$

式中,$\hat{p} = (u, v, 1)^\mathrm{T}$ 为像点在物理成像平面坐标系 $C\text{-}uv$ 中的齐次坐标向量;$\hat{P} =$

$(X,Y,Z,1)^{\mathrm{T}}$ 为场景点 P 在物方空间直角坐标系中的齐次坐标向量；z 为场景点 P 在摄像机坐标系中的深度分量，这里被看作一个比例因子；$\boldsymbol{R}^{\mathrm{T}}$ 和 $\boldsymbol{t}=(t_x,t_y,t_z)^{\mathrm{T}}$ 分别为将物方空间直角坐标系 $S\text{-}XYZ$ 变换到摄像机坐标系 $o\text{-}xyz$ 的刚体变换的旋转矩阵和平移向量；$\boldsymbol{A}$ 为内参数矩阵，即

$$\boldsymbol{A}=\begin{bmatrix} \alpha & \gamma & u_0 \\ 0 & \beta' & v_0 \\ 0 & 0 & 1 \end{bmatrix}$$

式中，(u_0,v_0) 为像主点坐标；α 和 β' 从刚体变换的角度可以认为是图像 u 轴和 v 轴上的比例因子；γ 为用来描述图像坐标轴不正交的参数。

不失一般性，假设平面模板上的(场景)点的物方坐标 $Z=0$，用 $\overline{r_1}$、$\overline{r_2}$ 和 $\overline{r_3}$ 表示旋转矩阵 $\boldsymbol{R}^{\mathrm{T}}$ 的三列，则式(3.22)可表示为

$$z\begin{bmatrix} u \\ v \\ 1 \end{bmatrix}=\boldsymbol{A}\begin{bmatrix} \overline{r_1} & \overline{r_2} & \overline{r_3} & \boldsymbol{t} \end{bmatrix}\cdot\begin{bmatrix} X \\ Y \\ 0 \\ 1 \end{bmatrix}=\boldsymbol{A}\begin{bmatrix} \overline{r_1} & \overline{r_2} & \boldsymbol{t} \end{bmatrix}\cdot\begin{bmatrix} X \\ Y \\ 1 \end{bmatrix}$$

为表示问题方便，仍用 $\hat{\boldsymbol{P}}$ 表示平面模板上的场景点，由于平面模板上 Z 始终为 0，所以 $\hat{\boldsymbol{P}}=(X,Y,1)^{\mathrm{T}}$。于是，平面模板上的场景点 P 和它的像点 p 之间的关系为

$$z\hat{\boldsymbol{p}}=\boldsymbol{H}\hat{\boldsymbol{P}} \tag{4.10}$$

$$\boldsymbol{H}=\boldsymbol{A}[\overline{r_1} \quad \overline{r_2} \quad \boldsymbol{t}] \tag{4.11}$$

式中，$\boldsymbol{H}$ 为 3×3 单应矩阵。

2. 估计单应矩阵

给定平面模板的一幅图像，有多种方法估计单应矩阵。Zhang(2000)给出了一种基于最大似然准则的方法，令 $\boldsymbol{P}_i$ 和 $\boldsymbol{p}_i$ 分别表示模型点及其对应的像点坐标向量，用 $\hat{\boldsymbol{P}}_i=(X_i,Y_i,1)^{\mathrm{T}}$ 和 $\hat{\boldsymbol{p}}_i=(u_i,v_i,1)^{\mathrm{T}}$ 分别表示其对应的齐次坐标向量，用 $\boldsymbol{P}_i=(X_i,Y_i)^{\mathrm{T}}$ 和 $\boldsymbol{p}_i=(u_i,v_i)^{\mathrm{T}}$ 分别表示其对应的非齐次坐标向量。在理想情况下，它们的齐次坐标向量满足式(4.10)，实际上，由于从图像中提取的像点坐标含有噪声，所以它们并不严格满足这一关系。假设像点坐标误差服从高斯分布，其均值为 0，协方差矩阵为 $\boldsymbol{C}_i$，则 $\boldsymbol{H}$ 的最大似然估计通过最小化式(4.12)得到。

$$\sum_{i=1}^{N_p} (\boldsymbol{p}_i - \widehat{\boldsymbol{p}}_i)^{\mathrm{T}} \boldsymbol{C}_i (\boldsymbol{p}_i - \widehat{\boldsymbol{p}}_i) \tag{4.12}$$

式中，$\widehat{\boldsymbol{p}}_i$ 为按照式(4.10)计算得到的像点坐标向量，即

$$\widehat{\boldsymbol{p}}_i = \frac{1}{\overline{\boldsymbol{h}}_3^{\mathrm{T}} \widehat{\boldsymbol{P}}_i} \begin{bmatrix} \overline{\boldsymbol{h}}_1^{\mathrm{T}} \widehat{\boldsymbol{P}}_i \\ \overline{\boldsymbol{h}}_2^{\mathrm{T}} \widehat{\boldsymbol{P}}_i \end{bmatrix}$$

式中，$\overline{\boldsymbol{h}}_1^{\mathrm{T}}$、$\overline{\boldsymbol{h}}_2^{\mathrm{T}}$、$\overline{\boldsymbol{h}}_3^{\mathrm{T}}$ 为单应矩阵 $\boldsymbol{H}$ 的三行。

在实际操作中，可以假定所有的像点误差方差相等，则 $\boldsymbol{C}_i = \sigma^2 \boldsymbol{I}$。如果所用的点都是利用同一程序独立地提取，那么这样假定是合理的。此时，式(4.12)变为求解非线性最小二乘问题，即

$$\sum_{i=1}^{N_p} \| \boldsymbol{p}_i - \widehat{\boldsymbol{p}}_i \|^2 \to \min \tag{4.13}$$

求解式(4.13)等价于求解如下的误差方程：

$$\begin{cases} v_{u_i} = \dfrac{\overline{\boldsymbol{h}}_1^{\mathrm{T}} \widehat{\boldsymbol{P}}_i}{\overline{\boldsymbol{h}}_3^{\mathrm{T}} \widehat{\boldsymbol{P}}_i} - u_i \\[3mm] v_{v_i} = \dfrac{\overline{\boldsymbol{h}}_2^{\mathrm{T}} \widehat{\boldsymbol{P}}_i}{\overline{\boldsymbol{h}}_3^{\mathrm{T}} \widehat{\boldsymbol{P}}_i} - v_i \end{cases} \tag{4.14}$$

式(4.14)是一个非线性方程，可采用非线性优化方法求解此方程。令向量 $\boldsymbol{x} = (\overline{\boldsymbol{h}}_1, \overline{\boldsymbol{h}}_2, \overline{\boldsymbol{h}}_3)^{\mathrm{T}}$ 表示 $\boldsymbol{H}$ 的元素，线性化的结果是一个关于 $\boldsymbol{x}$ 的改正数向量 $\delta\boldsymbol{x}$ 的线性方程：

$$\boldsymbol{v} = \boldsymbol{a}\delta\boldsymbol{x} + \boldsymbol{l}$$

式中，$\boldsymbol{v}$ 为误差向量；$\boldsymbol{a}$ 为 $\delta\boldsymbol{x}$ 的系数向量；$\boldsymbol{l}$ 为常数项向量。由于 $\boldsymbol{x}$ 中的分量是相关的，所以采用 Levenberg-Marquardt 方法解算(Moré, 1977)，即

$$(\boldsymbol{a}^{\mathrm{T}} \boldsymbol{a} + \mu \cdot \boldsymbol{I}) \delta\boldsymbol{x} = -\boldsymbol{a}^{\mathrm{T}} \boldsymbol{l}$$

式中，μ 在每步迭代中可以取不同的值。

由于式(4.14)是一个非线性方程，所以需要 $\boldsymbol{H}$ 的初值(用于首次迭代时计算 $\boldsymbol{l}$)，通过以下方式解算。

将式(4.10)写为

$$z \begin{bmatrix} u \\ v \\ 1 \end{bmatrix} = \begin{bmatrix} \overline{\boldsymbol{h}}_1^{\mathrm{T}} \hat{\boldsymbol{P}} \\ \overline{\boldsymbol{h}}_2^{\mathrm{T}} \hat{\boldsymbol{P}} \\ \overline{\boldsymbol{h}}_3^{\mathrm{T}} \hat{\boldsymbol{P}} \end{bmatrix}$$

得 $z = \overline{\boldsymbol{h}}_3^{\mathrm{T}} \hat{\boldsymbol{P}}$ ，将其代入上式的第一个和第二个等式，进一步整理为

$$\begin{bmatrix} \hat{\boldsymbol{P}}^{\mathrm{T}} & \boldsymbol{0}^{\mathrm{T}} & -u\hat{\boldsymbol{P}}^{\mathrm{T}} \\ \boldsymbol{0}^{\mathrm{T}} & \hat{\boldsymbol{P}}^{\mathrm{T}} & -v\hat{\boldsymbol{P}}^{\mathrm{T}} \end{bmatrix} \cdot \boldsymbol{x} = \boldsymbol{0} \tag{4.15}$$

给定 $m(m \geqslant 5)$ 个已知点，方程(4.15)写为 $\boldsymbol{Lx} = \boldsymbol{0}$ ，其中 $\boldsymbol{L}$ 为 $2m \times 9$ 矩阵，求解方程即可得到 $\boldsymbol{H}$ 的一个解。实际上，式(4.15)的解是对称矩阵 $\boldsymbol{L}^{\mathrm{T}}\boldsymbol{L}$ 的最小特征值所对应的特征向量。

需要指出的是，在矩阵 $\boldsymbol{L}$ 中，既有常数 1，也有像点坐标和物点坐标，还有像点坐标与物点坐标的乘积，所以若采用原始数据，则 $\boldsymbol{L}$ 中的数值量级差异较大，不利于在数值计算中获得好的结果。为此，在以上步骤中先对像点坐标和物点坐标进行标准归一化，再进行计算。

虽然利用以上步骤能够求出单应矩阵 $\boldsymbol{H}$ 的一个解 $\boldsymbol{x}$ ，但这并不是 $\boldsymbol{H}$ 的唯一解。注意到，式(4.14)和式(4.15)均为齐次方程，若 $\boldsymbol{x}$ 是方程的一个解，则 $\lambda_1 \boldsymbol{x}$ 也满足以上方程，其中， $\lambda_1 (\lambda_1 \neq 0)$ 是一个任意的比例因子。

3. 利用单应矩阵求解内外参数

令单应矩阵为

$$\boldsymbol{H} = \begin{bmatrix} \boldsymbol{h}_1 & \boldsymbol{h}_2 & \boldsymbol{h}_3 \end{bmatrix} \equiv \begin{bmatrix} h_1 & h_4 & h_7 \\ h_2 & h_5 & h_8 \\ h_3 & h_6 & h_9 \end{bmatrix}$$

式中， $\boldsymbol{h}_1$ 、 $\boldsymbol{h}_2$ 、 $\boldsymbol{h}_3$ 表示单应矩阵 $\boldsymbol{H}$ 的三列，式(4.11)可写为

$$\begin{bmatrix} \boldsymbol{h}_1 & \boldsymbol{h}_2 & \boldsymbol{h}_3 \end{bmatrix} = \boldsymbol{A} \begin{bmatrix} \overline{\boldsymbol{r}}_1 & \overline{\boldsymbol{r}}_2 & \boldsymbol{t} \end{bmatrix}$$

由于 $\overline{\boldsymbol{r}}_1$ 和 $\overline{\boldsymbol{r}}_2$ 标准正交，满足 $\overline{\boldsymbol{r}}_1^{\mathrm{T}} \overline{\boldsymbol{r}}_2 = 0$ 和 $\|\overline{\boldsymbol{r}}_1\| = \|\overline{\boldsymbol{r}}_2\| = 1$ ，所以得到

$$\boldsymbol{h}_1^{\mathrm{T}} \boldsymbol{A}^{-\mathrm{T}} \boldsymbol{A}^{-1} \boldsymbol{h}_2 = 0 \tag{4.16}$$

$$\boldsymbol{h}_1^{\mathrm{T}} \boldsymbol{A}^{-\mathrm{T}} \boldsymbol{A}^{-1} \boldsymbol{h}_1 = \boldsymbol{h}_2^{\mathrm{T}} \boldsymbol{A}^{-\mathrm{T}} \boldsymbol{A}^{-1} \boldsymbol{h}_2 \tag{4.17}$$

式中，$A^{-T} = (A^{-1})^{T} = (A^{T})^{-1}$。

令

$$B = A^{-T}A^{-1} \equiv \begin{bmatrix} B_1 & B_2 & B_4 \\ B_2 & B_3 & B_5 \\ B_4 & B_5 & B_6 \end{bmatrix}$$

$$= \begin{bmatrix} \dfrac{1}{\alpha^2} & -\dfrac{\gamma}{\alpha^2 \beta'} & \dfrac{v_0\gamma - u_0\beta'}{\alpha^2 \beta'} \\[3mm] -\dfrac{\gamma}{\alpha^2 \beta'} & \dfrac{\gamma^2}{\alpha^2 \beta'} + \dfrac{1}{\beta'^2} & -\dfrac{\gamma(v_0\gamma - u_0\beta')}{\alpha^2 \beta'^2} - \dfrac{v_0}{\beta'^2} \\[3mm] \dfrac{v_0\gamma - u_0\beta'}{\alpha^2 \beta'} & -\dfrac{\gamma(v_0\gamma - u_0\beta')}{\alpha^2 \beta'^2} - \dfrac{v_0}{\beta'^2} & \dfrac{(v_0\gamma - u_0\beta')^2}{\alpha^2 \beta'^2} + \dfrac{v_0^2}{\beta'^2} + 1 \end{bmatrix}$$

$$\tag{4.18}$$

注意到 B 是对称矩阵，故可以定义一个 6 维向量 b 来表示 B：

$$b = (B_1, B_2, B_3, B_4, B_5, B_6)^{T} \tag{4.19}$$

利用第 2 步求得的单应矩阵 H，式(4.16)和式(4.17)可写为

$$\begin{bmatrix} v_1^{T} \\ v_2^{T} \end{bmatrix} \cdot b = 0 \tag{4.20}$$

式中

$$v_1 = \left(h_1 h_4, h_2 h_4 + h_1 h_5, h_2 h_5, h_1 h_6 + h_3 h_4, h_3 h_5 + h_2 h_6, h_3 h_6\right)^{T}$$

$$v_2 = \left(h_1^2 - h_4^2, 2(h_1 h_2 - h_4 h_5), h_2^2 - h_5^2, 2(h_1 h_3 - h_4 h_6), 2(h_2 h_3 - h_5 h_6), h_3^2 - h_6^2\right)^{T}$$

利用不同方位摄取的 $n(n \geq 3)$ 幅模板图像，式(4.20)写为 $V \cdot b = 0$，其中 V 为 $2n \times 6$ 矩阵。其解是对称矩阵 $V^{T}V$ 的最小特征值所对应的特征向量。注意到式(4.20) 是齐次方程，若 b 是方程的一个解，则 b/λ_2 也满足以上方程，其中 $\lambda_2 (\lambda_2 \neq 0)$ 是一个任意的比例因子。因此，式(4.18)应写为

$$B = \lambda_2 A^{-T}A^{-1} \tag{4.21}$$

由矩阵 $B = \lambda_2 A^{-T}A^{-1}$ 求解内参数的公式为

$$\alpha = \sqrt{\lambda_2 / B_1}$$

$$\beta' = \sqrt{\lambda_2 B_1 / (B_1 B_3 - B_2^2)}$$

$$\gamma = -B_2 \alpha^2 \beta' / \lambda_2$$

$$v_0 = (B_2 B_4 - B_1 B_5) / (B_1 B_3 - B_2^2)$$

$$u_0 = \gamma v_0 / \beta' - B_4 \alpha^2 / \lambda_2$$

式中，$\lambda_2 = B_6 - [B_4^2 + v_0(B_2 B_4 - B_1 B_5)] / B_1$。

杨敏等(2003)提出了另一种由矩阵 B 求解内参数矩阵 A 的方法。首先，对 B 求逆，由式(4.21)得到 $B^{-1} = AA^{\mathrm{T}} / \lambda_2$，或者

$$AA^{\mathrm{T}} = \lambda_2 B^{-1} \equiv \lambda_2 \begin{bmatrix} b_1 & b_2 & b_4 \\ b_2 & b_3 & b_5 \\ b_4 & b_5 & b_6 \end{bmatrix}$$

式中，B^{-1} 也是对称矩阵。

然后，由 $\lambda_2 b_6 = 1$，得 $\lambda_2 = 1 / b_6$，并令 $a_i = \lambda_2 b_i (i = 1, 2, 3, 4, 5)$，利用 Choleski 分解(吴福朝，2008)可导出内参数矩阵为

$$AA^{\mathrm{T}} = \begin{bmatrix} a_1 & a_2 & a_4 \\ a_2 & a_3 & a_5 \\ a_4 & a_5 & 1 \end{bmatrix} \Rightarrow A = \begin{bmatrix} \sqrt{a_1 - a_4^2 - \dfrac{(a_2 - a_4 a_5)^2}{a_3 - a_5^2}} & \dfrac{a_2 - a_4 a_5}{\sqrt{a_3 - a_5^2}} & a_4 \\ 0 & \sqrt{a_3 - a_5^2} & a_5 \\ 0 & 0 & 1 \end{bmatrix} \quad (4.22)$$

一旦确定了内参数矩阵 A，就可以求解外参数。如前所述，若 x 是单应矩阵 H 的一个解，则 $\lambda_1 x$ 也是单应矩阵 H 的解，其中 $\lambda_1(\lambda_1 \neq 0)$ 是一个任意的比例因子。于是，式(4.11)可写为

$$\lambda_1 H = \lambda_1 [h_1 \quad h_2 \quad h_3] = A[\overline{r_1} \quad \overline{r_2} \quad t]$$

进一步可以求解外参数的公式为

$$\begin{cases} \bar{\boldsymbol{r}}_1 = \lambda_1 \boldsymbol{A}^{-1} \boldsymbol{h}_1 \\ \bar{\boldsymbol{r}}_2 = \lambda_1 \boldsymbol{A}^{-1} \boldsymbol{h}_2 \\ \bar{\boldsymbol{r}}_3 = \bar{\boldsymbol{r}}_1 \times \bar{\boldsymbol{r}}_2 \\ \boldsymbol{t} = \lambda_1 \boldsymbol{A}^{-1} \boldsymbol{h}_3 \end{cases} \tag{4.23}$$

式中，比例因子按 $\lambda_1 = 1/\left\| \boldsymbol{A}^{-1} \boldsymbol{h}_1 \right\| = 1/\left\| \boldsymbol{A}^{-1} \boldsymbol{h}_2 \right\|$ 确定。

4. 利用多幅图像优化内外参数

以上步骤利用平面模板的图像计算内外参数，下面对内外参数进行优化。对在不同方位获取的 n 幅图像，分别检测出平面模板上 m 个模型点的像点。假设像点坐标包含独立的、均匀分布的噪声，通过式(4.24)得到参数的最大似然估计：

$$\sum_{i=1}^{n} \sum_{j=1}^{m} \left\| \boldsymbol{p}_{ij} - \hat{\boldsymbol{p}}(\boldsymbol{A}, \boldsymbol{R}_i^{\mathrm{T}}, \boldsymbol{t}_i, \boldsymbol{P}_j) \right\|^2 \to \min \tag{4.24}$$

式中，$\boldsymbol{p}_{ij} = (u_{ij}, v_{ij})^{\mathrm{T}}$ 为第 i 幅图像上第 j 个模型点 $\boldsymbol{P}_j = (X, Y)^{\mathrm{T}}$ 的像点 $\boldsymbol{p}_{ij}$ 的非齐次坐标向量；$\hat{\boldsymbol{p}} = (u, v)^{\mathrm{T}}$ 为由内外参数计算得到的像点坐标向量(参见式(4.10))；$\boldsymbol{A}$ 为摄像机的内参数矩阵；$\{\boldsymbol{R}_i^{\mathrm{T}}, \boldsymbol{t}_i | i = 1, 2, \cdots, n\}$ 为第 i 幅图像的外参数。

最小化式(4.24)可以转化为求解关于参数 $(\boldsymbol{A}, \boldsymbol{R}_i^{\mathrm{T}}, \boldsymbol{t}_i)$ 的最小二乘解，这是一个非线性最优化问题，类似于处理式(4.13)，可采用非线性优化方法求解此方程。同时，考虑参数间的相关性，采用 Levenberg-Marquardt 方法解算，参数的初值由第 3 步计算结果提供。

5. 处理镜头畸变

目前，还没有考虑镜头畸变的影响。由于普通镜头的畸变值较小(这里不考虑广角镜头的畸变模型)，一种合理的做法是首先忽略镜头畸变，利用上述方法计算摄像机的其他 5 个内参数，然后估计镜头畸变参数。

考虑径向镜头畸变模型(3.27)，取径向畸变的前两项，对每一幅图像上的每一个模型点，均可列出两个方程：

$$\begin{bmatrix} (u - u_0)r^2 & (u - u_0)r^4 \\ (v - v_0)r^2 & (v - v_0)r^4 \end{bmatrix} \begin{bmatrix} k_1 \\ k_2 \end{bmatrix} = \begin{bmatrix} \tilde{u} - u \\ \tilde{v} - v \end{bmatrix} \tag{4.25}$$

符号的含义参见式(3.27)。其中，理想像点坐标 (u, v) 的值由式(4.24)解算的内外参数计算得到。

将 n 幅图像上的 m 个模型点代入式 (4.25)，得到 $2mn$ 个方程，利用最小二乘法求解此线性方程即可得到畸变参数 k_1、k_2 的值。

一旦得到 k_1、k_2 的值，就可以利用式 (4.25) 继续优化摄像机的其他 5 个内参数，只要对其中利用内外参数计算得到的像点坐标向量 $\hat{p}(A, R_i^{\mathrm{T}}, t_i, P_j)$ 加上镜头畸变即可。重复以上两个步骤直到收敛。

实验发现，迭代计算上述两个步骤时收敛很慢，解决这一问题的方法是对式 (4.24) 进行扩展，使其优化所有的内外参数（包括镜头畸变参数），即

$$\sum_{i=1}^{n}\sum_{j=1}^{m}\left\| p_{ij} - \hat{p}(A, k_1, k_2, R_i^{\mathrm{T}}, t_i, P_j) \right\|^2 \to \min$$

仍然采用 Levenberg-Marquardt 方法解算此非线性方程，参数 $(A, R_i^{\mathrm{T}}, t_i)$ 的初值来自式 (4.24) 的解算结果，k_1、k_2 的初值来自式 (4.25) 的解算结果。

张正友方法是介于传统标定方法和自标定方法之间的一种方法，既避免了传统标定方法设备要求高、操作烦琐等缺点，又比自标定方法精度高。实践证明，张正友方法是一种灵活、稳健、低成本的摄像机几何标定方法，非常适用于无人飞行器搭载的低成本摄像机的离线标定。

参 考 文 献

吴福朝. 2008. 计算机视觉中的数学方法[M]. 北京: 科学出版社.

徐青, 吴寿虎, 朱述龙, 等. 2000. 近代摄影测量[M]. 北京: 解放军出版社.

杨敏, 沈春林. 2003. 基于单平面模板的摄像机标定研究[J]. 数据采集与处理, 18(1): 40-43.

Faig W. 1975. Calibration of close-range photogrammetric systems: Mathematical formulation[J]. Photogrammetric Engineering and Remote Sensing, 41(12): 1479-1486.

Moré J. 1977. The Levenberg-Marquardt algorithm, implementation and theory[J]. Numerical Analysis, Lecture Notes in Mathematics, 630: 105-116.

Tsai R. 1987. A versatile camera calibration technique for high-accuracy 3D machine vision metrology using off-the-shelf TV cameras and lenses[J]. IEEE Journal of Robotics and Automation, 3(4): 323-344.

Weng J, Cohen P, Herniou M. 1992. Camera calibration with distortion models and accuracy evaluation[J]. IEEE Transactions on Pattern Analysis and Machine Intelligence, 14(10): 965-980.

Zhang Z Y. 2000. A flexible new technique for camera calibration[J]. IEEE Transactions on Pattern Analysis and Machine Intelligence, 22(11): 1330-1334.

Zhang G, He J, Yang X. 2003. Calibrating camera radial distortion with cross-ratio invariability[J]. Optics and Laser Technology, 35(6): 457-461.

第 5 章　地面移动目标快速定位

地面目标定位是利用传感器的几何标定参数和成像时的位置姿态参数，结合地面控制条件或地形环境，确定出现在无人飞行器图像或视频中的地面目标的地理坐标。地面目标可分为固定目标和移动目标两类。两者的定位方法差别较大，对于固定目标，可采用基于摄影测量的遥感图像定位技术，利用在不同方位获取的两幅(或多幅)图像建立三维立体模型进行高精度定位；对于移动目标，目标本身的运动使其在同一平台先后成像的多幅图像上的相对位置发生变化，因此无法在立体模型上进行精确的测量定位。

对于序列影像中的目标定位，传统摄影测量方法的另一个问题是视频摄像机的视场较小，当利用具有场景重叠的序列影像组成立体像对时，其基高比太小而无法保证光线的交会精度。利用 GNSS/INS 组合系统可以动态快速地测量载体的运动参数，据此可以持续解算成像时传感器的位置和姿态，能够实现移动目标的快速定位。本章介绍基于 GNSS/INS 组合系统的无人飞行器序列影像移动目标快速定位方法，并在此基础上讨论适用于非量测型摄像机的移动目标定位方法。

5.1　GNSS/INS 坐标系及其变换

在基于 GNSS/INS 的目标定位过程中，涉及多种类型的坐标系，既包括 GNSS 坐标系、与 INS 相关的坐标系，也包括摄影测量坐标系和表示最终定位结果的地图坐标系。下面分别介绍这些坐标系，并分析它们之间的相互变换关系。

5.1.1　GNSS 坐标系

GNSS 一般采用地心坐标系，地心坐标系是以全球范围内与大地体最密合的地球椭球为基准建立的坐标系。地心坐标系包括地心大地坐标系和地心空间直角坐标系两种，两个坐标系的定义实际上是同一坐标系的两种表达形式，空间一场景点 P 在其中的坐标分别表示为 (B, L, H) 和 (X, Y, Z)，其中 B、L 分别表示 P 点的纬度和经度，H 表示 P 点相对于参考椭球面的大地高，如图 5.1 所示，这两种形式的坐标可以互相变换(王之卓，2007)。

例如，GPS 测量中所使用的坐标系称为 WGS-84。WGS-84 是美国国防部确定的大地坐标系，是一种国际上广泛采用的地心坐标系。WGS-84 是以国际时间

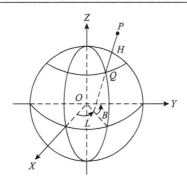

图 5.1　地心坐标系示意图

局 (Bureau International de L'Heure, BIH) 1984 年第一次公布的瞬时地极 (BIH 1984.0) 作为基准建立的地球瞬时地心坐标系，它是固定在 1984.0 时刻的地心坐标系。其几何定义是：原点 o 是地球质心，Z 轴指向 BIH 1984.0 定义的协议地极 (conventional terrestrial pole, CTP) 方向，X 轴指向 BIH 1984.0 的零子午面和 CTP 赤道的交点，Y 轴与 Z 轴、X 轴构成右手坐标系。严格来讲，WGS-84 属于准协议地球坐标系，但其坐标轴指向不随极移变化。

5.1.2　与 INS 相关的坐标系

与 INS 相关的坐标系包括 INS 坐标系和导航坐标系。

1. INS 坐标系

INS 坐标系是与 INS 主体固联的坐标系，原点位于 INS 几何中心，坐标轴与 INS 视准轴指向保持一致。若 INS 用于飞机、舰船等巡航载体的导航，则 INS 坐标系应与机体坐标系、舰体坐标系一致。图 5.2 为机体坐标系 o^b-$x^b y^b z^b$，原点 o^b 位于机体上一点，x^b 指向机头方向，z^b 指向机体下方，y^b 与 x^b、z^b 构成右手坐标系。为了便于问题描述，将 INS 坐标系与机体坐标系取为一致，原点 o^b 位于 INS 几何中心。

图 5.2　INS 坐标系示意图

　　然而在实际安装过程中，无法做到 INS 坐标系与机体坐标系完全一致。INS 坐标系的 3 个坐标轴与机体坐标系的 3 个坐标轴之间存在一定的夹角，但是应该尽量控制这三个夹角为小量。

　　2. 导航坐标系

　　导航坐标系是 INS 在求解导航参数时所采用的坐标系。对捷联式惯性导航系统来说，导航参数并不在载体坐标系内求解，它必须先将加速度计信号分解到某个求解导航参数较为方便的坐标系内，再进行导航计算，这个坐标系就是导航坐标系。例如，将加速度计信号分解到当地水平坐标系内进行导航计算，则当地水平坐标系为此捷联式惯性导航系统的导航坐标系。

　　当地水平坐标系也称为地理坐标系，是以地球参考椭球面、法线为基准面和基准线建立的局部空间直角坐标系。原点 O^n 位于观察者中心，Z^n 轴指向参考椭球法线方向，X^n 轴、Y^n 轴分别指向当地经线和纬线的切线方向。根据坐标轴方向的不同，当地水平坐标系的 X^n 轴、Y^n 轴、Z^n 轴的方向可选为"东北天"、"北东地"、"北西天"等右手坐标系。本书采用"北东地"坐标系，如图 5.3 所示。

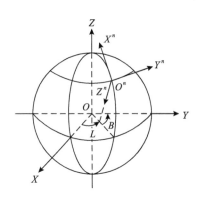

图 5.3　"北东地"坐标系示意图

　　1) INS 坐标系到导航坐标系

　　当地水平坐标系是瞬时坐标系，坐标原点 O^n 随着运行体不断运动。当将其作为导航坐标系时，可将坐标系原点取为 INS 坐标系的原点。此时，INS 坐标系和导航坐标系只存在坐标旋转关系，实际上 INS 测量的就是这一关系。INS 坐标系在导航坐标系中的姿态用偏航角(yaw)、俯仰角(pitch)和侧滚角(roll)来描述。各姿态角的定义参见图 5.4，其中，Ψ 为偏航角，是在水平面内，INS 坐标系 x^b 轴与北方向之间的夹角，右偏为正；Θ 为俯仰角，即 INS 坐标系 x^b 轴与水平线的夹角，x^b 轴正向向上为正；$\varPhi$ 为侧滚角，即 INS 坐标系 y^b 轴与水平线的夹角，y^b 轴正向向下为正。

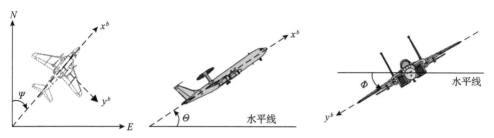

图 5.4　INS 坐标系在当地水平坐标系中的姿态角（Bäumker et al., 2002）

若取"北东地"方向的当地水平坐标系为导航坐标系，则将导航坐标系旋转到与 INS 坐标系重合的位置需经三次绕固定轴的旋转（Bäumker et al., 2002）。

(1)将导航坐标系绕 X^n 轴正向旋转侧滚角 $\varPhi$ 。

(2)将导航坐标系绕旋转前的原始 Y^n 轴负向旋转俯仰角 $\varTheta$ 。

(3)将导航坐标系绕旋转前的原始 Z^n 轴正向旋转偏航角 $\varPsi$ 。

由此绕固定轴的旋转形成的旋转矩阵（Wang, 1990）为

$$
\begin{aligned}
\boldsymbol{R}_b^n &= \boldsymbol{R}_Z(\varPsi)\boldsymbol{R}_Y(-\varTheta)\boldsymbol{R}_X(\varPhi) \\[4pt]
&= \begin{bmatrix} \cos\varPsi & -\sin\varPsi & 0 \\ \sin\varPsi & \cos\varPsi & 0 \\ 0 & 0 & 1 \end{bmatrix}
\begin{bmatrix} \cos\varTheta & 0 & \sin\varTheta \\ 0 & 1 & 0 \\ -\sin\varTheta & 0 & \cos\varTheta \end{bmatrix}
\begin{bmatrix} 1 & 0 & 0 \\ 0 & \cos\varPhi & -\sin\varPhi \\ 0 & \sin\varPhi & \cos\varPhi \end{bmatrix} \\[4pt]
&= \begin{bmatrix}
\cos\varTheta\cos\varPsi & \sin\varPhi\sin\varTheta\cos\varPsi - \cos\varPhi\sin\varPsi & \cos\varPhi\sin\varTheta\cos\varPsi + \sin\varPhi\sin\varPsi \\
\cos\varTheta\sin\varPsi & \sin\varPhi\sin\varTheta\sin\varPsi + \cos\varPhi\cos\varPsi & \cos\varPhi\sin\varTheta\sin\varPsi - \sin\varPhi\cos\varPsi \\
-\sin\varTheta & \sin\varPhi\cos\varTheta & \cos\varPhi\cos\varTheta
\end{bmatrix}
\end{aligned}
$$

$$(5.1)$$

旋转矩阵 $\boldsymbol{R}_b^n$ 的上标表示目标坐标系，下标表示源坐标系，则由旋转矩阵的性质有 $(\boldsymbol{R}_b^n)^{-1} = (\boldsymbol{R}_b^n)^{\mathrm{T}} = \boldsymbol{R}_n^b$ ，本章接下来的内容均采用此约定。需要注意的是，绕联动轴旋转时旋转矩阵也由三个分量相乘得到，绕固定轴旋转时构成旋转矩阵的三个分量相乘的顺序与前者相反。

假定这两个坐标系的原点重合，若空间一场景点 P 在 INS 坐标系（源坐标系）中的坐标向量为 $\boldsymbol{x}^b = (x^b, y^b, z^b)^{\mathrm{T}}$ ，则其在导航坐标系（目标坐标系）中的坐标向量 $\boldsymbol{X}^n = (X^n, Y^n, Z^n)^{\mathrm{T}}$ 表示为

$$\boldsymbol{X}^n = \boldsymbol{R}_b^n \boldsymbol{x}^b \tag{5.2}$$

2)导航坐标系到地心空间直角坐标系

设导航坐标系原点在地心大地坐标系中的坐标为 (L_n, B_n, H_n)，在地心空间直角坐标系中的坐标向量为 $\boldsymbol{X}_n = (X_n, Y_n, Z_n)^{\mathrm{T}}$，将地心空间直角坐标系变换到与导航坐标系重合的位置(原点也重合)，需经过一次平移和两次旋转。

(1)将地心直角坐标系的原点 O 平移至导航坐标系原点 O^n。

(2)将地心直角坐标系绕平移后的 Z 轴正向旋转 L_n。

(3)将地心直角坐标系绕平移和旋转后的 Y 轴正向旋转 $(\pi/2 + B_n)$。

于是，若空间一点 P 在导航坐标系中的坐标向量为 $\boldsymbol{X}^n = (X^n, Y^n, Z^n)^{\mathrm{T}}$，则其在地心空间直角坐标系中的坐标向量 $\boldsymbol{X} = (X, Y, Z)^{\mathrm{T}}$ 为

$$\boldsymbol{X} - \boldsymbol{X}_n = \boldsymbol{R}_n \boldsymbol{X}^n \Rightarrow \boldsymbol{X} = \boldsymbol{R}_n \boldsymbol{X}^n + \boldsymbol{X}_n \tag{5.3}$$

式中，旋转矩阵 $\boldsymbol{R}_n$ 表示为

$$\begin{aligned}
\boldsymbol{R}_n &= \boldsymbol{R}_Z(L_n)\boldsymbol{R}_Y(\pi/2 + B_n) \\
&= \begin{bmatrix} \cos L_n & -\sin L_n & 0 \\ \sin L_n & \cos L_n & 0 \\ 0 & 0 & 1 \end{bmatrix} \cdot \begin{bmatrix} \cos(\pi/2 + B_n) & 0 & -\sin(\pi/2 + B_n) \\ 0 & 1 & 0 \\ \sin(\pi/2 + B_n) & 0 & \cos(\pi/2 + B_n) \end{bmatrix} \\
&= \begin{bmatrix} -\cos L_n \sin B_n & -\sin L_n & -\cos L_n \cos B_n \\ -\sin L_n \sin B_n & \cos L_n & -\sin L_n \cos B_n \\ \cos B_n & 0 & -\sin B_n \end{bmatrix}
\end{aligned}$$

5.1.3　摄影测量坐标系

由于导航坐标系是随着运行体不断运动的，在无人飞行器搭载的视频摄像机上，每帧视频影像对应一个导航坐标系，其原点位于成像时刻 INS 的几何中心。对序列影像中的移动目标进行定位，仅依靠单幅影像各自独立地解算目标点的瞬时位置，可以在每帧视频图像上解算出目标在导航坐标系中的坐标，然后变换到统一的地心坐标系。但是，对基于传感器位置和姿态参数的序列影像直接进行定向和摄影测量平差处理(刘军，2007)，涉及多幅图像之间的联合处理，需要一个相对固定的坐标系，一般采用切面直角坐标系。切面直角坐标系的原点 O^m 一般位于测区中央某点上，Z^m 轴沿参考椭球法线方向指向椭球外，X^m 沿当地纬线的切线方向指向东、Y^m 沿当地经线的切线方向指向北，如图 5.5 所示。

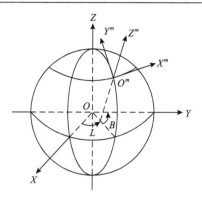

图 5.5　切面直角坐标系示意图

1. 地心空间直角坐标系到切面直角坐标系

设切面直角坐标系的原点在地心大地坐标系中的坐标为 (L_m, B_m, H_m)，在地心空间直角坐标系中的坐标向量为 $\boldsymbol{X}_m = (X_m, Y_m, Z_m)^{\mathrm{T}}$，将地心空间直角坐标系变换到与切面直角坐标系重合的位置(原点也重合)，需经过一次平移和两次旋转。

(1)将地心空间直角坐标系的原点 O 平移至切面直角坐标系的原点 O^m。

(2)将地心空间直角坐标系绕平移后的 Z 轴正向旋转 $(\pi/2 + L_m)$。

(3)将地心空间直角坐标系绕平移和旋转后的 X 轴正向旋转 $(\pi/2 - B_m)$。

于是，若空间一场景点 P 在切面直角坐标系中的坐标向量为 $\boldsymbol{X}^m = (X^m, Y^m, Z^m)^{\mathrm{T}}$，则其在地心空间直角坐标系中的坐标向量 $\boldsymbol{X} = (X, Y, Z)^{\mathrm{T}}$ 为

$$\boldsymbol{X} - \boldsymbol{X}_m = \boldsymbol{R}_m \boldsymbol{X}^m \Rightarrow \boldsymbol{X} = \boldsymbol{R}_m \boldsymbol{X}^m + \boldsymbol{X}_m \tag{5.4}$$

式中，旋转矩阵 $\boldsymbol{R}_m$ 表示为

$$
\begin{aligned}
\boldsymbol{R}_m &= \boldsymbol{R}_Z(\pi/2 + L_m)\boldsymbol{R}_X(\pi/2 - B_m) \\
&= \begin{bmatrix} \cos(\pi/2 + L_m) & -\sin(\pi/2 + L_m) & 0 \\ \sin(\pi/2 + L_m) & \cos(\pi/2 + L_m) & 0 \\ 0 & 0 & 1 \end{bmatrix} \cdot \begin{bmatrix} 1 & 0 & 0 \\ 0 & \cos(\pi/2 - B_m) & -\sin(\pi/2 - B_m) \\ 0 & \sin(\pi/2 - B_m) & \cos(\pi/2 - B_m) \end{bmatrix} \\
&= \begin{bmatrix} -\sin L_m & -\cos L_m \sin B_m & \cos L_m \cos B_m \\ \cos L_m & -\sin L_m \sin B_m & \sin L_m \cos B_m \\ 0 & \cos B_m & \sin B_m \end{bmatrix}
\end{aligned}
$$

2. 导航坐标系与切面直角坐标系的变换

通过导航坐标系、切面直角坐标系和地心空间直角坐标系之间的关系进行推

导，由式(5.3)和式(5.4)得 $\boldsymbol{R}_n \boldsymbol{X}^n + \boldsymbol{X}_n = \boldsymbol{R}_m \boldsymbol{X}^m + \boldsymbol{X}_m$，于是有

$$\boldsymbol{X}^n = (\boldsymbol{R}_n)^{\mathrm{T}}(\boldsymbol{R}_m \boldsymbol{X}^m + \boldsymbol{X}_m - \boldsymbol{X}_n) \tag{5.5}$$

和

$$\boldsymbol{X}^m = (\boldsymbol{R}_m)^{\mathrm{T}}(\boldsymbol{R}_n \boldsymbol{X}^n + \boldsymbol{X}_n - \boldsymbol{X}_m) \tag{5.6}$$

考虑如下特殊情况：将切面直角坐标系的原点移至导航坐标系原点，此时有 $\boldsymbol{X}_n = \boldsymbol{X}_m$、$L_n = L_m$、$B_n = B_m$，将其代入式(5.5)和式(5.6)，得

$$\boldsymbol{X}^n = (\boldsymbol{R}_n)^{\mathrm{T}} \boldsymbol{R}_m \boldsymbol{X}^m = \begin{bmatrix} 0 & 1 & 0 \\ 1 & 0 & 0 \\ 0 & 0 & -1 \end{bmatrix} \boldsymbol{X}^m$$

和

$$\boldsymbol{X}^m = (\boldsymbol{R}_m)^{\mathrm{T}} \boldsymbol{R}_n \boldsymbol{X}^n = \begin{bmatrix} 0 & 1 & 0 \\ 1 & 0 & 0 \\ 0 & 0 & -1 \end{bmatrix} \boldsymbol{X}^n \tag{5.7}$$

即坐标 X 和 Y 互换，坐标 Z 符号取反(比较图 5.3 和图 5.5)。

5.1.4　GNSS 坐标系与我国地图坐标系的变换

GNSS 一般采用某种地心坐标系。我国地图坐标系历经三代，分别是 1954 北京坐标系、1980 西安坐标系和 2000 国家大地坐标系。本节需要考虑 GNSS 坐标系与我国地图坐标系之间的变换。

本节以 GPS 为例说明坐标变换的方法。GPS 采用 WGS-84 坐标系。WGS-84 坐标系是一种国际上广泛采用的地心坐标系，坐标系原点为地球质心，其地心空间直角坐标系的 Z 轴指向 BIH 1984.0 定义的协议地球极方向，X 轴指向 BIH 1984.0 的零子午面和 CTP 赤道的交点，Y 轴与 Z 轴、X 轴垂直构成右手坐标系。

1954 北京坐标系是参心大地坐标系，即坐标轴原点位于参考椭球中心。它以苏联的克拉索夫斯基椭球为基础，并与苏联 1942 年坐标系进行联测，经局部平差后产生该坐标系。1980 西安坐标系(也称为 1980 国家大地坐标系)也是参心大地坐标系，它采用的地球椭球基本参数为 1975 年国际大地测量与地球物理联合会第十六届大会推荐的数据。这两个坐标系与 GNSS 坐标系之间需要进行坐标变换。

2000 国家大地坐标系是全球地心坐标系在我国的具体体现。其原点为包括海洋和大气的整个地球的质量中心，三个坐标轴指向与 WGS-84 坐标系的定义一致。

研究表明，2000 国家大地坐标系和 WGS-84 坐标系是相容的，无须进行坐标变换（魏子卿，2008）。

下面以 1980 西安坐标系为例，说明这两个参心大地坐标系与 WGS-84 坐标系的变换方法。在 1980 西安坐标系中，平面坐标采用高斯-克吕格投影坐标，高程采用 1985 国家高程基准，且平面和高程分别位于两个参考面上，因此并非严格意义上的空间直角坐标。因此，WGS-84 坐标系与 1980 西安坐标系的变换要分别考虑平面坐标变换和高程变换。

1. 平面坐标变换

不同地心（参心）空间直角坐标系之间的变换一般采用 7 参数的 Bursa 模型。用 $O\text{-}XYZ$ 表示 WGS-84 参考椭球地心空间直角坐标系，用 $O'\text{-}X'Y'Z'$ 表示 1980 西安坐标系的参考椭球参心空间直角坐标系。设 $O\text{-}XYZ$ 坐标系原点在 $O'\text{-}X'Y'Z'$ 中的坐标为 $(\Delta X_0, \Delta Y_0, \Delta Z_0)$，两个坐标系之间存在三个欧拉角旋转参数 $(\varepsilon_X, \varepsilon_Y, \varepsilon_Z)$ 和一个尺度变换参数 λ。综合平移、旋转和尺度变换因素，可将 $O\text{-}XYZ$ 和 $O'\text{-}X'Y'Z'$ 之间的变换关系（边少锋等，2005）表示为

$$\begin{bmatrix} X' \\ Y' \\ Z' \end{bmatrix} = \begin{bmatrix} \Delta X_0 \\ \Delta Y_0 \\ \Delta Z_0 \end{bmatrix} + \lambda \begin{bmatrix} X \\ Y \\ Z \end{bmatrix} + \begin{bmatrix} 1 & \varepsilon_Z & -\varepsilon_Y \\ -\varepsilon_Z & 1 & \varepsilon_X \\ \varepsilon_Y & -\varepsilon_X & 1 \end{bmatrix} \begin{bmatrix} X \\ Y \\ Z \end{bmatrix} \tag{5.8}$$

式中，7 个变换参数 $(\Delta X_0, \Delta Y_0, \Delta Z_0)$、$(\varepsilon_X, \varepsilon_Y, \varepsilon_Z)$ 和 λ 称为 Bursa 参数，可以利用 3 个以上具有两套坐标系的公共点解算。

得到 1980 西安坐标系的参考椭球参心空间直角坐标系后，将其换算为参心大地坐标 (L, B, H)，仅取平面坐标 (L, B)，经过高斯-克吕格投影正算得到我国地图投影平面坐标。

为了方便使用，国家基础地理信息中心利用全国高精度的 GPS 空间定位网与天文大地控制网的联测成果，推导了我国 1980 西安坐标系与 WGS-84 坐标系的 7 参数变换关系，这些参数精度较高，可靠性好。可以利用这些已知的全国整体坐标系变换参数，直接将 WGS-84 坐标系变换为 1980 西安坐标系（李学友，2005）。

2. 高程变换

由于 WGS-84 坐标系和 1980 西安坐标系的高程基准不同，所以两套坐标系之间的高程变换不能直接利用式(5.8)的结果。WGS-84 坐标系的大地高程是相对于参考椭球面的，而 1980 西安坐标系高程系统的基准面是大地水准面或似大地水准面。两个参考面之间的关系为

$$H = H_r + \xi \tag{5.9}$$

式中，H 为 GPS 测得的大地高程；H_r 为正常高程；ξ 为高程异常值。

高分辨率高精度大地水准面数值模型可以内插任意地面点的高程异常值 ξ，由式(5.9)即可将 GPS 大地高程变换为正常高程(李学友，2005)。

5.2 基于 GNSS/INS 的移动目标直接定位

在安装 GNSS/INS 组合系统的无人飞行器上，GNSS 测定的是 GNSS 天线在地心坐标系中的坐标，INS 测量的是 INS 坐标系相对导航坐标系的姿态。目标定位的最终结果要表示到大地坐标系中，因此这两类参数并不是目标定位所需要的摄像机外方位元素。为了利用 GNSS/INS 组合系统对摄像机获取的序列影像中的移动目标进行定位，首先要将 GNSS/INS 的输出信息变换为摄像机的绝对位置和姿态参数，得到摄像机外方位元素，然后利用单像目标直接定位方法对序列影像中的移动目标进行实时定位。

5.2.1 偏心角和偏心分量

若 INS 用于测量无人飞行器搭载的视频摄像机的姿态，则 INS 应与摄像机固联，并应使 INS 坐标系与摄像机坐标系各轴指向一致，然而前面建立的 INS 坐标系 $o^b\text{-}x^b y^b z^b$ 和摄像机坐标系 $o\text{-}xyz$ 的各坐标轴指向并不一致，如图 5.6(a) 和 (c) 所示。

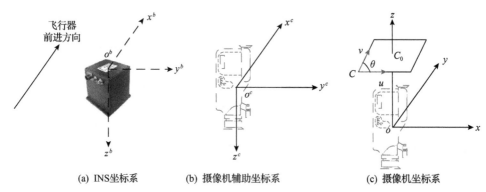

(a) INS坐标系   (b) 摄像机辅助坐标系   (c) 摄像机坐标系

图 5.6 INS 坐标系与摄像机坐标系示意图

为此，特建立一个过渡直角坐标系 $o^c\text{-}x^c y^c z^c$，称为摄像机辅助坐标系，如图 5.6(b)所示。该坐标系的原点与摄像机坐标系 $o\text{-}xyz$ 重合，其与 $o\text{-}xyz$ 之间的关系为

$$\boldsymbol{x}^c = \begin{bmatrix} 0 & 1 & 0 \\ 1 & 0 & 0 \\ 0 & 0 & -1 \end{bmatrix} \boldsymbol{x}, \quad \boldsymbol{x} = \begin{bmatrix} 0 & 1 & 0 \\ 1 & 0 & 0 \\ 0 & 0 & -1 \end{bmatrix} \boldsymbol{x}^c$$

式中，$\boldsymbol{x}^c = (x^c, y^c, z^c)^T$ 为空间一场景点 P 在摄像机辅助坐标系中的坐标向量；$\boldsymbol{x} = (x, y, z)^T$ 为该点在摄像机坐标系中的坐标向量。

这样建立的摄像机辅助坐标系各轴指向与 INS 坐标系 o^b-$x^b y^b z^b$一致，在理想情况下，INS 测得的三个姿态角(偏航角、俯仰角和侧滚角)即摄像机辅助坐标系在导航坐标系中的姿态。然而在实际安装过程中，INS 坐标系与摄像机辅助坐标系各轴之间必然存在偏差，称为偏心角 e_x、e_y、e_z。各偏心角的定义如图 5.7 所示，箭头指示方向角度取正值(Bäumker et al., 2002)。图 5.7 中，摄像机辅助坐标系的原点 o^c 与 INS 坐标系的原点 o^b 重合，图中仅标出了原点 o^b。

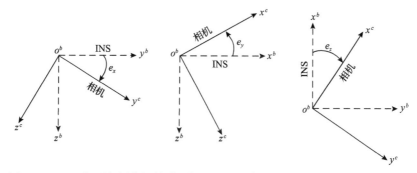

图 5.7　INS 坐标系与摄像机辅助坐标系之间的偏心角定义(Bäumker et al., 2002)

由上述偏心角的定义可知，偏心角与 INS 测得的三个姿态角对应相加，正好是摄像机坐标系在导航坐标系中的姿态，即

$$\begin{cases} \Psi' = \Psi + e_z \\ \Theta' = \Theta + e_y \\ \Phi' = \Phi + e_x \end{cases}$$

式中，Ψ'、Θ'、Φ' 分别为摄像机坐标系在导航坐标系中的偏航角、俯仰角和侧滚角。

将 INS 坐标系变换到与摄像机辅助坐标系重合的位置(原点也重合)，需经一次坐标平移和三次绕固定轴的旋转。

(1)将 INS 坐标系的原点平移至摄像机坐标系的原点。

(2)将 INS 坐标系绕 z^b 轴正向旋转 e_z。

(3)将 INS 坐标系绕旋转前的原始 y^b 轴负向旋转 e_y。

(4)将 INS 坐标系绕旋转前的原始 x^b 轴正向旋转 e_x。

于是，若摄像机辅助坐标系的原点(也是摄像机坐标系原点)在 INS 坐标系中的坐标向量为 $\boldsymbol{x}_c^b = (x_c^b, y_c^b, z_c^b)^T$，则 INS 坐标系与摄像机辅助坐标系以及摄像机坐标系之间的关系为

$$\boldsymbol{x}^b - \boldsymbol{x}_c^b = \boldsymbol{R}_c^b \boldsymbol{x}^c = \boldsymbol{R}_c^b \begin{bmatrix} 0 & 1 & 0 \\ 1 & 0 & 0 \\ 0 & 0 & -1 \end{bmatrix} \boldsymbol{x} \Rightarrow \boldsymbol{x}^b = \boldsymbol{R}_c^b \begin{bmatrix} 0 & 1 & 0 \\ 1 & 0 & 0 \\ 0 & 0 & -1 \end{bmatrix} \boldsymbol{x} + \boldsymbol{x}_c^b \quad (5.10)$$

式中，$\boldsymbol{x}_c^b = (x_c^b, y_c^b, z_c^b)^T$ 称为偏心分量；$\boldsymbol{x}^b = (x^b, y^b, z^b)^T$ 为 P 在 INS 坐标系中的坐标向量；$\boldsymbol{x}^c = (x^c, y^c, z^c)^T$ 为 P 在摄像机辅助坐标系中的坐标向量；$\boldsymbol{x} = (x, y, z)^T$ 为 P 在摄像机坐标系中的坐标向量，旋转矩阵 $\boldsymbol{R}_c^b$ 表示为

$$\begin{aligned}
\boldsymbol{R}_c^b &= \boldsymbol{R}_x(e_x)\boldsymbol{R}_y(-e_y)\boldsymbol{R}_z(e_z) \\
&= \begin{bmatrix} 1 & 0 & 0 \\ 0 & \cos e_x & -\sin e_x \\ 0 & \sin e_x & \cos e_x \end{bmatrix} \begin{bmatrix} \cos e_y & 0 & \sin e_y \\ 0 & 1 & 0 \\ -\sin e_y & 0 & \cos e_y \end{bmatrix} \begin{bmatrix} \cos e_z & -\sin e_z & 0 \\ \sin e_z & \cos e_z & 0 \\ 0 & 0 & 1 \end{bmatrix} \\
&= \begin{bmatrix} \cos e_y \cos e_z & \cos e_y \sin e_z & -\sin e_y \\ \sin e_x \sin e_y \cos e_z - \cos e_x \sin e_z & \sin e_x \sin e_y \sin e_z + \cos e_x \cos e_z & \sin e_x \cos e_y \\ \cos e_x \sin e_y \cos e_z + \sin e_x \sin e_z & \cos e_x \sin e_y \sin e_z - \sin e_x \cos e_z & \cos e_x \cos e_y \end{bmatrix}
\end{aligned}$$

由于偏心角 e_x、e_y、e_z 一般为小量($<3°$)，所以可用以下近似形式代替上述旋转矩阵：

$$\boldsymbol{R}_c^b = \begin{bmatrix} 1 & e_z & -e_y \\ -e_z & 1 & e_x \\ e_y & -e_x & 1 \end{bmatrix}$$

为了解决 GNSS 测量的是天线中心而不是摄像机镜头光学几何中心的问题，将 INS 坐标系和导航坐标系的原点平移至 GNSS 天线中心[①]，如图 5.8 所示，则可在平移后的 INS 坐标系中直接测量新的偏心分量(摄像机坐标系的原点在平移后的 INS 坐标系中的坐标)。

---

① 虽然此前曾将 INS 坐标系和导航坐标系的原点定为 INS 几何中心，但是平移这两个坐标系的原点并不会改变所有坐标轴之间的角度关系。只要保持这两个坐标系的原点相同，前面得到的关于坐标系之间关系的结论就成立。

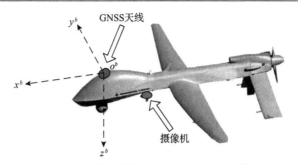

图 5.8 INS 坐标系的原点平移至 GNSS 天线中心

5.2.2 摄影测量外方位元素

至此,可以利用以上推导的坐标系之间的关系,由任意成像时刻 GNSS 的输出坐标(GNSS 天线在地心坐标系中的直角坐标向量 $\boldsymbol{X}_n$)和 INS 系统输出的姿态数据(INS 坐标系相对导航坐标系的姿态),求出摄像机的摄影测量外方位元素。

摄影测量中的外方位线元素定义为摄像机坐标系的原点 o(图 5.6(c))在物方空间直角坐标系中的坐标,外方位角元素定义为摄像机坐标系在物方空间直角坐标系中的旋转角。设 $\boldsymbol{x}=(x,y,z)^{\mathrm{T}}$ 为空间一场景点 P 在摄像机坐标系中的坐标向量,根据选取的物方空间直角坐标系的不同,分别计算 P 在不同物方空间直角坐标系中的坐标关系式,并据此分析外方位线元素和旋转矩阵,进而求出外方位角元素。

1. 物方空间直角坐标系取为导航坐标系

将式(5.10)代入式(5.2),得到摄像机坐标系与导航坐标系之间的关系为

$$\boldsymbol{X}^n = \boldsymbol{R}_b^n \left(\boldsymbol{R}_c^b \begin{bmatrix} 0 & 1 & 0 \\ 1 & 0 & 0 \\ 0 & 0 & -1 \end{bmatrix} \boldsymbol{x} + \boldsymbol{x}_c^b \right) \tag{5.11}$$

则外方位线元素(摄像机坐标系的原点 o 在导航坐标系中的坐标)为

$$\boldsymbol{X}_S^n = \boldsymbol{R}_b^n \boldsymbol{x}_c^b \tag{5.12}$$

旋转矩阵为

$$\boldsymbol{R}^n = \boldsymbol{R}_b^n \boldsymbol{R}_c^b \begin{bmatrix} 0 & 1 & 0 \\ 1 & 0 & 0 \\ 0 & 0 & -1 \end{bmatrix} \tag{5.13}$$

2. 物方空间直角坐标系取为地心空间直角坐标系

将式(5.11)代入式(5.3)，得

$$X = R_n R_b^n \left(R_c^b \begin{bmatrix} 0 & 1 & 0 \\ 1 & 0 & 0 \\ 0 & 0 & -1 \end{bmatrix} x + x_c^b \right) + X_n$$

则外方位线元素为

$$X_S = R_n R_b^n x_c^b + X_n$$

旋转矩阵为

$$R = R_n R_b^n R_c^b \begin{bmatrix} 0 & 1 & 0 \\ 1 & 0 & 0 \\ 0 & 0 & -1 \end{bmatrix}$$

3. 物方空间直角坐标系取为切面直角坐标系

将式(5.11)代入式(5.6)，得

$$X^m = (R_m)^{\mathrm{T}} \left[R_n R_b^n \left(R_c^b \begin{bmatrix} 0 & 1 & 0 \\ 1 & 0 & 0 \\ 0 & 0 & -1 \end{bmatrix} x + x_c^b \right) + X_n - X_m \right]$$

则外方位线元素为

$$X_S^m = (R_m)^{\mathrm{T}} (R_n R_b^n x_c^b + X_n - X_m) \tag{5.14}$$

旋转矩阵为

$$R^m = (R_m)^{\mathrm{T}} R_n R_b^n R_c^b \begin{bmatrix} 0 & 1 & 0 \\ 1 & 0 & 0 \\ 0 & 0 & -1 \end{bmatrix} \tag{5.15}$$

假设旋转矩阵是由 φ-ω-κ 系统组成的，具体形式参见式(3.5)，则由以上旋转矩阵求解外方位角元素的公式为

$$\sin\omega = -b_3, \quad \tan\kappa = \frac{b_1}{b_2}, \quad \sin\varphi = -\frac{a_3}{\cos\omega} \tag{5.16}$$

式中，a_i、$b_i (i=1,2,3)$ 的含义参见式 (3.5)。

5.2.3　单像目标定位解算

考虑规则摄影机(和摄像机)的情况，物理成像平面与光轴垂直，像点为正方形，物理成像平面的坐标轴正交，但是允许存在镜头畸变。设摄像机输出正像，建立像平面坐标系，示意图如图 5.9 所示。

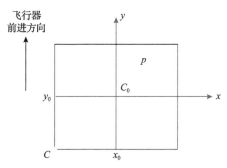

图 5.9　像平面坐标系示意图

此时物方空间直角坐标系中场景点 $P(X,Y,Z)$ 与其对应像点坐标 (x,y) 之间的关系 (Wang, 1990) 可表示为

$$\begin{cases} X - X_S = (Z - Z_S)\dfrac{a_1(x-x_0)+a_2(y-y_0)-a_3f}{c_1(x-x_0)+c_2(y-y_0)-c_3f} \\ Y - Y_S = (Z - Z_S)\dfrac{b_1(x-x_0)+b_2(y-y_0)-b_3f}{c_1(x-x_0)+c_2(y-y_0)-c_3f} \end{cases} \tag{5.17}$$

式中，(x,y) 为像点 p 在像平面坐标系中的理想无畸变坐标；(X,Y,Z) 为场景点 P 在物方空间直角坐标系中的坐标。f、u_0、v_0 为内参数，分别表示成像焦距和像主点坐标；(X_S,Y_S,Z_S) 和 a_i、b_i 为外参数(外方位元素)，由 5.2.2 节给出。其中，(X_S,Y_S,Z_S) 为摄像机光心(摄像机坐标系的原点)在物方空间直角坐标系中的坐标，a_i、b_i 为旋转矩阵元素，各元素的含义参见式 (3.5)。内参数由摄像机标定结果给出，外参数由 GNSS/INS 组合系统输出信息计算得出。

由式 (5.17) 可知，若已知场景点 P 在物方空间直角坐标系中的 Z 坐标，则可利用已知的内外元素，唯一地确定 P 在物方空间直角坐标系中的 X 坐标和 Y 坐标。对地面移动目标来说，Z 值可由地面点的高程计算得到，计算方法取决于所采用的物方空间直角坐标系。对于平坦地区，地面点的高程 H 可以看作一个常量，计算得到地面点的 Z 坐标后，可由式 (5.17) 直接解算地面点的 X 坐标和 Y 坐标。当地形起伏时，地面点的高程是随着平面点位变化的，此时可以取目标区的平均

高程 H_0 作为该点的概略高程,在数字高程模型(digital elevation model, DEM)的支持下,通过一个迭代过程确定地面点的三维坐标。下面以切面直角坐标系作为物方空间直角坐标系为例,具体阐述单像目标定位的迭代过程。

步骤 1:取测区中心点为原点建立切面直角坐标系 O^m - $X^m Y^m Z^m$。实践中,假设某个成像时刻 GNSS 天线中心的地心坐标为 (L_a, B_a, H_a),可取 $(L_a, B_a, 0)$ 为原点。

步骤 2:取目标区平均高程 H_0 作为目标点的概略高程,DEM 的高程一般采用 1985 年国家高程基准的正常高,因此要按照式(5.9)将此正常高程变换为大地高程,并将此大地高程取为切面直角坐标系 Z 坐标中的初值 Z_0^m。这里忽略了大地高程与切面直角坐标系真实的 Z 坐标之间的差异,因为在局部范围内,这一差异很小。

步骤 3:由初值 Z_0^m 按照式(5.17)计算像点 (x, y) 对应的地面点的 X^m 和 Y^m 坐标,并将切面直角坐标 (X^m, Y^m, Z_0^m) 变换为 DEM 所使用的坐标系。由于 DEM 平面坐标一般使用 1980 西安坐标系的高斯-克吕格投影,所以这里的变换过程既包括地心空间直角坐标系到 1980 国家大地坐标系的变换,也包括 1980 西安坐标系的高斯-克吕格投影变换。此时,目标点在 DEM 坐标系中的平面坐标可表示为 $(X^{\text{Gauss}}, Y^{\text{Gauss}})$。

步骤 4:在 DEM 中内插 $(X^{\text{Gauss}}, Y^{\text{Gauss}})$ 的高程 H,并按照式(5.9)将此正常高程变换为大地高程 Z^m,令 $Z_0^m = Z^m$,返回到步骤 3。

迭代执行步骤 3 和步骤 4,直到收敛,即 $\left| Z_0^m - Z^m \right| < \delta$,$\delta$ 为给定的阈值。输出地面目标点的坐标 (X^m, Y^m, Z^m) 或 $(X^{\text{Gauss}}, Y^{\text{Gauss}}, H)$。

关于算法的几点说明如下。

(1)以上算法在求解式(5.17)时,需要将 DEM 正常高程变换为大地高程。实际上,对于单像目标定位,也可以将 GNSS 天线中心的地心坐标变换为地图投影坐标,进而求解式(5.17),这样就可以直接利用 DEM 正常高程来计算物方空间直角坐标系的 Z 坐标。

(2)对于单像目标定位解算,物方空间直角坐标系的选择既可以是以上算法中的切面直角坐标系,也可以是前面建立的导航坐标系、地心空间直角坐标系等其他空间直角坐标系。不同的物方空间直角坐标系对应不同的外方位元素。同时,采用不同的物方空间直角坐标系,由 DEM 高程计算物方空间直角坐标 Z 坐标的方法也不同,这里不再赘述。

(3)式(5.17)表示的是理想像点坐标(不含镜头畸变)与对应空间点的物方空间直角坐标之间的关系。实际上,在序列影像上观测到的像点是带有镜头畸变的,可以使用以下公式迭代求解以纠正镜头畸变:

$$
\begin{cases}
x - x_0 = \dfrac{\tilde{x} - x_0}{1 + k_1 r^2 + k_2 r^4 + \cdots} \\[4mm]
y - y_0 = \dfrac{\tilde{y} - y_0}{1 + k_1 r^2 + k_2 r^4 + \cdots}
\end{cases}
\tag{5.18}
$$

式中，(x, y) 为理想无镜头畸变的像点坐标；$(\tilde{x}, \tilde{y})$ 为带有镜头畸变的观测像点坐标；$r = \sqrt{x^2 + y^2}$ 为理想无镜头畸变像点到像主点的距离。首先用 $(\tilde{x}, \tilde{y})$ 作为 (x, y) 的初值来计算像点到像主点的距离 r，然后利用式 (5.18) 计算 (x, y)，迭代进行直到 (x, y) 收敛。

5.3　非量测型摄像机移动目标定位

严格来说，上述移动目标实时定位方法适用于几何结构精密稳定的量测型相机，要求相机物理成像平面与光轴垂直，像点感光单元为正方形，物理成像平面坐标系的坐标轴正交。但是，对于无人飞行器搭载的非量测型摄像机，其内部结构不规则，一般不满足上述条件。针对这种情况，本节提出一种更适用于非量测型摄像机的移动目标定位方法。

5.3.1　基本原理

从第 3 章的分析可以看出，摄影测量成像方程实质上是摄像机几何成像模型应用于内部几何结构规则的量测型相机时的退化形式，要求相机内参数矩阵为 3 个物理参数描述的形式：

$$
A = \begin{bmatrix} f & 0 & u_0 \\ 0 & f & v_0 \\ 0 & 0 & 1 \end{bmatrix}
$$

对于无人飞行器搭载的非量测型摄像机，内参数矩阵为 5 个物理参数描述的形式：

$$
A = \begin{bmatrix} \alpha & -\alpha\cot\theta & u_0 \\ 0 & \dfrac{\beta}{\sin\theta} & v_0 \\ 0 & 0 & 1 \end{bmatrix}
$$

因此这类摄像机并不满足传统摄影测量单像目标定位方法的条件。考虑如下极端情况，所使用的摄像机的像点感光单元为长方形，即 $\alpha \neq \beta$，并且物理成像平面

上的像素尺寸 d_u 和 d_v 未知，此时无法利用传统摄影测量方法进行目标定位。

实际上在第 3 章已经指出，对于无人飞行器搭载的非量测型摄像机的目标定位，需要使用摄像机几何成像模型。此时，物理成像平面坐标系中的像点坐标 (u,v) 与其对应的物方空间直角坐标系中场景点的齐次坐标向量 $\hat{\boldsymbol{P}} = (X,Y,Z,1)^{\mathrm{T}}$ 的严密关系可表示为

$$
\begin{cases}
u = \dfrac{\boldsymbol{m}_1^{\mathrm{T}} \hat{\boldsymbol{P}}}{\boldsymbol{m}_3^{\mathrm{T}} \hat{\boldsymbol{P}}} \\[3mm]
v = \dfrac{\boldsymbol{m}_2^{\mathrm{T}} \hat{\boldsymbol{P}}}{\boldsymbol{m}_3^{\mathrm{T}} \hat{\boldsymbol{P}}}
\end{cases}
\tag{5.19}
$$

式中，$\boldsymbol{m}_1^{\mathrm{T}}$、$\boldsymbol{m}_2^{\mathrm{T}}$ 和 $\boldsymbol{m}_3^{\mathrm{T}}$ 分别表示投影矩阵 $\boldsymbol{M}_{3\times4}$ 的三行，而投影矩阵 $\boldsymbol{M}$ 可由 5 个内参数 $(\alpha,\beta,u_0,v_0,\theta)$ 和 6 个外参数(其中 3 个外参数表示旋转矩阵 $\boldsymbol{R}$ 的 3 个角度，另 3 个外参数表示平移 t_x、t_y、t_z)显式表达为

$$
\boldsymbol{M} =
\begin{bmatrix}
\alpha \cdot \boldsymbol{r}_1^{\mathrm{T}} - \alpha \cot\theta \cdot \boldsymbol{r}_2^{\mathrm{T}} + u_0 \boldsymbol{r}_3^{\mathrm{T}} & \alpha \cdot t_x - \alpha \cot\theta \cdot t_y + u_0 t_z \\[3mm]
\dfrac{\beta}{\sin\theta} \boldsymbol{r}_2^{\mathrm{T}} + v_0 \boldsymbol{r}_3^{\mathrm{T}} & \dfrac{\beta}{\sin\theta} t_y + v_0 t_z \\[3mm]
\boldsymbol{r}_3^{\mathrm{T}} & t_z
\end{bmatrix}
\tag{5.20}
$$

式中，$\boldsymbol{r}_1^{\mathrm{T}}$、$\boldsymbol{r}_2^{\mathrm{T}}$ 和 $\boldsymbol{r}_3^{\mathrm{T}}$ 表示旋转矩阵 $\boldsymbol{R}^{\mathrm{T}}$ 的三行。

若已知内参数，则式(5.19)和式(5.20)可改写为

$$
\begin{cases}
u - u_0 = \dfrac{\boldsymbol{m}_1^{\mathrm{T}} \hat{\boldsymbol{P}}}{\boldsymbol{m}_3^{\mathrm{T}} \hat{\boldsymbol{P}}} \\[3mm]
v - v_0 = \dfrac{\boldsymbol{m}_2^{\mathrm{T}} \hat{\boldsymbol{P}}}{\boldsymbol{m}_3^{\mathrm{T}} \hat{\boldsymbol{P}}}
\end{cases}
\tag{5.21}
$$

和

$$
\boldsymbol{M} =
\begin{bmatrix}
\alpha \cdot \boldsymbol{r}_1^{\mathrm{T}} - \alpha \cot\theta \cdot \boldsymbol{r}_2^{\mathrm{T}} & \alpha \cdot t_x - \alpha \cot\theta \cdot t_y \\[3mm]
\dfrac{\beta}{\sin\theta} \boldsymbol{r}_2^{\mathrm{T}} & \dfrac{\beta}{\sin\theta} t_y \\[3mm]
\boldsymbol{r}_3^{\mathrm{T}} & t_z
\end{bmatrix}
$$

以上几何模型是在针孔模型(倒像)中建立的。按照第 3 章中的分析，该公式

同样适用于摄像机输出正像的情形，只要将以像主点为原点的像点坐标符号取反，则摄像机输出正像时的成像几何模型为

$$
\begin{cases}
u - u_0 = -\dfrac{\boldsymbol{m}_1^{\mathrm{T}} \hat{\boldsymbol{P}}}{\boldsymbol{m}_3^{\mathrm{T}} \hat{\boldsymbol{P}}} \\
v - v_0 = -\dfrac{\boldsymbol{m}_2^{\mathrm{T}} \hat{\boldsymbol{P}}}{\boldsymbol{m}_3^{\mathrm{T}} \hat{\boldsymbol{P}}}
\end{cases}
$$

下面按照式(5.21)推导单像目标定位方法。将式(5.21)展开为

$$
\begin{cases}
u - u_0 = \dfrac{m_{11}X + m_{12}Y + m_{13}Z + m_{14}}{m_{31}X + m_{32}Y + m_{33}Z + m_{34}} \\
v - v_0 = \dfrac{m_{21}X + m_{22}Y + m_{23}Z + m_{24}}{m_{31}X + m_{32}Y + m_{33}Z + m_{34}}
\end{cases}
\tag{5.22}
$$

式中，$m_{ij}(i=1,2,3 \quad j=1,2,3,4)$ 为投影矩阵 $\boldsymbol{M}_{3\times4}$ 的元素。

若已知摄像机的内外参数，即已知参数 m_{ij}，则式(5.22)可写为

$$
\begin{cases}
n_1 X + n_2 Y + n_3 Z + n_4 = 0 \\
n_5 X + n_6 Y + n_7 Z + n_8 = 0
\end{cases}
\tag{5.23}
$$

式中

$$
\begin{aligned}
n_1 &= m_{11} - (u-u_0)m_{31}, & n_5 &= m_{21} - (v-v_0)m_{31} \\
n_2 &= m_{12} - (u-u_0)m_{32}, & n_6 &= m_{22} - (v-v_0)m_{32} \\
n_3 &= m_{13} - (u-u_0)m_{33}, & n_7 &= m_{23} - (v-v_0)m_{33} \\
n_4 &= m_{14} - (u-u_0)m_{34}, & n_8 &= m_{24} - (v-v_0)m_{34}
\end{aligned}
\tag{5.24}
$$

若已知摄像机内外参数和空间点 P 在物方空间直角坐标系中的 Z 坐标,则式(5.23)成为一个关于 X、Y 的二元一次方程组，解此方程组即可唯一地确定 P 在物方空间直角坐标系中的 X 坐标和 Y 坐标。对于无人飞行器搭载的摄像机地面移动目标定位，在平坦地区，可利用式(5.23)直接解算地面点的 X 坐标、Y 坐标；当地形起伏时,通过类似于5.2.3节中设计的单像目标定位迭代方法求解地面点的 X 坐标、Y 坐标，此处不再赘述。

若摄像机输出为正像，则将式(5.24)中以像主点为原点的像点坐标 $(u-u_0)$、$(v-v_0)$ 符号取反即可。

注意到式(5.22)与直接线性变换形式相同，只是其中的参数 m_{ij} 可由摄像机内外参数直接计算得到。实际上，若采用几何结构精密稳定的量测型相机，则摄像

机内参数矩阵可表示为

$$A = \begin{bmatrix} f & 0 & u_0 \\ 0 & f & v_0 \\ 0 & 0 & 1 \end{bmatrix}$$

式中，f、u_0、v_0 分别与相机内方位元素对应。同时，考虑到式(3.9)，可得到摄影测量中的共线条件方程。也就是说，当摄像机几何结构精密稳定、满足摄影测量要求时，这种基于摄像机几何成像模型的目标定位方法退化为传统摄影测量目标定位方法。因此，本书的方法实际上是对传统摄影测量目标定位方法应用条件的一种扩展，使之能够适应物理成像感光单元为长方形结构、物理成像平面坐标轴不正交的非量测型摄像机。

5.3.2　确定投影矩阵

由第 3 章的分析可知，投影矩阵 M 由摄像机内外参数组成。在摄影测量中用外方位元素表示传感器的位置姿态，下面具体分析组成投影矩阵 M 的外参数与摄像测量外方位元素之间的关系。

考察式(3.4)，即 $P = RP^c + T$，其中，$P = (X, Y, Z)^{\mathrm{T}}$ 为点 P 在物方空间直角坐标系 $S\text{-}XYZ$ 中的坐标向量；$P^c = (x, y, z)^{\mathrm{T}}$ 为点 P 在摄像机坐标系 $o\text{-}xyz$ 中的坐标向量；R 为 3×3 旋转矩阵；$T = (X_S, Y_S, Z_S)^{\mathrm{T}}$ 为 $o\text{-}xyz$ 的原点 o 在 $S\text{-}XYZ$ 中的坐标向量。根据摄影测量外方位元素的几何定义(Wang, 1990)，这里的 R 即摄影测量外方位角元素组成的旋转矩阵，T 为摄影测量外方位线元素。

由式(3.23)可以看出，投影矩阵使用的外参数为 R^{T} 和 t。其中，R^{T} 即摄影测量外方位角元素组成的旋转矩阵 R 的逆阵(旋转矩阵 R 是单位正交阵，其逆阵是 R 的转置 R^{T})，这也是本书第 3 章中使用符号 R^{T} 而非 R 的原因。外参数中的 $t = (t_x, t_y, t_z)^{\mathrm{T}}$ 为 $S\text{-}XYZ$ 的原点 S 在 $o\text{-}xyz$ 中的坐标，t 与摄影测量外方位线元素 T 之间的关系由式(3.9)给出。

于是，对基于 GNSS/INS 组合系统的机载序列影像目标定位来说，可以利用 5.2.2 节中得到的摄影测量外方位元素直接计算外参数。若摄像机输出正像，则建立如图 5.9 所示的像平面坐标系，同时将切面直角坐标系作为摄像机几何成像模型中的物方空间直角坐标系，则外参数表示为

$$R^{\mathrm{T}} = (R^m)^{\mathrm{T}}$$

和

$$t = -R^{\mathrm{T}} T = -(R^m)^{\mathrm{T}} X_S^m$$

式中，R^m 和 X_S^m 分别由式(5.15)和式(5.14)给出。

当取导航坐标系、地心空间直角坐标系等其他坐标系为物方空间直角坐标系时，外参数也参照上述方法给出。

参 考 文 献

边少锋，柴洪洲，金际航. 2005. 大地坐标系与坐标基准[M]. 北京: 国防工业出版社.

李学友. 2005. INS/DGPS 辅助航空摄影测量原理、方法与实践[D]. 郑州: 信息工程大学.

刘军. 2007. GPS/INS 辅助机载线阵 CCD 影像定位技术研究[D]. 郑州: 信息工程大学.

王之卓. 2007. 摄影测量原理[M]. 武汉: 武汉大学出版社.

魏子卿. 2008. 2000 中国大地坐标系及其与 WGS84 的比较[J]. 大地测量与地球动力学, 28(5): 2-5.

Bäumker M, Heimes F. 2002. New calibration and computing method for direct georeferencing of image and scanner data using the position and angular data of an hybrid inertial navigation system[J]. Proceedings of the National Academy of Science of the United States of America, 43: 197-212.

Wang Z. 1990. Principles of Photogrammetry[M]. Wuhan: Press of Wuhan Technical University of Surveying and Mapping.

第6章 运 动 估 计

无人飞行器视频传感器获取的序列影像具有全局运动和局部运动的特点。全局运动是由视频传感器的运动(和抖动)引起的影像信息同步发生位移变化,表现为序列影像的背景运动。序列影像的背景运动会对影像中运动目标的处理分析(如时域滤波、目标检测与跟踪)造成一定的影响,因此需要首先对序列影像中的全局运动进行估计,然后进行背景运动补偿,使得序列影像能够在背景相对静止的条件下进行处理,同时凸显序列影像中的目标运动信息,这个过程即影像的全局运动估计(背景运动补偿)。在序列影像中还存在局部运动,即目标相对地物的移动。对序列影像中的运动目标进行分析的过程称为局部运动估计,局部运动估计可为后续的目标检测和目标跟踪提供基础。

本章首先介绍二维运动估计的概念,然后分别介绍基于特征的运动估计、基于光流的运动估计、基于块的运动估计、基于网格和区域的运动估计。对于无人飞行器获取的序列影像,运动目标的影像在视频视场中一般比较小。在这种情况下,基于光流的运动估计既可用于全局运动估计(背景运动补偿),也可用于局部运动估计(目标运动分析),而其他的运动估计多用于全局运动估计。

6.1 二维运动估计

运动估计是序列影像处理的基本问题之一,涉及物理空间中物体的三维运动估计和图像平面上影像的二维运动估计。二维运动估计是序列影像背景运动补偿和视频编码压缩的基础。本节主要介绍二维运动产生原因、二维运动估计基本概念、二维运动模型建立以及二维运动估计基本方法。

6.1.1 二维运动产生原因

影像的二维运动是物体(刚体)的三维运动在图像平面上的投影,如图 6.1 所示。二维运动的特征可依据影像上像素的瞬时速度或位移来表示。

导致二维运动的因素主要有物体的运动、摄像机的运动和光照变化。

1. 物体的运动

物体(刚体)在物理空间中的运动一般包括平移和旋转,如图 6.2 所示。对应影像中像素的二维运动为仿射运动,如图 6.3 所示。

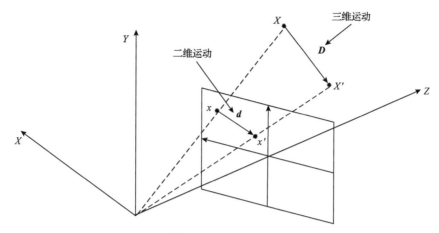

图 6.1 物体的运动与像素的二维运动

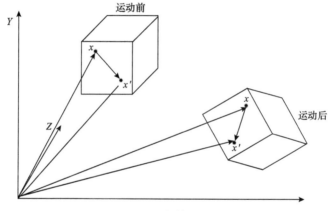

图 6.2 物体运动

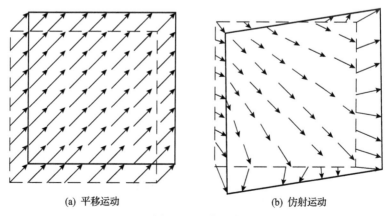

(a) 平移运动   (b) 仿射运动

图 6.3 二维运动

2. 摄像机的运动

视频传感器(摄像机)的运动是引起序列影像帧间运动(二维运动)的主要原因。摄像机和目标物体的运动状态可以分为以下四种情况。

(1)摄像机静止、目标静止。这是一种简单的静态场景分析模式。

(2)摄像机静止、目标运动。这是一种典型的动态场景分析模式，主要用于运动目标监控、预警等场合。

(3)摄像机运动、目标静止。这是一种典型的静态场景分析模式，主要用于移动机器人视觉导航、物体建模、目标识别等场合。

(4)摄像机运动、目标运动。这是最常见也是最复杂的一种动态场景分析模式，序列影像中既有摄像机运动引起的背景位移(全局运动)，也有物体运动引起的目标位移(局部运动)，广泛应用于运动目标检测与跟踪、目标运动分析等场合。

典型摄像机的运动一般可以分为平移、旋转和缩放(变焦)。对应于摄像机运动的二维运动，如图 6.4 所示。

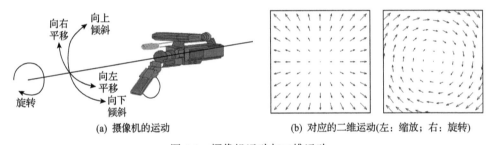

(a) 摄像机的运动　　　　　　(b) 对应的二维运动(左：缩放；右：旋转)

图 6.4　摄像机运动与二维运动

3. 光照变化

光照变化往往也会引起影像中的二维运动，但是并不完全等同于物体的真实运动引起的像点二维运动，如图 6.5 所示。图(a)是一个具有均匀平坦表面的球在恒定的环境光下转动，每一个点都反射相同的色调，人们感觉不到球的任何变化，认为球是静止的。图(b)是一个静止的球，被一个绕着球转动的点光源照明。光源的运动引起球上反射光点的运动，人眼可能会认为球在运动。

6.1.2　二维运动估计基本概念

二维运动估计就是从序列影像中提取有关背景或目标运动信息的过程，可以用运动矢量来表示运动估计的结果。运动矢量就是指运动估计前后相邻时刻两幅图像上对应像点坐标之间的差值，如图 6.6 所示。运动估计主要是计算像素的运动矢量。

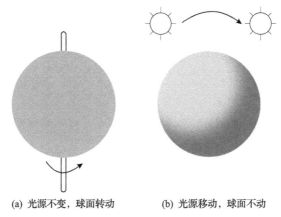

(a) 光源不变，球面转动　　　　(b) 光源移动，球面不动

图 6.5　光照变化与二维运动

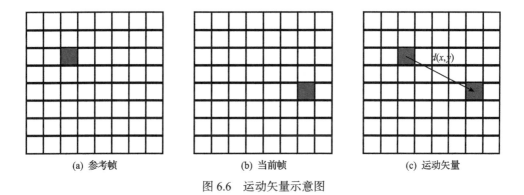

(a) 参考帧　　　　　　　　　(b) 当前帧　　　　　　　　　(c) 运动矢量

图 6.6　运动矢量示意图

在无人飞行器视频传感器获取的序列影像中，既有传感器运动引起的全局运动，也有目标运动引起的局部运动。因此，无人飞行器序列影像的运动估计既包括全局运动估计，也包括局部运动估计。

全局运动估计的结果，可用于对背景的运动进行稳定处理，即背景运动补偿。背景运动补偿是依据参考帧中的影像信息，将当前帧中影像的背景运动根据运动矢量校正过来的过程。

局部运动估计的结果，体现了运动目标相对地物的移动，表现为运动目标对应像素的运动矢量明显区别于背景地物对应像素的运动矢量。因此，局部运动估计的结果可用于目标的运动分析。

在无人飞行器序列影像运动处理与分析中，运动估计是关键步骤之一。在不同的应用场合，学者提出了不同的运动估计方法。下面首先介绍二维运动模型建立，然后简要介绍不同类别的二维运动估计方法。

6.1.3　二维运动模型建立

运动估计需要建立一定的模型，常用的二维运动模型有参数模型和非参数模型。

1. 参数模型

二维运动的参数模型是指影像的二维运动可以被建模为某种映射形式，常用仿射变换模型表示二维运动模型。

简单来说，仿射变换就是允许图形任意平移，而且允许图形在两个方向上任意缩放和旋转，也就是说，两个方向上的旋转角度和缩放比例都有可能不同。但是，仿射变换可以保持点线关系不变，即原来共线的点变换后仍然共线，原来相交于一点的直线变换后仍然相交，原来相互平行的直线变换后仍然保持平行，原来线段的中点变换后仍然是中点，原来在一条直线上的几个线段之间的比例关系不变，如图 6.7 所示。

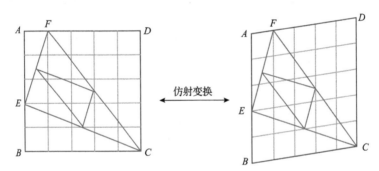

图 6.7　仿射变换示意图

采用仿射变换模型，在无人飞行器获取的序列影像中，图像上的任一像点 $p(x, y)$ 经过时间 Δt 后，运动到另一点 $p'(x', y')$，该运动可以表示为

$$\begin{bmatrix} x' \\ y' \end{bmatrix} = A \begin{bmatrix} x \\ y \end{bmatrix} + b = \begin{bmatrix} a_1 & a_2 \\ a_4 & a_5 \end{bmatrix} \begin{bmatrix} x \\ y \end{bmatrix} + \begin{bmatrix} a_3 \\ a_6 \end{bmatrix} \tag{6.1}$$

式中，矩阵 A 和向量 b 均为仿射变换参数，矩阵 A 表示两个方向上不同的旋转和缩放参数；向量 b 表示平面左边的平移参数。

将式 (6.1) 表示成线性方程组为

$$\begin{cases} x' = a_1 x + a_2 y + a_3 \\ y' = a_4 x + a_5 y + a_6 \end{cases} \tag{6.2}$$

式 (6.2) 即运动估计的六参数模型。利用当前帧与参考帧影像背景中的对应特征点，对参数 $(a_1, a_2, a_3, a_4, a_5, a_6)$ 进行估计，就可以得到序列影像的全局运动参数。根据得出的线性方程，对当前帧图像进行重采样就可以得到背景运动补偿后的图像。

2. 非参数模型

参数模型的主要缺点在于它只适用于背景运动相对一致的情况，在背景运动较复杂的情况下，可以采用非参数模型。非参数模型一般与具体的运动估计方法相联系。

6.1.4　二维运动估计基本方法

根据不同的运动模型，可以将运动估计分为基于特征的方法和基于亮度的方法。

1. 基于特征的方法

基于特征的方法采用参数模型，具体做法是：首先，在当前帧与参考帧影像背景中提取多于三个的对应特征点；然后，依据它们的像素坐标，采用六参数运动模型，利用最小二乘法求解出式 (6.2) 中的六个模型参数；最后，依据模型进行全局运动估计 (背景运动补偿)。

在实际计算过程中，一般不直接计算大量像点的运动矢量，而是在解出六个参数后直接根据式 (6.2) 对当前帧图像进行重采样，可以得到背景运动补偿后的影像。

基于特征的运动估计将在 6.2 节中进行详细阐述。

2. 基于亮度的方法

基于亮度的方法是采用非参数模型得到的方法。根据非参数模型的不同，常用的基于亮度的方法包括基于光流的运动估计、基于块的运动估计、基于网格的运动估计和基于区域的运动估计等。

基于光流的运动估计依据光流方程 (序列影像中运动前后像素的亮度保持不变) 与平滑约束条件 (局部或全局运动矢量变化缓慢) 相结合得到一个光流场的估算，即得到大量像点的运动矢量，该方法将在 6.3 节中进行详细阐述。

基于块的运动估计把图像分割成许多小块，假设每个块足够小且运动一致，同时每个块的运动矢量可以独立地进行估计，则可以对每个块的运动建立一个简单的模型。通常包含两种方法：相位相关法和块匹配法。在相位相关法中，利用两帧影像块之间的傅里叶相位差求解块之间的位移。块匹配法是使用距离准则搜索出两帧影像块间的最佳匹配位置，确定出块的位移，该方法将在 6.4 节中详细阐述。

与之类似的还有网格运动模型(假设影像由运动的网格组成)和区域运动模型(假设影像由运动的区域组成)。基于网格的运动估计是指当前帧被分割为不重叠的多边形单元(网格)，运动估计为网格的每个节点在参考帧找到对应点(即得到其运动矢量)，其余点的位移矢量由节点的运动矢量插值得到。基于区域的运动估计首先将序列影像分割为多个区域，每个区域对应一个特定的运动，然后为每个区域估计运动矢量。基于网格的运动估计和基于区域的运动估计将在6.5 节中简要介绍。

除此之外，还有像素递归法、贝叶斯法等其他非参数模型。

6.2　基于特征的运动估计

基于特征的运动估计是序列影像全局运动估计的主要方法之一，一般包括特征提取、特征匹配、全局运动估计与背景运动补偿三个步骤。

相较于线、面特征，点特征主要用于基于特征的运动估计和背景运动补偿。利用特征点匹配的方法估计序列影像的背景位移，是目前运动估计的主要方法之一。在无人飞行器序列影像中，运动目标比较小，提取的特征点一般位于图像的背景中，从而能够更加准确地估计出图像背景的位移矢量。

目前，用于特征点提取的算法比较多，较为常用的有 Harris 角点检测算子(简称 Harris 算子)和尺度不变特征变换(scale invariant feature transform, SIFT)算子等。Harris 算子具有计算简单、稳定的优点；SIFT 算子具有尺度和旋转不变性，这两种算子在基于特征的运动估计中应用较为广泛。

6.2.1　Harris 算子特征点提取与匹配

早在 1988 年，Harris 等(1988)就提出了一种基于图像灰度梯度的点特征检测算子，即 Harris 算子。该算子的基本原理是：选定一个小窗口，当移动窗口时，通过窗口内图像的灰度变化来判断其特征类型。若窗口沿任意方向移动，灰度均不发生变化，则该窗口存在面特征；若窗口沿某一方向移动，灰度发生变化而其他方向不发生变化，则该窗口存在边缘特征；若任意方向移动窗口，窗口内的灰度均发生较大的变化，则表明窗口内包含角点特征。

图 6.8 给出了 Harris 算子检测原理示意图。图(a)中无论沿哪个方向运动，搜索窗口内的灰度都没有发生变化，因此认为窗口搜索的区域为面特征；图(b)中若窗口沿纵向运动，灰度不发生变化，若沿横向移动，则窗口内的灰度分布就会有所改变，因此判断窗口经过的区域有沿纵向的边缘特征；图(c)中搜索窗口沿任意

方向运动，窗口内的灰度都会发生显著的变化，则可认为窗口移动的范围内包含角点特征。

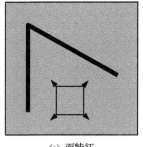 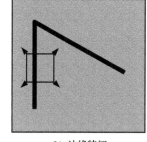 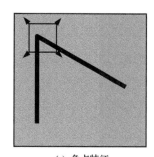

(a) 面特征　　　　　　　　　(b) 边缘特征　　　　　　　　(c) 角点特征

图 6.8　Harris 算子检测原理示意图

窗口中的图像灰度变化可以用基本模型——自相关函数表示，即

$$E(\Delta x, \Delta y) = \sum_{x,y \in S(p)} \left[I(x + \Delta x, y + \Delta y) - I(x, y) \right]^2 \tag{6.3}$$

式中，$I(x, y)$ 为图像灰度函数；$S(p)$ 为 $n \times n$ 邻域；$E(\Delta x, \Delta y)$ 为搜索窗口移动 $(\Delta x, \Delta y)$ 后图像灰度的变化。

若偏移量 $(\Delta x, \Delta y)$ 比较小，则可以将灰度函数 $I(x + \Delta x, y + \Delta y)$ 按照泰勒级数展开，并取至一次项，得到

$$I(x + \Delta x, y + \Delta y) \approx I(x, y) + \Delta x \cdot I_x + \Delta y \cdot I_y \tag{6.4}$$

式中，I_x、I_y 分别为窗口内图像灰度函数在 x 方向和 y 方向上的偏导数，表示为

$$I_x = \frac{\partial I(x, y)}{\partial x}, \quad I_y = \frac{\partial I(x, y)}{\partial y}$$

在离散的情况下，其计算公式为

$$I_x = I(x+1, y) - I(x, y), \quad I_y = I(x, y+1) - I(x, y)$$

将式 (6.4) 代入式 (6.3)，$E(\Delta x, \Delta y)$ 可近似表示为

$$E(\Delta x, \Delta y) \approx \sum_{x,y \in S(p)} (\Delta x \cdot I_x + \Delta y \cdot I_y)^2 = \begin{bmatrix} \Delta x & \Delta y \end{bmatrix} \boldsymbol{M} \begin{bmatrix} \Delta x \\ \Delta y \end{bmatrix} \tag{6.5}$$

式中，$\boldsymbol{M}$ 为由窗口内图像求偏导数得到的 2×2 矩阵：

$$M = \begin{bmatrix} \displaystyle\sum_{x,y \in S(p)} I_x^2 & \displaystyle\sum_{x,y \in S(p)} I_x I_y \\ \displaystyle\sum_{x,y \in S(p)} I_x I_y & \displaystyle\sum_{x,y \in S(p)} I_y^2 \end{bmatrix} \tag{6.6}$$

式中，I_x、I_y 分别为窗口内图像灰度函数在 x 方向和 y 方向上的偏导数。

通过对矩阵 M 特征值的分析，可以对窗口内的特征形式进行判断，从而实现角点特征的检测提取。令 λ_1、λ_2 表示矩阵 M 的两个特征值，则有以下条件成立。

(1)若 λ_1、λ_2 均很小，则 $E(\Delta x, \Delta y)$ 沿任意方向均不会有较大变化，即面特征。

(2)若 $\lambda_1 \gg \lambda_2$ 或 $\lambda_2 \gg \lambda_1$，则 $E(\Delta x, \Delta y)$ 沿某一方向会有大的变化，即边缘特征。

(3)若 λ_1、λ_2 均很大，且 λ_1 与 λ_2 基本相等，则 $E(\Delta x, \Delta y)$ 在所有方向都有显著变化，即角点特征。

根据矩阵的性质，2×2 矩阵 M 的特性值与矩阵的行列式和矩阵的迹有如下关系：

$$\det M = \lambda_1 \lambda_2, \quad \mathrm{tr} M = \lambda_1 + \lambda_2$$

于是，Harris 等(1988)提出的判决式为

$$R = \det M - k(\mathrm{tr} M)^2$$

式中，k 为一经验常量，通常取为 0.04~0.06。角点判决条件如下。

(1)若 $|R|$ 非常小，则搜索窗口为灰度平坦区域。

(2)若 $R < 0$，则搜索窗口对应的特征为灰度边缘。

(3)若 $R > 0$，则搜索窗口对应的特征为灰度角点。

Harris 算子计算图像中每个像素的 R 值，并提取 R 具有局部极大值的像素作为角点特征。由此，可以给出 Harris 算子角点检测的计算步骤如下。

步骤 1：计算图像在 x 和 y 两个方向的梯度 I_x、I_y。

步骤 2：计算两个方向的梯度的乘积，得到三幅梯度图像 I_x^2、$I_x \cdot I_y$、I_y^2。

步骤 3：对三幅梯度图像分别进行高斯滤波，即采用高斯模板分别与三幅图像进行卷积运算。

步骤 4：构造自相关矩阵 M。

步骤 5：计算每个像元的兴趣值 $R = \det M - k(\mathrm{tr} M)^2$。

步骤 6：若兴趣值大于给定阈值且在某邻域内为局部极大值，则认为该点为特征点。

采用尺寸大小为 720×576 的连续两帧无人飞行器视频影像进行 Harris 算子的特征点提取。图 6.9 是原始无人飞行器序列影像，图 6.10 是利用 Harris 算子提取

的角点特征，经验常量 k 设为 0.04，窗口大小为 3×3，特征点个数阈值为 500。

图 6.9 原始无人飞行器序列影像（见彩图）

图 6.10 利用 Harris 算子提取的角点特征（见彩图）

基于相似性测度的角点特征匹配实际上归结为以角点特征为中心的图像邻域窗口的灰度模板匹配。灰度模板匹配的基本方法通常是在左图像中以特征点 $p(x,y)$ 为中心开辟 $w\times h$ 的模板窗口 $T(p)$，相应地在右图像中以特征点 $p'(x',y')$ 为中心开辟同样大小的搜索窗口 $S(p')$，在 $W\times H$ 的搜索区域 $R(p')$（搜索区域也以特征点 $p'(x',y')$ 为中心开辟）内移动搜索窗口，以模板窗口 $T(p)$ 与搜索窗口 $S(p')$ 之间的灰度相似度为测度判断特征点是否匹配的依据。

用来匹配的相似性测度有很多种，较为常用的有差平方和（sum of squared difference, SSD）测度和互相关（cross correlation, CC）测度。

1. SSD 测度

令 $I(s,t)$ 表示模板窗口 $T(p)$ 所形成的子图像的灰度值，其中 $s=0,1,2,\cdots,$ $w-1$，$t=0,1,2,\cdots,h-1$；令 $I'(\Delta x'+s,\Delta y'+t)$ 表示搜索窗口 $S(p')$ 内的图像灰度值，其中 $\Delta x'$、$\Delta y'$ 为搜索窗口 $S(p')$ 左上角在右图像中的像素坐标，则 SSD 测度为

$$S(\Delta x', \Delta y') = \sum_{s=0}^{w-1}\sum_{t=0}^{h-1}[I(s,t) - I'(\Delta x' + s, \Delta y' + t)]^2 \tag{6.7}$$

取 $S_{\min} = \min\{S(\Delta x', \Delta y')\}$ 为搜索区域 $R(p')$ 中 SSD 测度的最小值，若 $S_{\min} < \delta_1$，其中 δ_1 为预先设定的阈值，则认为角点特征 $p'(x', y')$ 与 $p(x, y)$ 匹配。这样，对于左图像中的每一个角点特征，在右图像中可能得到最多一个匹配特征。此时还可以根据 SSD 测度对匹配特征进行细化处理，将右图像中与 $p(x, y)$ 匹配的角点特征坐标改正到 SSD 测度最小处，即认为 $x' = \Delta x' + w/2$、$y' = \Delta y' + h/2$ 为新的与 $p(x, y)$ 匹配的角点坐标，这提高了特征匹配的精确性。

直接使用 SSD 测度的局限性在于阈值 δ_1 难以确定，因此采用归一化的 SSD 测度，表示为

$$S'(\Delta x', \Delta y') = \frac{\displaystyle\sum_{s=0}^{w-1}\sum_{t=0}^{h-1}[I(s,t) - I'(\Delta x' + s, \Delta y' + t)]^2}{\sqrt{\displaystyle\sum_{s=0}^{w-1}\sum_{t=0}^{h-1}[I(s,t)]^2 \cdot \sum_{s=0}^{w-1}\sum_{t=0}^{h-1}[I'(\Delta x' + s, \Delta y' + t)]^2}} \tag{6.8}$$

2. CC 测度

进一步地，将式(6.7)展开为

$$
\begin{aligned}
S(\Delta x', \Delta y') \quad &= \sum_{s=0}^{w-1}\sum_{t=0}^{h-1}[I(s,t) - I'(\Delta x' + s, \Delta y' + t)]^2 \\
&= \sum_{s=0}^{w-1}\sum_{t=0}^{h-1}[I(s,t)]^2 - 2\sum_{s=0}^{w-1}\sum_{t=0}^{h-1}[I(s,t) \cdot I'(\Delta x' + s, \Delta y' + t)] \\
&\quad + \sum_{s=0}^{w-1}\sum_{t=0}^{h-1}[I'(\Delta x' + s, \Delta y' + t)]^2
\end{aligned}
$$

式中，$\displaystyle\sum_{s=0}^{w-1}\sum_{t=0}^{h-1}[I(s,t)]^2$ 是一常量，当搜索区域 $R(p')$ 较小时，搜索窗口 $S(p')$ 移动范围比较小；$\displaystyle\sum_{s=0}^{w-1}\sum_{t=0}^{h-1}[I'(\Delta x' + s, \Delta y' + t)]^2$ 也可近似为常量；$S(\Delta x', \Delta y')$ 必然是正值，因此当 $2\displaystyle\sum_{s=0}^{w-1}\sum_{t=0}^{h-1}[I(s,t) \cdot I'(\Delta x' + s, \Delta y' + t)]$ 最大时，$S(\Delta x', \Delta y')$ 最小。由此，得到 CC 测度为

$$C(\Delta x', \Delta y') = \sum_{s=0}^{w-1} \sum_{t=0}^{h-1} [I(s,t) \cdot I'(\Delta x' + s, \Delta y' + t)] \tag{6.9}$$

相应地，归一化的 CC 测度可以表示为

$$C'(\Delta x', \Delta y') = \frac{\displaystyle\sum_{s=0}^{w-1} \sum_{t=0}^{h-1} [I(s,t) \cdot I'(\Delta x' + s, \Delta y' + t)]}{\sqrt{\displaystyle\sum_{s=0}^{w-1} \sum_{t=0}^{h-1} [I(s,t)]^2 \cdot \sum_{s=0}^{w-1} \sum_{t=0}^{h-1} [I'(\Delta x' + s, \Delta y' + t)]^2}} \tag{6.10}$$

取 $C_{\max} = \max\{C(\Delta x', \Delta y')\}$ 为搜索区域 $R(p')$ 中 CC 测度的最大值，若 $S_{\max} > \delta_2$，其中 δ_2 为预先设定的阈值，则认为角点特征 $p'(x', y')$ 与 $p(x, y)$ 匹配。与 SSD 测度类似，此处也可以根据 CC 测度对匹配特征进行细化处理。

实践表明，选择相似性测度 $S_{\min}$ 最小或 $C_{\max}$ 最大的前 n 对匹配特征点会出现在图像中一些区域内控制点过于稠密而在另一些区域内控制点又过于稀疏的情况。为了使控制点在图像中分布均匀，将左图像分为 $M \times N$ 个网格，并在每个网格中选取相似性测度 $S_{\min}$ 最小或 $C_{\max}$ 最大的匹配特征。

对于前面连续两帧无人飞行器视频影像中提取的 Harris 角点，利用 SSD 测度得到的匹配结果如图 6.11 所示。大部分特征点匹配较好，少量特征点存在误匹配。

图 6.11　SSD 测度得到的匹配结果（见彩图）

6.2.2　SIFT 算子特征点提取与匹配

SIFT 算子是 Lowe 于 1999 年提出的点特征提取算子，2004 年得以完善（Lowe，2004）。该算子是在空域和尺度域上同时进行计算的，其特征点提取和匹配算法更能适应大视角变换、大基线匹配，甚至在影像存在巨大扭曲变形和旋转平移的情况下，仍能出色地完成特征点匹配。SIFT 算子在影像出现旋转、比例缩放、几何变形、光照变化、模糊和遮挡等情况下性能最好，成功应用于影像匹配、影像检索、目标识别等诸多领域。

1. SIFT 算子

SIFT 算子提取出的是一些不会因光照、仿射变换和噪声等因素变化的特征点，如角点、边缘点、暗区的亮点及亮区的暗点等。SIFT 算子的计算主要包括建立尺度空间、检测关键点、确定关键点方向和生成特征描述子四个步骤。

1)建立尺度空间

影像的尺度空间是一幅影像在不同清晰度下的表示。一幅影像 $I(x,y)$ 在不同清晰度下的表示可以用影像与高斯核 $G(x,y;\sigma)$ 的卷积 $L(x,y;\sigma)=G(x,y;\sigma)*I(x,y)$（$\sigma$ 为高斯标准差）来实现，高斯核定义为

$$G(x,y;\sigma)=\frac{1}{2\pi\sigma^2}e^{-(x^2+y^2)/2\sigma^2} \tag{6.11}$$

影像的尺度一般用高斯标准差 σ 来表示，其值越小，则该影像被模糊得越少，相应的尺度也越小。在大尺度下（σ 值大）表现的是影像的概貌信息，在小尺度下（σ 值小）表现的是影像的细节信息。可以利用一系列按指数分布的 σ 值（$\sigma=k^n\sigma_0$，σ_0 为起始尺度）的高斯卷积核生成不同尺度的影像，相邻尺度的影像差分生成高斯差分影像 $D(x,y;\sigma)=\left|L(x,y;k\sigma)-L(x,y;\sigma)\right|$，如图 6.12 所示。在高斯差分影像中，亮度表示差分值的大小，在纹理比较丰富的区域和边缘处具有比较大的值，因此高斯差分影像中的局部亮度极值点即可能的特征点。SIFT 算子就是通过检测高斯差分影像中的极值点来提取特征点（关键点）的。

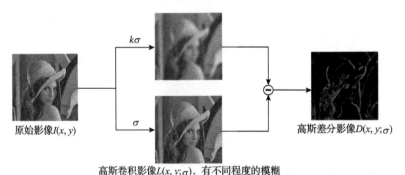

原始影像$I(x,y)$　　　高斯卷积影像$L(x,y;\sigma)$，有不同程度的模糊　　　高斯差分影像$D(x,y;\sigma)$

图 6.12　原始影像生成高斯差分影像的过程

在实际的 SIFT 算子中，特征是在不同尺度的影像中提取的，因此需要首先建立影像的尺度空间。尺度空间是由一系列的高斯卷积形成的，并且尺度 σ 越大，高斯卷积模板就越大，所需要的计算时间也就越长。为了减少计算量和存储量，

SIFT 算子将影像金字塔引入尺度空间，采用了一种如图 6.13 所示的金字塔结构。金字塔分为多层(图中仅表示了两层)，上层金字塔通过对下层影像进行降采样得到(图中上层影像尺寸为下层影像尺寸的 1/2)，在上层金字塔影像上用较小尺度的高斯核做卷积等效于在下层金字塔影像上用较大尺度的高斯核做卷积。每层高斯卷积影像金字塔又分为多个尺度，每个尺度之间的 σ 值相差 k 倍。每层金字塔相邻尺度的高斯卷积影像分别差分生成高斯差分影像。

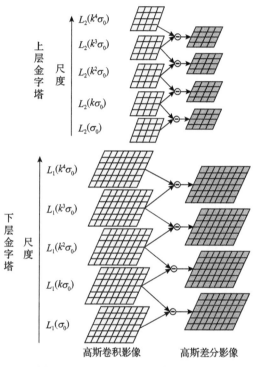

图 6.13　SIFT 尺度空间建立示意图

2)检测关键点

在前面建立的高斯差分影像金字塔中，检测高斯差分空间的极值。在检测尺度空间极值时，图中标记为"✖"号的像素需要与包括同一尺度的邻域 8 个像素和相邻尺度对应位置的邻域 9×2 个像素共 26 个像素进行比较,以确保在尺度空间和二维影像空间都检测到局部极值点，把检测到的局部极值点作为候选关键点。尺度空间检测模型如图 6.14 所示。

通过曲面拟合可以精确地确定候选关键点的位置 (x, y) 和尺度 σ_{oct}，同时去除低对比度的候选关键点和稳定度较差的边缘响应点，以达到增强匹配稳定度、提高抗噪能力的目的。

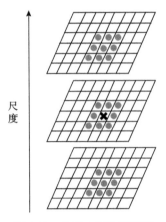

尺度

图 6.14　尺度空间检测模型

3) 确定关键点方向

确定了关键点的尺度 σ_{oct} 和位置后，需要确定其方向。SIFT 算子最大的优点是具有旋转不变性，而使其具有旋转不变性的核心步骤是为每个关键点指定方向。SIFT 算子利用最接近关键点尺度 σ_{oct} 的高斯卷积影像(用 σ 表示其尺度)的梯度来确定关键点方向，梯度的计算公式为

$$\begin{cases} m(x,y) = \sqrt{[L(x+1,y;\sigma) - L(x-1,y;\sigma)]^2 + [L(x,y+1;\sigma) - L(x,y-1;\sigma)]^2} \\ \theta(x,y) = \arctan\{[L(x,y+1;\sigma) - L(x,y-1;\sigma)]/[L(x+1,y;\sigma) - L(x-1,y;\sigma)]\} \end{cases}$$

$$(6.12)$$

式中，$L(x,y;\sigma)$ 表示尺度 σ 的高斯卷积影像上像点 (x,y) 的灰度值；$m(x,y)$ 表示梯度模(幅值)；$\theta(x,y)$ 表示梯度方向。选取了最接近关键点尺度的高斯卷积影像计算梯度，使得 SIFT 算子具有尺度不变性。

针对步骤 2) 确定的关键点，首先在尺度 σ 的高斯卷积影像 $L(x,y;\sigma)$ 上，以关键点位置 (x,y) 为中心、$r = 3\sigma'$ ($\sigma' = 1.5\sigma_{\text{oct}}$) 为半径取圆形邻域窗口；然后对窗口内的像素，用标准差为 σ' 的高斯核函数对梯度幅值加权，得到一系列加权梯度幅值和梯度方向对 $\{m_w, \theta\}$；最后将梯度方向(总的范围为360°)划分为36个区间，并将加权梯度模累加到对应的梯度方向区间，建立关键点邻域的加权梯度幅值-方向直方图，如图 6.15 所示。图(a)中的小方格表示高斯卷积影像上的像素，方格内的箭头表示梯度幅值和方向，圆形表示半径为 $3\sigma'$ 的邻域窗口，窗口内的色调深浅表示权值大小，窗口中心处权值(高斯函数值)最大，离中心越远，权值越小。图(b)共有36个方向区间。选取直方图中幅值最大的方向作为该关键点的主方向。

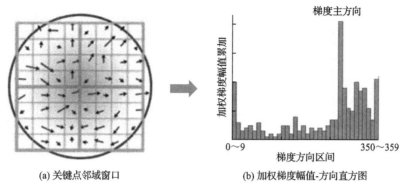

(a) 关键点邻域窗口　　　　　　　　(b) 加权梯度幅值-方向直方图

图 6.15　确定关键点的梯度主方向

4) 生成特征描述子

确定了关键点的主方向之后，就可以利用主方向计算具有旋转不变性的特征描述子了。首先，在最接近关键点尺度 σ_{oct} 的高斯卷积影像 $L(x, y; \sigma)$ 上，以关键点位置 (x, y) 为中心、$r = \dfrac{3\sqrt{2}\sigma_{\text{oct}}(d+1)}{2}$ 为半径取圆形邻域窗口，d 为在邻域窗口内划分的子窗口数目，通常取为 4；然后，利用步骤 3) 确定的关键点主方向对该邻域窗口进行旋转，如图 6.16(a) 所示；最后，将圆形邻域窗口划分为 $d \times d$ 个子窗口，并采用步骤 3) 的方法，对每个子窗口统计其加权梯度幅值-方向直方图，如图 6.16(b) 所示，与步骤 3) 不同的是，此处像素的梯度方向只划分为 8 个区间（而不是 36 个）。由此，可用一个 8 维向量表示每个子窗口的梯度特征，将每个子窗

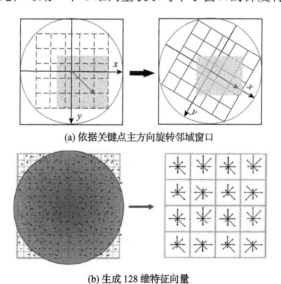

(a) 依据关键点主方向旋转邻域窗口

(b) 生成 128 维特征向量

图 6.16　特征描述子生成过程（见彩图）

口的梯度特征依次排列，得到一个 $d \times d \times 8$ 维特征向量，用来表示该关键点邻域 SIFT 特征描述子。图 6.16(b) 中，d 取为 4，该关键点的 SIFT 特征描述子表示为一个 128 维特征向量。

在以上步骤中，利用关键点主方向对邻域窗口做了旋转，使得 SIFT 算子具有旋转不变性。同时，这种邻域方向性信息联合的方法增强了算法抗噪声的能力，对于含有定位误差的特征匹配提供了较好的容错性,使 SIFT 特征向量具备良好的稳定性。

2. 基于距离测度的特征粗匹配

利用前面生成的 128 维特征向量，采用基于距离测度的匹配方法实现特征点的匹配。寻找一个特征点在另一幅图像特征点集合中相匹配的"同名"特征点，一般方法是在特征点集合中搜索与该特征点最相似的特征点，即在特征空间中搜索最邻近的特征点。特征向量之间的距离测度可用欧氏距离来表示。

两个 n 维向量 $A = (x_{11}, x_{12}, \cdots, x_{1n})$ 与 $B = (x_{21}, x_{22}, \cdots, x_{2n})$ 之间的欧氏距离为

$$d_{AB} = \sqrt{\sum_{k=1}^{n} \left(x_{1k} - x_{2k} \right)^2} \tag{6.13}$$

对于当前帧影像中提取出的特征点向量，首先分别计算其与参考帧影像中提取出的每一个特征点向量的欧氏距离，距离最小的点即最相似的"同名"特征点，然后设置一个阈值，距离小于该阈值则认为匹配正确，距离大于该阈值则认为匹配错误。

利用两帧无人飞行器视频影像提取 SIFT 特征点与匹配结果，如图 6.17 所示。

6.2.3 特征精匹配

在前面利用 Harris 算子和 SIFT 算子提取并匹配的特征点中，可能存在少量的错误匹配。这些错误匹配特征点上的运动矢量，往往与(大多数)正确匹配特征点上的运动矢量相差较大。本节介绍两种剔除这些错误匹配的方法，即特征偏移一致性准则和随机抽样一致。

1. 特征偏移一致性准则

对于无人飞行器序列影像，正确匹配的特征点的左右像点连线的方向和长度基本一致，而错误匹配的特征点的左右像点连线呈现明显的"离群"特点。这就是序列影像匹配特征的特征偏移一致性准则，可以利用这一准则剔除错误匹配的特征点。探测离群点的基本方法是考察样本的某种统计量，本节采用匹配特征点连线方向和长度的均值。设 $\bar{\theta}$、$\bar{l}$ 分别为匹配特征点连线方向和长度的均值，通

过式(6.14)进行估计:

$$\begin{cases} \bar{\theta} = \dfrac{1}{n}\sum_{i=0}^{n}\theta_i \\ \bar{l} = \dfrac{1}{n}\sum_{i=0}^{n}l_i \end{cases} \tag{6.14}$$

式中，θ_i、l_i 分别为第 i 个匹配特征点连线的方向和长度，则探测离群点的判据为 $|\theta_i - \bar{\theta}| > \delta_\theta$ 或 $|l_i - \bar{l}| > \delta_l$，满足以上两个条件之一的匹配特征点均为错误匹配。

(a) 参考帧影像

(b) 当前帧影像

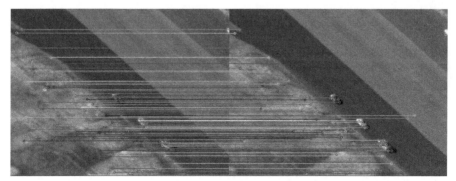

(c) 匹配结果

图 6.17　SIFT 特征点提取与匹配结果(见彩图)

考虑到运算的效率，这里采用一种简易而高效的判据。按照平面直角坐标与极坐标之间的几何关系，有

$$\begin{cases} \bar{x} = \bar{l}\cos\bar{\theta} \\ \bar{y} = \bar{l}\sin\bar{\theta} \end{cases} \tag{6.15}$$

式中，$\bar{x}$、$\bar{y}$ 分别为匹配特征点连线矢量在 x、y 方向上的坐标均值，通过式(6.16)

估计：

$$\begin{cases} \bar{x} = \dfrac{1}{n}\sum_{i=0}^{n} x_i \\ \bar{y} = \dfrac{1}{n}\sum_{i=0}^{n} y_i \end{cases} \tag{6.16}$$

式中，$x_i = x_{i\_\text{right}} - x_{i\_\text{left}}$　$y_i = y_{i\_\text{right}} - y_{i\_\text{left}}$ 分别为第 i 个匹配特征点连线矢量在 x、y 方向上的坐标，$(x_{i\_\text{left}}, y_{i\_\text{left}})$、$(x_{i\_\text{right}}, y_{i\_\text{right}})$ 分别为匹配特征点左右像点坐标。于是，探测离群点的判据转化为

$$\max\{|x_i - \bar{x}|, |y_i - \bar{y}|\} > \delta \tag{6.17}$$

式中，δ 为预设的阈值。

根据前面所述的特征偏移一致性准则，给出基于该准则的特征精匹配算法的步骤描述。

步骤 1：将前面基于相似性测度的特征粗匹配结果作为候选匹配特征集，并剔除其中明显的粗差，粗差判据为 $|x_i| > \eta_x$ 或 $|y_i| > \eta_y$，其中 η_x 和 η_y 为预设的阈值。

步骤 2：依据式(6.16)计算所有候选匹配特征点连线矢量在 x、y 方向上的坐标均值 $\bar{x}$、$\bar{y}$。

步骤 3：从候选匹配特征集中剔除一个错误匹配，其左右特征点连线矢量在 x、y 方向上的坐标与 $\bar{x}$、$\bar{y}$ 的差值最大，且 $\max\{|x_i - \bar{x}|, |y_i - \bar{y}|\} > \delta$。

步骤 4：重复步骤 2 和步骤 3，直到所有候选匹配特征点均满足 $\max\{|x_i - \bar{x}|, |y_i - \bar{y}|\} \leqslant \delta$。

步骤 5：设 m 为经过以上步骤后仍然保留的候选匹配特征点个数，n 为算法开始前进行特征粗匹配得到的候选匹配特征点个数，若 $(m/n) \times 100\% > d \times 100\%$，则算法成功；否则，算法失败。

需要说明的是，以上特征精匹配算法建立在两个假设基础之上：一是特征偏移一致性准则，即匹配特征左右像点连线的方向和长度近似相等，这意味着两幅图像间仅存在整体偏移，而无人飞行器获取的地面序列影像能够满足这一要求；二是粗匹配结果中仅包含少量的错误匹配，这取决于前期的基于相似性测度的特征粗匹配过程。大量实验表明，若第一个假设满足，则特征粗匹配结果中包含的错误匹配能够被特征精匹配过程剔除。

2. 随机抽样一致

随机抽样一致(random samples consensus，RANSAC)算法最早由 Fischler 和

Bolles 于 1981 年提出 (Fischler et al., 1981)，是一种稳健的非线性数据模型拟合方法，它可以从一组包含"内点"和"外点"的观测数据集中通过迭代方式估计最优的数学模型的参数，这是一种不确定的算法，即有一定的概率可以得出一个合理的结果。

RANSAC 算法基于以下基本假设。

(1) 数据由"内点"组成，例如数据的分布可以用一些模型来解释。

(2)"外点"是不能适应该模型的数据。

(3) 除此之外的数据属于噪声。

"外点"产生的原因有以下 3 种。

(1) 噪声的极值。

(2) 错误的测量方法。

(3) 对数据的错误假设。

RANSAC 算法也进行了以下假设：给定一组（通常很小的）"内点"，存在一个可以估计模型参数的过程，而该模型能够解释或者适用于"内点"。

一个简单的例子是从一组观测数据中找出合适的二维直线。假设观测数据中包含"内点"和"外点"，其中"内点"近似地被直线通过，而"外点"远离直线。简单的最小二乘法不能找到适应"内点"的直线，原因是最小二乘法尽量去适应包括"外点"在内的所有点。相反，RANSAC 算法能得出一个仅用"内点"计算出的模型，并且概率足够高，如图 6.18 所示。但是，RANSAC 算法并不能保证结果一定正确，为了保证算法有足够高的合理概率，必须谨慎地选择算法的参数。

(a) 包含"内点"和"外点"的数据集　　(b) RANSAC算法找到的直线("外点"并不影响结果)

图 6.18　RANSAC 算法拟合直线（见彩图）

在图像匹配的过程中，计算图像间变换关系时同样可能产生上述实例的问题，此处错误匹配就等同于产生外点，RANSAC 算法的作用就是要将这样的外点去除，对匹配点进行提纯。

消除错误匹配就是采用"内点"来寻找一个基本矩阵，RANSAC 算法的目的是找到最优的参数矩阵，使得满足该矩阵的数据点个数最多。

$$\begin{bmatrix} x' \\ y' \\ 1 \end{bmatrix} = \begin{bmatrix} h_{11} & h_{12} & h_{13} \\ h_{21} & h_{22} & h_{23} \\ h_{31} & h_{32} & h_{33} \end{bmatrix} \begin{bmatrix} x \\ y \\ 1 \end{bmatrix} \tag{6.18}$$

式中，(x', y') 和 (x, y) 分别为两幅图像特征点对的位置。通常，令 $h_{33}=1$ 来归一化矩阵，由于矩阵有 8 个未知参数，所以至少需要 8 个线性方程来求解，对应到点位置信息上，一组点对可以列出两个方程，则至少应包含 4 组匹配点对。

RANSAC 算法首先从匹配数据集中随机抽取 4 个样本并保证这 4 个样本之间不共线，计算出基本矩阵(记为模型 M)，然后利用模型 M 测试所有数据，并计算满足模型 M 数据点的个数与投影误差(即代价函数)，若此模型为最优模型，则对应的代价函数最小。代价函数表示为

$$\sum_{i=1}^{n} \left[\left(x'_i - \frac{h_{11}x_i + h_{12}y_i + h_{13}}{h_{31}x_i + h_{32}y_i + h_{33}} \right)^2 + \left(y'_i - \frac{h_{21}x_i + h_{22}y_i + h_{23}}{h_{31}x_i + h_{32}y_i + h_{33}} \right)^2 \right] \tag{6.19}$$

利用 RANSAC 算法进行精匹配的步骤如下。

步骤 1：从数据集中随机抽取 5 个样本(这些样本之间不能共线)，计算出基本矩阵 H，记为模型 M。

步骤 2：计算数据集中所有数据与模型 M 的投影误差，若投影误差小于阈值，则加入"内点"集 I。

步骤 3：若当前"内点"集 I 的元素个数大于最优"内点"集 I_best，则更新 I_best = I，同时更新迭代次数 k。

步骤 4：若迭代次数大于 k，则退出；否则，迭代次数加 1，并重复上述步骤。

采用 RANSAC 算法剔除 Harris 算子的错误匹配点，结果如图 6.19 所示。

图 6.19　利用 RANSAC 算法剔除错误匹配点的结果(见彩图)

6.2.4 全局运动估计与背景运动补偿

在特征提取和匹配完成后，根据 6.1.3 节建立的六参数运动模型(6.2)，在相邻两帧影像中得到两幅图像相对应的特征点，计算出这些特征点的像素坐标，并计算其差值，就得到了序列影像背景运动的位移，即运动矢量。

然而，运动估计的最终目的是要对背景进行运动补偿。在基于特征的运动估计中，往往不需要计算出运动矢量，而是直接根据特征点对利用最小二乘法进行六参数运动模型参数的解算，六参数运动模型中的 6 个参数解算出来后，就可以根据六参数运动模型对当前帧进行重采样，进而得到运动补偿后的图像。

设两帧序列影像为 I_1、I_2，利用特征点检测算法提取图像中特征点对的像素坐标，分别为

$$A' = \begin{bmatrix} x(1) & x(2) & \cdots & x(n) \\ y(1) & y(2) & \cdots & y(n) \end{bmatrix}^{\mathrm{T}} \tag{6.20}$$

$$B = \begin{bmatrix} x'(1) & x'(2) & \cdots & x'(n) \\ y'(1) & y'(2) & \cdots & y'(n) \end{bmatrix}^{\mathrm{T}} \tag{6.21}$$

式中，n 为特征点的个数 $(n \geqslant 3)$。利用式(6.2)列出一个方程组：

$$AX = B \tag{6.22}$$

式中

$$A = \begin{bmatrix} x(1) & x(2) & \cdots & x(n) \\ y(1) & y(2) & \cdots & y(n) \\ 1 & 1 & \cdots & \end{bmatrix}^{\mathrm{T}}$$

$$B = \begin{bmatrix} x'(1) & x'(2) & \cdots & x'(n) \\ y'(1) & y'(2) & \cdots & y'(n) \end{bmatrix}^{\mathrm{T}}$$

$$X = \begin{bmatrix} a_1 & a_4 \\ a_2 & a_5 \\ a_3 & a_6 \end{bmatrix}$$

利用最小二乘法计算得到

$$X = (A^{\mathrm{T}} A)^{-1} A^{\mathrm{T}} B \tag{6.23}$$

在求出六参数运动模型中的 6 个参数后,对图 6.20(a)中当前帧图像的每个像素通过重采样得到新的图像,即补偿后的影像,如图 6.20(b)所示。原始影像的直接差分结果和背景运动补偿后的差分结果分别如图 6.21 和图 6.22 所示。

(a)　　　　　　　　　　　　　　　　(b)

图 6.20　两帧序列影像(左图为背景运动补偿后的影像)(见彩图)

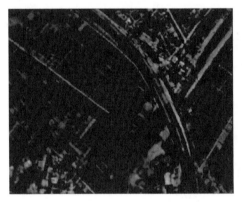

图 6.21　原始影像的直接差分结果　　　　图 6.22　背景运动补偿后的差分结果

6.3　基于光流的运动估计

在无人飞行器视频影像中,背景运动往往具有一定的全局性,而与背景运动不一致的目标运动则很有可能成为估计过程中的孤立值,给影像的全局运动估计带来影响。例如,利用 Harris 算子对序列影像中的角点进行检测时,若目标较大,则提取的角点很有可能发生在目标的角点上,这样将目标角点的位移计算成影像背景位移,给运动估计的准确度造成了一定的影响。

另外,对视频中的运动目标进行分析,需要进行局部运动估计。对于视频中的运动目标，其像素的运动矢量必然表现出与(大量的)背景像素的运动矢量不同的特征。

通常用运动特征来描述一个物体的状态，如位置、速度、方向及其变化。在序列影像中，由像素组成的"物体"发生位置和方向的变化，形成一个以运动矢量为集合的光流场，可以用光流场来表示目标的运动特征。

光流这一概念是从人的视觉系统视网膜对光的感受延伸出来的，即当人眼在观察动态物体时，不管人动还是物动，都会在视网膜上产生连续的光强变化，就好像"光的流动"，简称光流。

光流技术是一种重要的运动估计技术，也是视频影像处理与分析的重要方法。在无人飞行器获取的序列影像处理与分析中，光流既可用于全局运动估计，也可用于局部运动估计。

在摄像机与成像场景相对静止的条件下，运用光流技术可以进行局部运动分析，即计算目标的运动矢量，目标的运动矢量反映了其位移的大小和方向，可用于视频监控中的目标分析和行为判断。

在摄像机运动的情况下，影像中的运动包含两种情况：一种是由摄像机运动引起的全局运动；另一种是目标自身的局部运动。此时，运用光流法既可对影像背景进行全局运动估计，经过背景运动补偿，利用简单的方法就可以实现运动目标的检测与跟踪，也可以利用密集的运动矢量进行局部运动估计，分析目标运动。

6.3.1　光流基本原理

从名称来源上讲，光流就是人眼感觉到的光的流动。在视频影像中，光流可以看作具有固定亮度的像素的运动矢量。光流可以用光流场来表示，它与视频中像点的运动场相联系。

1. 运动场与光流场

像点的运动场是由物理空间中物体的运动引起的图像中所有像点运动的集合，是三维物体几何运动在二维图像平面上的投影。在某一时刻，三维物体上的某一点 $P(t)$ 经过摄像机镜头投影到图像上的一个像点 $p(t)$，假定经过时间 Δt 后，点 $P(t)$ 运动到点 $P(t+\Delta t)$，速度矢量为 $\boldsymbol{v}_P$，相应地，图像上的投影像点从 $p(t)$ 运动到像点 $p(t+\Delta t)$，速度矢量为 $\boldsymbol{v}_i$，如图 6.23 所示。

速度矢量 $\boldsymbol{v}_P$ 和 $\boldsymbol{v}_i$ 可分别表示为

$$\boldsymbol{v}_P = \frac{\mathrm{d}\boldsymbol{r}_P}{\mathrm{d}t}, \quad \boldsymbol{v}_i = \frac{\mathrm{d}\boldsymbol{r}_i}{\mathrm{d}t} \tag{6.24}$$

当物体运动时，物体上的每个点都同时在运动，图像上相对应的投影像点也在运动，这样就在图像上形成了运动场。运动场反映了物体的真实运动，但是难以直接从序列影像中获取。光流场是图像中亮度模式的一种表观运动，是图像中所有像素点构成的二维瞬时速度场，是由场景中目标的运动(或摄像机的运动)以及光照变化引起的图像亮度的变化。

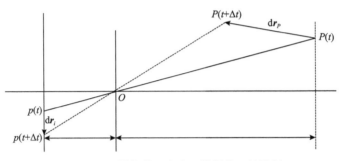

图 6.23　三维物体上点在二维影像上的投影

在理想情况下，可以近似地认为光流场是三维运动在二维图像平面上的投影，即光流场与运动场相对应，但是在某些情况下，光流场不能反映真实的运动场(贾云德，2000)。

2. 光流约束方程

通俗地讲，光流可看成带有亮度的图像像素点在图像平面上的运动产生的瞬时速度，据此可建立基本的光流约束方程。设 $I(x,y,t)$ 是像点 $p(x,y)$ 在时刻 t 的亮度，在时刻 $t+\delta t$，像点 $p(x,y)$ 运动到 $p'(x+\delta x,y+\delta y)$ 时亮度保持不变，则有

$$I(x,y,t)=I(x+\delta x,y+\delta y,t+\delta t) \qquad (6.25)$$

成立。如果认为图像灰度是其位置和时间的连续变化函数，则当 δx、δy、δt 都较小时，对式(6.25)等号右边进行泰勒级数展开，得到

$$I(x+\delta x,y+\delta y,t+\delta t)=I(x,y,t)+\delta x\cdot I_x+\delta y\cdot I_y+\delta t\cdot I_t+e \qquad (6.26)$$

式中，$I_x=\dfrac{\partial I}{\partial x}$、$I_y=\dfrac{\partial I}{\partial y}$、$I_t=\dfrac{\partial I}{\partial t}$ 分别为图像亮度函数 $I(x,y,t)$ 对变量 x、y、t 的偏导数，可以直接从序列影像中计算得到；e 为关于 δx、δy、δt 的二阶或二阶以上的项，一般为小值，通常可以忽略。

将式(6.26)代入式(6.25)等号右边，忽略小值项 e，两边同时除以 δt，得

$$I(x,y,t)\approx I(x,y,t)+\frac{\delta x}{\delta t}I_x+\frac{\delta y}{\delta t}I_y+I_t \qquad (6.27)$$

两边的 $I(x,y,t)$ 相互抵消，并取极限 $\delta t\to 0$，得

$$I_x \cdot u + I_y \cdot v + I_t = 0 \tag{6.28}$$

式中，$u = \dfrac{\mathrm{d}x}{\mathrm{d}t}$、$v = \dfrac{\mathrm{d}y}{\mathrm{d}t}$ 分别为像点函数 $p(x,y)$ 的两个坐标分量 x、y 对时间的导数，即像点的瞬时运动矢量分别在 x 和 y 方向的分量，也就是像点 $p(x,y)$ 光流的两个分量，它们都是像点坐标 x、y 的函数。

式 (6.28) 表示图像上像点 $p(x,y)$ 的空间梯度和时间梯度与光流分量之间的关系，这一关系通常称为光流约束方程。式 (6.28) 也可以用向量表示为

$$V^{\mathrm{T}} \nabla I + I_t = 0 \tag{6.29}$$

式中，$V = (u,v)^{\mathrm{T}}$；$\nabla I = (I_x, I_y)^{\mathrm{T}}$ 为图像在像点 $p(x,y)$ 的亮度梯度。

分析光流约束方程发现，对于每一个像点，有两个光流分量 u 和 v，但是只能列出一个方程。此方程不能唯一地解出 u 和 v，还需要附加一些约束条件。

需要说明的是，光流约束方程要求视频影像的亮度函数 $I(x,y,t)$ 是可微分的。若认为图像灰度是其位置和时间的连续变化函数，则这个条件就是满足的。对于数字视频，通常使用有限差分法来近似计算图像的梯度，有限差分可以分为前向有限差分和后向有限差分。

为了获得较好的结果，通常可对前向有限差分和后向有限差分取平均。同时，考虑序列的空间和时间上的邻域特性，可以用下式分别求出图像的梯度值：

$$\begin{aligned}
I_x(x,y) &= \frac{1}{4}\Big\{\big[I(x+1,y,t) - I(x,y,t)\big] + \big[I(x+1,y+1,t) - I(x,y+1,t)\big] \\
&\quad + \big[I(x+1,y,t+1) - I(x,y,t+1)\big] + \big[I(x+1,y+1,t+1) - I(x,y+1,t+1)\big]\Big\} \\
I_y(x,y) &= \frac{1}{4}\Big\{\big[I(x,y+1,t) - I(x,y,t)\big] + \big[I(x+1,y+1,t) - I(x+1,y,t)\big] \\
&\quad + \big[I(x,y+1,t+1) - I(x,y,t+1)\big] + \big[I(x+1,y+1,t+1) - I(x+1,y,t+1)\big]\Big\} \\
I_t(x,y) &= \frac{1}{4}\Big\{\big[I(x,y,t+1) - I(x,y,t)\big] + \big[I(x+1,y,t+1) - I(x+1,y,t)\big] \\
&\quad + \big[I(x,y+1,t+1) - I(x,y+1,t)\big] + \big[I(x+1,y+1,t+1) - I(x+1,y+1,t)\big]\Big\}
\end{aligned}$$

6.3.2 光流计算方法

根据附加的约束条件和处理方式不同，可以将光流法分为四种类型：基于微分的方法、基于块匹配的方法、基于能量的方法和基于相位的方法，本书主要介绍前两种方法。本节讨论基于微分的方法，其中包括 Horn-Schunck 算法和 Lucas-Kanade 算法。

1. Horn-Schunck 算法

基于微分的方法是在图像经过滤波后利用灰度的时空变化来计算光流。在该类型算法中 Horn-Schunck 算法 (Berthold et al., 1981) 最具有代表性,也是比较经典的方法。

Horn-Schunck 算法的假设条件是:在亮度一致的基础上加上全局平滑的约束。根据光流约束方程,亮度一致性可用光流的误差平方来表示:

$$e^2(x,y) = (I_x \cdot u + I_y \cdot v + I_t)^2 \tag{6.30}$$

全局平滑性可用运动矢量的变化分量的平方和来表示:

$$s^2(x,y) = (u_x)^2 + (u_y)^2 + (v_x)^2 + (v_y)^2 \tag{6.31}$$

式中, $u_x = \dfrac{\partial u(x,y)}{\partial x}$ 、 $u_y = \dfrac{\partial u(x,y)}{\partial y}$ 、 $v_x = \dfrac{\partial v(x,y)}{\partial x}$ 、 $v_y = \dfrac{\partial v(x,y)}{\partial y}$ 分别表示运动矢量对 x 、 y 的偏导数函数。

将亮度一致约束和全局平滑约束结合组成目标函数:

$$E = \iint_{(x,y)\in\Re} [e^2(x,y) + \alpha^2 s^2(x,y)] \mathrm{d}x\mathrm{d}y \tag{6.32}$$

式中, α^2 为平滑度参数,用于控制平滑性约束的强度, α^2 越大,平滑度越高; $\Re$ 为运动估计的定义域,可以是整幅图像,也可以是一个局部窗口。

使用变分法最小化这一目标函数,得到 u 、 v 的最优估值。

变分法可以简单地表述为:对于一维泛函

$$S = \int_{\Re} L(f(x), \dot{f}(x), x) \mathrm{d}x$$

式中, $\dot{f}(x)$ 为函数 $f(x)$ 对 x 的导数函数,其极值点满足如下欧拉-拉格朗日 (Euler-Lagrange)方程:

$$\frac{\partial L}{\partial f} - \frac{\mathrm{d}}{\mathrm{d}x}\frac{\partial L}{\partial \dot{f}} = 0$$

相应地,对于二维泛函

$$S = \int_{\Re} L(f(x,y), f_x(x,y), f_y(x,y), x, y) \mathrm{d}x\mathrm{d}y \tag{6.33}$$

式中, $f_x(x,y)$ 和 $f_y(x,y)$ 分别为函数 $f(x,y)$ 对 x 、 y 的偏导数函数,其极值点满

足如下 Euler-Lagrange 方程：

$$\frac{\partial L}{\partial f} - \frac{\partial}{\partial x}\frac{\partial L}{\partial f_x} - \frac{\partial}{\partial y}\frac{\partial L}{\partial f_y} = 0 \tag{6.34}$$

采用上述变分法，目标函数式(6.32)可以看作关于 x 、y 和函数 $u(x,y)$ 、$v(x,y)$ 及其对 x 、y 的偏导数函数 u_x 、u_y 、v_x 、v_y 的泛函，即式(6.33)中

$$\begin{aligned} L &= L\left(u,u_x,u_y\ x,y\quad v,v_x,v_y,x,y\right) \\ &= (I_x \cdot u + I_y \cdot v + I_t)^2 + \alpha^2\left[(u_x)^2 + (u_y)^2 + (v_x)^2 + (v_y)^2\right] \end{aligned} \tag{6.35}$$

求目标函数式(6.32)的极小值转化为求解如下方程式：

$$\begin{cases} \dfrac{\partial L}{\partial u} - \dfrac{\partial}{\partial x}\dfrac{\partial L}{\partial u_x} - \dfrac{\partial}{\partial y}\dfrac{\partial L}{\partial u_y} = 0 \\[2mm] \dfrac{\partial L}{\partial v} - \dfrac{\partial}{\partial x}\dfrac{\partial L}{\partial v_x} - \dfrac{\partial}{\partial y}\dfrac{\partial L}{\partial v_y} = 0 \end{cases} \tag{6.36}$$

对于式(6.36)，分别计算其中的偏微分项，得到 Euler-Lagrange 方程为

$$\begin{cases} \alpha^2 \cdot \nabla^2 u = I_x^2 u + I_x I_y v + I_x I_t \\ \alpha^2 \cdot \nabla^2 v = I_y^2 v + I_x I_y u + I_y I_t \end{cases} \tag{6.37}$$

式中

$$\nabla^2 u = \frac{\partial^2 u}{\partial x^2} + \frac{\partial^2 u}{\partial y^2}, \quad \nabla^2 v = \frac{\partial^2 v}{\partial x^2} + \frac{\partial^2 v}{\partial y^2}$$

分别表示 u 和 v 在 x 和 y 两个方向的拉普拉斯算子。拉普拉斯算子可以用某一点的速度与其周围速度的平均值之差来近似(有限差分法)，即

$$\nabla^2 u = \bar{u} - u$$
$$\nabla^2 v = \bar{v} - v$$

式中，$\bar{u}$ 、$\bar{v}$ 为 u 、v 的邻域内像素的均值。

于是，式(6.37)可写为

$$\begin{cases} (I_x u + I_y v + I_t)I_x + \alpha^2(u - \bar{u}) = 0 \\ (I_x u + I_y v + I_t)I_y + \alpha^2(v - \bar{v}) = 0 \end{cases} \tag{6.38}$$

方程中，每一个像素点的光流都与其邻域内的光流值有关。因此，整幅图像的所有像点组成了一个大型稀疏线性方程组。此类方程的求解，一般采用迭代求解法，如逐次超松弛(successive over relaxation, SOR)法，可得到雅可比迭代公式为

$$\begin{cases} u = \bar{u} - I_x \dfrac{I_x\bar{u} + I_y\bar{v} + I_t}{I_x^2 + I_y^2 + \alpha^2} \\ v = \bar{v} - I_y \dfrac{I_x\bar{u} + I_y\bar{v} + I_t}{I_x^2 + I_y^2 + \alpha^2} \end{cases} \tag{6.39}$$

在具体运算中，可先假设每个像素的初始光流都为$(0, 0)$，再通过迭代的方式来计算(u, v)：

$$\begin{cases} u^{n+1} = \bar{u}^n - I_x \dfrac{I_x\bar{u}^n + I_y\bar{v}^n + I_t}{I_x^2 + I_y^2 + \alpha^2} \\ v^{n+1} = \bar{v}^n - I_y \dfrac{I_x\bar{u}^n + I_y\bar{v}^n + I_t}{I_x^2 + I_y^2 + \alpha^2} \end{cases} \tag{6.40}$$

式中，n为迭代次数。当相邻两次迭代的结果小于预定阈值时，迭代过程终止。

针对数字序列影像，u、v的均值采用九点均值格式计算，即

$$\bar{u}(x,y) = \frac{1}{6}\big[u(x,y-1) + u(x+1,y) + u(x,y+1) + u(x-1,y)\big]$$

$$+ \frac{1}{12}\big[u(x-1,y-1) + u(x+1,y-1) + u(x+1,y+1) + u(x-1,y+1)\big]$$

$$\bar{v}(x,y) = \frac{1}{6}\big[v(x,y-1) + v(x+1,y) + v(x,y+1) + v(x-1,y)\big]$$

$$+ \frac{1}{12}\big[v(x-1,y-1) + v(x+1,y-1) + v(x+1,y+1) + v(x-1,y+1)\big]$$

该方法的优点是对每个像素点都可以计算一个光流值，生成密集的光流场；缺点是计算比较耗时，对噪声较为敏感。

此外，Horn-Schunck算法对整个运动场或局部窗口施加全局平滑约束，有时此运动平滑假设并不成立。例如，某一运动物体在静止的背景环境下运动，真实的运动场在物体的边缘处应该是不连续的，施加了全局平滑约束，在物体的边界上将引起不精确的运动估计，产生运动边缘现象。

2. Lucas-Kanade 算法

Lucas-Kanade 算法(Lucas et al., 1981)假设在小范围的局部空间内像素的矢量

保持恒定，因此该算法是一种局部光流法，将产生稀疏光流场。

设在图像中像素 (x,y) 的运动向量为 (u,v) ，则在以 (x,y) 为中心的 $m \times m$ 窗口内所有像素的运动向量都为 (u,v) ，可以用加权最小平方最小化目标函数：

$$E(u,v) = \sum_{x,y \in \Omega} \left[W_{m \times m}(x,y) \cdot (I_x u + I_y v + I_t) \right]^2 \tag{6.41}$$

式中， Ω 表示邻域窗口； $W_{m \times m}(x,y)$ 表示窗口权重函数，其作用是调整窗口中不同位置的权重，使邻域中心部分对约束产生的影响比外围部分更大。最小化目标函数就等价于对式 (6.41) 求 u 、 v 的偏导数，使其等于零。

$$\begin{cases} \dfrac{\partial E}{\partial u} = \sum_{x,y \in \Omega} \left[W^2 \cdot I_x \cdot (I_x u + I_y v + I_t) \right] = 0 \\ \dfrac{\partial E}{\partial v} = \sum_{x,y \in \Omega} \left[W^2 \cdot I_y \cdot (I_y v + I_x u + I_t) \right] = 0 \end{cases} \tag{6.42}$$

写成矩阵的形式有

$$\begin{bmatrix} \sum\limits_{x,y \in \Omega} \left(W^2 \cdot I_x^2 \right) & \sum\limits_{x,y \in \Omega} \left(W^2 \cdot I_x I_y \right) \\ \sum\limits_{x,y \in \Omega} \left(W^2 \cdot I_x I_y \right) & \sum\limits_{x,y \in \Omega} \left(W^2 \cdot I_y^2 \right) \end{bmatrix} \begin{bmatrix} u \\ v \end{bmatrix} = - \begin{bmatrix} \sum\limits_{x,y \in \Omega} \left(W^2 \cdot I_x I_t \right) \\ \sum\limits_{x,y \in \Omega} \left(W^2 \cdot I_y I_t \right) \end{bmatrix} \tag{6.43}$$

将其简化为 $\boldsymbol{A}\boldsymbol{U} = \boldsymbol{b}$ 。其中， $\boldsymbol{A} = \begin{bmatrix} \sum\limits_{x,y \in \Omega} \left(W^2 \cdot I_x^2 \right) & \sum\limits_{x,y \in \Omega} \left(W^2 \cdot I_x I_y \right) \\ \sum\limits_{x,y \in \Omega} \left(W^2 \cdot I_x I_y \right) & \sum\limits_{x,y \in \Omega} \left(W^2 \cdot I_y^2 \right) \end{bmatrix}$ ， $\boldsymbol{U} = \begin{bmatrix} u \\ v \end{bmatrix}$ ，

$\boldsymbol{b} = - \begin{bmatrix} \sum\limits_{x,y \in \Omega} \left(W^2 \cdot I_x I_t \right) \\ \sum\limits_{x,y \in \Omega} \left(W^2 \cdot I_y I_t \right) \end{bmatrix}$ 。

由式 (6.43) 得到式 (6.41) 的解为

$$\boldsymbol{U} = \boldsymbol{A}^{-1} \boldsymbol{b} \tag{6.44}$$

与 Horn-Schunck 算法相对应，Lucas-Kanade 算法是一种局部光流法。其优点是运算速度较快，并且能够较好地抑制噪声的影响，缺点是不能得到密集光流场。

除此之外，针对一些特殊的应用环境，广泛采用了一些改进的算法，如改进的微分光流技术、局部与全局相结合计算光流、空间与频率相结合的一些光流计

算方法等，取得了比较理想的效果。

6.3.3　光流运动估计实现

光流法能够很好地实现影像的运动估计，针对无人飞行器序列影像背景复杂、运动较大的特点，可以采用分层处理的局部光流法实现序列影像背景的运动估计。另外，局部光流法能够克服噪声的影响，却不能生成稠密的光流场，然而全局光流法正好与其相反，这样可以将局部光流法与全局光流法相结合，实现两者的优势互补，从而能够更好地实现影像的运动估计。

1. 基于金字塔的局部运动估计

影像金字塔表示法是一种分层的多分辨率的图像表示法，它大大减小了计算量和分析量。采用基于微分的 Lucas-Kanade 算法的金字塔迭代，称为金字塔 Lucas-Kanade 光流法，其具体的计算步骤如下。

步骤 1：用 Lucas-Kanade 算法在金字塔的最顶层计算局域微分光流，得到初始光流值 u_0 和 v_0。

步骤 2：在后面的每一层 i 上进行如下操作。

(1)将第 $i-1$ 层的光流分量计为 u_{i-1}、v_{i-1}。

(2)重采样 u_{i-1}、v_{i-1}，即光流分量分别乘以 2 得到符合第 i 层分辨率的初始光流分量 u_i^*、v_i^*。

(3)在金字塔的第 i 层发生了尺度变化，使得重采样后的光流值并不能作为第 i 层的光流值，而只能作为其初值。因此，在窗口范围，需找到最佳匹配窗口并计算其光流改正值 u_i'　v_i'。

(4)第 i 层上的光流值为 $u_i = u_i^* + u_i'$、$v_i = v_i^* + v_i'$。

步骤 3：重复步骤 2，直至达到金字塔影像的底层。

在图 6.24 中，(a)、(b)为无人飞行器前后相邻的两帧序列影像，场景中无明显的目标。(d)、(e)为另一无人飞行器序列影像，影像中含有较小的运动目标(汽车)，这两组影像的尺寸都为 720×576。(c)为第一组两帧序列影像的金字塔 Lucas-Kanade 光流场。参数设置为：窗口大小为 3×3，金字塔取 6 层，迭代次数为 20 次。(f)为第二组两帧序列影像的金字塔 Lucas-Kanade 光流场。参数设置为：窗口大小为 5×5，金字塔取 7 层，迭代次数为 25 次。从(c)、(f)中的箭头可以直观地看出序列影像背景运动的大小和方向。

2. 基于局部和全局的光流运动估计

在基于微分的方法中，基于全局或局部的微分方法有其优势和缺点，Bruhn 等 (2005)将基于局部和全局的微分方法联合起来，称为 CLG(combined local-global)

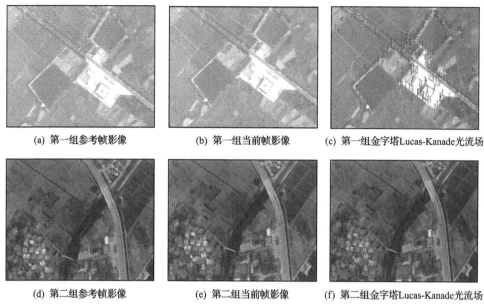

(a) 第一组参考帧影像　　　　(b) 第一组当前帧影像　　　　(c) 第一组金字塔Lucas-Kanade光流场

(d) 第二组参考帧影像　　　　(e) 第二组当前帧影像　　　　(f) 第二组金字塔Lucas-Kanade光流场

图 6.24　金字塔 Lucas-Kanade 光流场（见彩图）

算法，实现了稠密的光流计算方法，同时能很好地抑制噪声。

基于局部的 Lucas-Kanade 算法的能量函数可用式（6.45）来表示，即

$$E(u,v) = \sum_{x,y \in \Omega} \left[W_{m \times m}(x,y) \cdot (I_x u + I_y v + I_t) \right]^2 \qquad (6.45)$$

基于全局的 Horn-Schunck 算法的能量泛函表示为

$$E = \iint \left[(I_x u + I_y v + I_t)^2 + \alpha^2 \left(|\nabla u|^2 + |\nabla v|^2 \right) \right] \mathrm{d}x\mathrm{d}y \qquad (6.46)$$

将这两个约束条件结合起来就得到了新的能量泛函：

$$E_{\mathrm{CLG}} = \iint_{\Omega} \left\{ \left[W \cdot (I_x u + I_y v + I_t) \right]^2 + \alpha^2 \left(|\nabla u|^2 + |\nabla v|^2 \right) \right\} \mathrm{d}x\mathrm{d}y \qquad (6.47)$$

运用变分法最小化能量泛函，得到 Euler-Lagrange 方程为

$$\begin{cases} \alpha^2 \nabla^2 u - (W I_x^2 u + W I_x I_y v + W I_x I_t) = 0 \\ \alpha^2 \nabla^2 v - (W I_y^2 v + W I_x I_y u + W I_y I_t) = 0 \end{cases} \qquad (6.48)$$

式（6.48）与式（6.37）的结构非常相似，只是在光流误差的每一项前加了一个窗

口权函数 W。

与 Horn-Schunck 算法的迭代公式类似，在空域上，CLG 算法光流迭代公式表示为

$$u_i^{k+1} = (1-\omega)u_i^k + \omega \frac{\sum\limits_{j \in N^-(i)} u_j^{k+1} + \sum\limits_{j \in N^+(i)} u_j^k - \dfrac{h^2}{\alpha^2}[WI_x(i)I_y(i)v_i^k + WI_x(i)I_t(i)]}{|N(i)| + \dfrac{h^2}{\alpha^2}[WI_x^2(i)]}$$

$$v_i^{k+1} = (1-\omega)v_i^n + \omega \frac{\sum\limits_{j \in N^-(i)} v_j^{k+1} + \sum\limits_{j \in N^+(i)} v_j^k - \dfrac{h^2}{\alpha^2}[WI_x(i)I_y(i)v_i^{k+1} + WI_y(i)I_t(i)]}{|N(i)| + \dfrac{h^2}{\alpha^2}[WI_y^2(i)]}$$

$$(6.49)$$

将约束条件扩展到空域与时域，可以得到计算光流分量 (u, v) 的迭代公式为

$$u_i^{n+1} = (1-\varphi)u_i^n + \varphi \frac{\begin{aligned}&\sum\limits_{j \in N^-(i)} \frac{\psi_{2i}' + \psi_{2j}'}{2} u_j^{n+1} + \sum\limits_{j \in N^+(i)} \frac{\psi_{2i}' + \psi_{2j}'}{2} u_j^n - \psi_{1i}' \frac{h^2}{\alpha}[WI_x(i)I_y(i)\\ &\qquad\qquad\qquad\qquad\qquad\qquad\qquad\qquad\qquad\quad \cdot v_i^n + WI_x(i)I_t(i)]\end{aligned}}{\sum\limits_{j \in N(i)} \frac{\psi_{2i}' + \psi_{2j}'}{2} + \psi_{1i}' \frac{h^2}{\alpha}[WI_x^2(i)]}$$

$$v_i^{n+1} = (1-\varphi)v_i^n + \varphi \frac{\begin{aligned}&\sum\limits_{j \in N^-(i)} \frac{\psi_{2i}' + \psi_{2j}'}{2} v_j^{n+1} + \sum\limits_{j \in N^+(i)} \frac{\psi_{2i}' + \psi_{2j}'}{2} v_j^n - \psi_{1i}' \frac{h^2}{\alpha}[WI_x(i)I_y(i)\\ &\qquad\qquad\qquad\qquad\qquad\qquad\qquad\qquad\qquad\quad \cdot v_i^n + WI_y(i)I_t(i)]\end{aligned}}{\sum\limits_{j \in N(i)} \frac{\psi_{2i}' + \psi_{2j}'}{2} + \psi_{1i}' \frac{h^2}{\alpha}[WI_y^2(i)]}$$

$$(6.50)$$

在式 (6.49) 和式 (6.50) 中，下标 i、j 表示像元索引；ω、φ 为控制收敛速度的参数，一般取值为 $0 \sim 2$；α^2 为控制平滑度的参数；W 为窗口权函数；h 为窗口的大小；$N(i)$ 为第 i 个像元的邻域，$|N(i)|$ 为第 i 个像元邻域内的像素总数，将 $N(i)$ 分为 $N^+(i)$　$N^-(i)$ 两部分，$N^-(i) = \{j \in N(i) \mid j < i\}$，$N^+(i) = \{j \in N(i) \mid j > i\}$，下标 j 表示第 i 个像元邻域内的第 j 个像元。

利用基于局部和全局的光流法(空域上)对无人飞行器序列影像进行运动估计。在图 6.25 中，(a) 和 (b) 为原始序列影像，(c) 为运动估计得到的光流场示

意图。

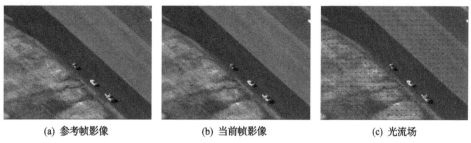

(a) 参考帧影像　　　　　　　(b) 当前帧影像　　　　　　　(c) 光流场

图 6.25　光流估计结果(见彩图)

6.3.4　背景运动补偿

若序列影像中只存在整体平移运动，则可直接将所有像素的光流平均值作为每个像点的运动矢量，对当前帧影像重采样可得到补偿后的影像，即实现了背景运动补偿。

当序列影像中存在较为复杂的运动时，可采用仿射运动模型进行背景运动补偿。仿射运动模型的表达式为

$$\begin{bmatrix} x' \\ y' \end{bmatrix} = \begin{bmatrix} a_1 x + a_2 y + a_3 \\ a_4 x + a_5 y + a_6 \end{bmatrix} \tag{6.51}$$

$$\begin{cases} u(x, y) = x' - x \\ v(x, y) = y' - y \end{cases} \tag{6.52}$$

式中，(x, y) 为参考帧影像的像点坐标；(x', y') 为当前帧影像的对应像点坐标；$u(x, y)$、$v(x, y)$ 分别为光流的水平分量和垂直分量；$(a_1, a_2, a_3, a_4, a_5, a_6)$ 为仿射运动参数。

在计算出大量像点的光流矢量后，利用最小二乘法最优化式(6.51)可得到最优的 6 个仿射运动参数。此时当前帧影像与参考帧影像之间的仿射变换矩阵为

$$A = \begin{bmatrix} a_1 & a_2 & a_3 \\ a_4 & a_5 & a_6 \end{bmatrix} \tag{6.53}$$

通过重采样得到背景运动补偿后的影像。为了直观地观察背景运动补偿后的效果，首先利用仿射运动六参数法建立背景运动参数模型进行背景运动补偿，然后进行差分计算。图 6.26 中，(a) 为参考帧影像，(b) 为当前帧影像补偿结果，(c) 为背景运动补偿后差分结果。从图 6.26 中可以看出，经过背景运动补偿后，运动

目标(车辆)被检测出来。

(a) 参考帧影像　　　　　(b) 当前帧影像补偿结果　　　(c) 背景运动补偿后差分结果

图 6.26　背景运动补偿与差分结果(见彩图)

6.4　基于块的运动估计

基于块的运动估计是二维运动估计通用的算法,也是无人飞行器序列影像全局运动估计的主要方法。其主要思想是:把序列影像分成一定大小且规则的影像块,每个影像块具有唯一的运动矢量(距离和方向)。对影像块的运动进行分析,找出前后帧图像各部分的对应关系。

6.4.1　块运动模型

要对影像块进行运动分析,首先要建立块运动模型。

块运动模型假设整幅影像由运动的影像块构成,一般分为两种类型的块运动模型:块平移模型和可变形块模型(张晓燕等,2014)。

1. 块平移模型

块平移模型假设每个块只做平移运动,设参考帧影像中影像块 B 的像点坐标为 (x, y) ,在当前帧影像中影像块 B 平移到 $B'(x + \Delta x, y + \Delta y)$,影像块 B 中所有点可表示为

$$B'(x', y') = B'(x + \Delta x, y + \Delta y) = B(x, y) \tag{6.54}$$

式中,平移向量 $(\Delta x, \Delta y)^{\mathrm{T}}$ 为像点 (x, y) 的运动矢量。一般情况下, $(\Delta x, \Delta y)$ 取整数,在精度要求较高时,也可取实数。

在块平移模型中,每个块被认为具有单一的运动矢量,如图 6.27 所示。

块平移模型的优点是实现简单,每个块只需要一个运动矢量,不需要很多附加条件来表示运动场,因此块平移模型用于运动估计和运动补偿具有较大的通用性。

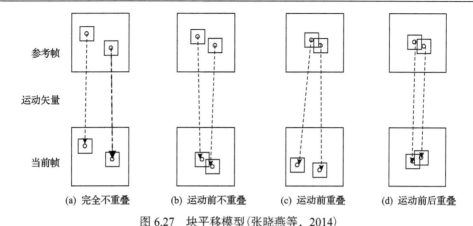

参考帧

运动矢量

当前帧

(a) 完全不重叠　　　(b) 运动前不重叠　　　(c) 运动前重叠　　　(d) 运动前后重叠

图 6.27　块平移模型(张晓燕等，2014)

2. 可变形块模型

可变形块模型可以对物体的旋转、缩放、变形等进行建模。块运动参数不再是简单的一个平移参数，而是一些空间变换参数。常用的可变形块模型有投影运动模型、仿射运动模型和双线性运动模型等。

投影运动模型：

$$\begin{cases} x' = \dfrac{a_1 + a_2 x + a_3 y}{1 + c_1 x + c_2 y} \\ y' = \dfrac{b_1 + b_2 x + b_3 y}{1 + c_1 x + c_2 y} \end{cases} \tag{6.55}$$

仿射运动模型：

$$\begin{cases} x' = a_1 + a_2 x + a_3 y \\ y' = b_1 + b_2 x + b_3 y \end{cases} \tag{6.56}$$

双线性运动模型：

$$\begin{cases} x' = a_1 + a_2 x + a_3 y + a_4 xy \\ y' = b_1 + b_2 x + b_3 y + b_4 xy \end{cases} \tag{6.57}$$

式(6.55)~式(6.57)中，(x, y) 表示参考帧像点坐标；(x', y') 表示当前帧像点坐标；a_i、b_i、$c_i (i = 1, 2, 3, 4)$ 表示模型参数。

由于可变形块模型需要的运动参数较多，运算效率不高，本书主要采用块平移模型实现全局运动估计，相应的运动估计方法主要包括相位相关法和块匹配法。

6.4.2　块匹配法运动估计

块匹配的基本思想是：首先将序列影像进一步划分为大小相同、互不重叠的图像块，并认为图像块内所有像素具有运动一致性(位移一致)；然后对当前帧中的每个图像块，在参考帧的特定搜索范围(搜索窗口)内根据一定的匹配准则找出与当前帧中图像块最相似的图像块，即匹配图像块；匹配图像块与当前帧中图像块的相对位移即运动矢量。块匹配运动估计的基本原理如图 6.28 所示。

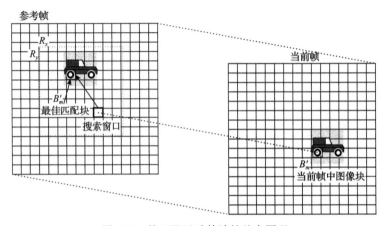

图 6.28　块匹配运动估计的基本原理

1. 块匹配运动估计的匹配准则

运动搜索的目的就是在搜索窗口范围内寻找与当前块最为匹配的数据块，这样就需要定义一个匹配准则来判断两个块是否匹配成功。一方面，匹配准则的精确与否影响着运动估计的准确性；另一方面，匹配准则的复杂度也影响着运动估计的速度。

在目前各种搜索算法中，常见的匹配准则有平均绝对误差(median absolute deviation，MAD)函数、绝对差值和(sum of absolute difference，SAD)函数、归一化互相关函数(normalized cross-correlation functions，NCCF)、均方误差(mean square error，MSE)函数、最大化最小误差(maximum minimum error，MME)函数等。

平均绝对误差函数：

$$\mathrm{MAD}(i,j) = \frac{1}{MN}\sum_{m=1}^{M}\sum_{n=1}^{N}\left| f_k(m,n) - f_{k-1}(m+i,n+j) \right| \tag{6.58}$$

绝对差值和函数：

$$\text{SAD}(i,j) = \sum_{m=1}^{M} \sum_{n=1}^{N} \left| f_k(m,n) - f_{k-1}(m+i,n+j) \right| \tag{6.59}$$

归一化互相关函数：

$$\text{NCCF}(i,j) = \frac{\displaystyle\sum_{m=1}^{M} \sum_{n=1}^{N} \left| f_k(m,n) - f_{k-1}(m+i,n+j) \right|}{\sqrt{\displaystyle\sum_{m=1}^{M} \sum_{n=1}^{N} f_k^2(m,n)} \sqrt{\displaystyle\sum_{m=1}^{M} \sum_{n=1}^{N} f_{k-1}^2(m+i,n+j)}} \tag{6.60}$$

均方误差函数：

$$\text{MSE}(i,j) = \frac{1}{MN} \sum_{m=1}^{M} \sum_{n=1}^{N} \left[f_k(m,n) - f_{k-1}(m+i,n+j) \right]^2 \tag{6.61}$$

最大化最小误差函数：

$$\text{MME}(i,j) = \max \left| f_k(m,n) - f_{k-1}(m+i,n+j) \right| \tag{6.62}$$

式(6.58)～式(6.62)中，块的大小为 $M \times N$；(i,j) 为位移量；f_k 和 f_{k-1} 分别为当前帧和参考帧的像素值。在上述匹配准则中，取 MAD 函数、SAD 函数、MSE 函数和 MME 函数的最小值为最优匹配点，取 NCCF 的最大值为最优匹配点。

上述各种误差匹配准则各有优缺点，不同的场合使用不同的匹配准则会有更好的效果。MSE 函数和 NCCF 需要用到乘方运算，实际占用较多的资源，且计算复杂度高，但其精度最高；MME 函数太过简单，没有能够很好地使用匹配块所包含的特征信息，因此不能保证运动估计的精度；MAD 函数和 SAD 函数只需进行加法运算和简单的乘法运算，计算量较小，精度一般也能满足要求。因此，MAD 函数和 SAD 函数应用最为广泛。

2. 典型搜索算法

典型搜索算法包括全搜索(full search，FS)算法、三步搜索(three step search，TSS)算法、新三步搜索(new three step search，NTSS)算法和基于块的梯度下降搜索(block-base gradient descent search，BBGDS)算法四种。

1) 全搜索算法

全搜索算法也称为穷尽搜索算法，是一种最简单的搜索算法。以绝对差值和函数作为匹配准则为例，该算法搜索所有可能的候选位置计算 SAD 函数值来找出最小的 SAD，其对应的位置偏移值就是要求的运动矢量值。全搜索算法计算量很大，不过它是最简单也是最可靠的搜索算法，使用全搜索算法可以找到全局最优匹配点。全搜索算法有两种搜索顺序：光栅扫描顺序和螺旋扫描顺序，如图 6.29 所示。

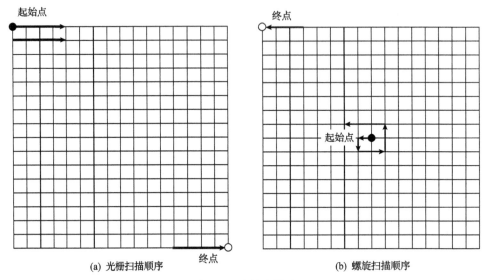

(a) 光栅扫描顺序　　　　　　　　　　　(b) 螺旋扫描顺序

图 6.29　全搜索算法

在光栅扫描顺序中，将搜索窗口的左上角作为搜索的起始点，并且按照光栅扫描的顺序对搜索窗口内每个点的 SAD 函数值进行计算，如图 6.29 (a) 所示；在螺旋扫描顺序中，搜索的起始点位于搜索窗口的中心处，按照螺旋扫描顺序计算搜索窗口内每个点的 SAD 函数值，如图 6.29 (b) 所示。

全搜索算法遍历所有的搜索范围来找到最优匹配块，因此它的搜索精度最高、所产生的残差系数最小。全搜索算法的原理简单，并且容易在硬件上实现，因而得到了广泛应用。

近年来，快速算法的研究得到了广泛关注，研究学者提出了很多快速算法。很多运动估计的快速算法从降低匹配函数复杂度和减少搜索点数等方面进行了改进，早期的运动估计改进算法主要有三步搜索算法、二维对数搜索(two-dimensional logarithm search, TDLS)算法和变方向搜索(conjugate direction search, CDS)算法，这些快速算法主要建立在误差曲面呈单峰分布，存在唯一的全局最小点假设。后来为了进一步提高计算速度和预测矢量精度，利用运动矢量的中心偏移分布特性来设计搜索样式，相继提出了新三步搜索算法、四步搜索(four step search, FSS)算法、基于块的梯度下降搜索算法、菱形搜索(diamond search, DS)算法和六边形搜索(hexagon-base search, HEXBS)算法等。

实际上，快速的运动估计算法就是在运动矢量的精确度和搜索过程中的计算复杂度之间进行折中，寻找最优平衡点。

2) 三步搜索算法

三步搜索算法是由 Koga 等 (1981) 提出的一种应用相当广泛的运动估计算法。三步搜索算法的基本思想是，使用一种由粗到细的搜索模型，从零矢量开始，选取一定的步长，取周围 8 个点进行匹配，直到搜索到最小误差值点。当三步搜索算法的搜索窗口大小为 15×15、搜索精度取 1 个像素时，步长为 4、2、1，共需要三步即可满足要求，因此称为三步搜索算法，算法的具体步骤如下。

步骤 1：选取最大搜索长度为步长，在原点和原点周围距离为步长的 8 个点（共 9 个点）处进行块匹配计算并比较。

步骤 2：将步长减半，中心点移到步骤 1 的最小块误差 (mininum block distortion，MBD) 点，重新在周围距离为步长的 8 个点处进行块匹配计算并比较。

步骤 3：在中心及周围 8 个点处找出 MBD 点，若步长为 1，则该点所在位置即对应最优运动矢量，算法结束；否则重复步骤 2。

图 6.30 是三步搜索算法原理图。

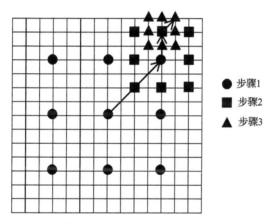

图 6.30　三步搜索算法原理图

三步搜索算法共搜索 9+8+8=25 个点，这相对于全搜索算法计算量有了很大的降低。三步搜索算法作为一种比较典型的快速算法，在基本保持与全搜索算法一致性能的基础上，其计算量约为全搜索算法的 10%。与全搜索算法相比，三步搜索算法也有缺点：步骤 1 步长较大，在搜索范围较大时，导致搜索过于粗糙，使得步长和运动矢量相差太大，这样容易陷入局部最优，导致搜索精度下降。

3) 新三步搜索算法

新三步搜索算法是由 Li 等 (1994) 提出的。作为对三步搜索算法的一种改进，新三步搜索算法拥有更优的性能。新三步搜索算法利用运动矢量的中心偏置特性，在原有三步搜索算法的步骤 1 搜索点的基础上增加了中心点的 8 个邻域点作为搜索点，并且采用了提前终止的策略。该算法加强了对中心区域的搜索，对运动较小或静止的序列影像具有很好的效果。其具体的算法步骤如下。

步骤 1：在原有三步搜索算法步骤 1 搜索点的基础上再增加中心点的 8 个邻域点作为搜索点。

步骤 2：提前终止策略用于估计静止及半静止块的运动矢量。若 MBD 点在出现在搜索窗口的中心，则停止搜索。若 MBD 点出现在中心点的 8 个邻域中，则以 MBD 点为中心计算其 8 个邻域，找出 MBD 点。重复前面的步骤，直到 MBD 点现在中心。若 MBD 点出现在四个角点上，则执行三步搜索算法的步骤 2 和步骤 3。

图 6.31 是新三步搜索算法原理图。

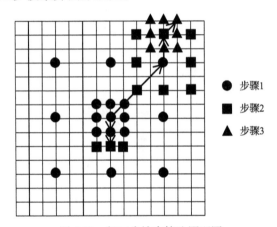

图 6.31　新三步搜索算法原理图

假设选取的搜索窗口为 15×15，在最好的情况下，新三步搜索算法只需要对 17 个点进行匹配(第一步搜索，MBD 点在中心)，在最坏的情况下，增加了原点为中心的 8 个点的计算，需要对 25+8=33 个点进行匹配，对于运动较小的块(运动范围在±2 个像素内)需要对 20 或 22 个点进行匹配。根据运动矢量的中心偏置特性，可以知道运动矢量通常分布在搜索窗口中心附近一个较小范围内的概率很大，因此新三步搜索算法充分利用运动矢量的中心偏置特性进行搜索，不仅提高了匹配的速度，而且使得运动搜索陷入局部最优的可能性降低了很多。提前中止策略的采用可以加快搜索的速度，这一技术也得到后面算法的广泛使用。

4) 基于块的梯度下降搜索算法

基于块的梯度下降搜索算法是 Liu 等(1996)提出的。与其他快速算法一样，基于块的梯度下降搜索算法是基于以下假设进行的：运动估计的匹配误差随着搜索方向沿着全局 MBD 点的位置移动而减小，并且误差曲面函数是单调的。基于块的梯度下降搜索算法充分利用了运动矢量的中心偏置特性，其搜索的模板是由搜索中心邻近 3×3 的 9 个点构成的。与三步搜索算法和新三步搜索算法相比，基于块的梯度下降搜索算法不限定搜索的步数。当基于块的梯度下降搜索算法某一步对匹配点进行计算时，若 MBD 点位于中心位置或者已经达到搜索窗口的边缘，则停止搜索。基于块的梯度下降搜索算法的具体步骤如下。

步骤 1：以当前块搜索窗口中心 (0, 0) 为中心，使用步长为 1 的 3×3 搜索窗口对周围的 9 个点进行搜索。

步骤 2：若 MBD 点在搜索窗口的中心，则结束当前搜索，运动矢量为 (0, 0)；否则，以步骤 1 的 MBD 点为中心，重复步骤 1。

如图 6.32 (a) 所示，基于块的梯度下降搜索算法的步骤 1 以①点为中心，若 MBD 点为①点所在位置，则得到运动矢量，搜索结束；否则，步骤 2 的中心点可能是②点（边点，需要增加三个搜索点）或者③点（角点，需要增加 5 个搜索点）。图 6.32 (b) 演示了使用基于块的梯度下降搜索算法搜索到运动矢量 (4, –2) 的过程，点 (1, 0)、(2, –1)、(3, –2)、(4, –2) 是依次搜索的 MBD 点。基于块的梯度下降搜索算法初始搜索时利用了运动矢量的中心偏置特征来搜索匹配块，基于块的梯度下降搜索算法匹配的每一步中都对块进行了搜索，而不是对单纯的点进行了搜索，降低了陷入局部最优点的可能性；基于块的梯度下降搜索算法对搜索模式中的一个小搜索块 (3×3) 进行匹配，找出最匹配的点并设定梯度下降方向，沿着这个方向进行运动矢量的搜索，加快了搜索的速度，从而大大降低了算法的复杂度。

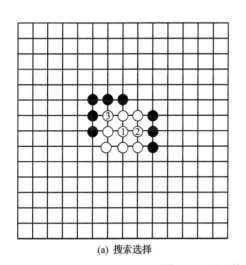

(a) 搜索选择

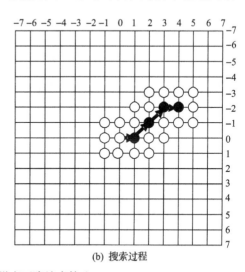

(b) 搜索过程

图 6.32   基于块的梯度下降搜索算法

此外，还有一些快速算法，如四步搜索算法、菱形搜索算法、二维对数搜索算法、交叉搜索算法、运动矢量场自适应搜索算法、遗传搜索算法等。前面介绍的都是基于整数像素精度的，若需要进行子像素精度搜索，则可以在各个算法最后一步的最佳匹配点邻域内进行插值操作，进而进行子像素精度搜索。

6.4.3　背景运动补偿

以块运动模型中的仿射运动模型为例，建立六参数运动估计模型为

$$\begin{bmatrix} x' \\ y' \end{bmatrix} = \begin{bmatrix} a_1 x + a_2 y + a_3 \\ a_4 x + a_5 y + a_6 \end{bmatrix} \tag{6.63}$$

式中，(x, y)为参考帧影像块中的像点坐标；(x', y')为当前帧影像块中的对应像点坐标；$(a_1, a_2, a_3, a_4, a_5, a_6)$为仿射运动的参数。

根据计算得到的各个块中的对应像点坐标，对每一个影像块建立方程组，利用最小二乘法最优化式(6.63)可得到每个影像块最优的 6 个仿射运动参数。对于块匹配法运动估计，在参考帧和当前帧之间正确匹配的影像块中心像点坐标即可认为是对应像点坐标。

于是，当前帧与参考帧影像块之间的仿射变换矩阵为

$$A = \begin{bmatrix} a_1 & a_2 & a_3 \\ a_4 & a_5 & a_6 \end{bmatrix} \tag{6.64}$$

通过对每个影像块进行重采样得到背景运动补偿后的影像。

6.5　基于网格和区域的运动估计

除基于特征的运动估计、基于光流的运动估计以及基于块的运动估计之外，实际应用较多的还有基于网格的运动估计和基于区域的运动估计。

6.5.1　基于网格的运动估计

由于块匹配法使用规则的块模型，所以各个块模型中的运动参数都是独立规定的。除非邻近块的运动参数被约束得非常平滑，否则所估计的运动场通常是不连续的，有时还是混乱的，如图 6.33(a)所示。解决这个问题的一个办法是采用基于网格的运动估计。如图 6.33(b)所示，当前帧被一个网格所覆盖，运动估计的问题是寻找每一个节点(这里的节点指任意形状的运动区域的部分边界特征点)的运动，使得当前帧中每一个元素内(即任意形状的运动区域)的图案与参考帧中相应的变形元素很好地匹配。

基于网格的运动估计的基本思想是：当前帧被分割为不重叠的多边形单元(网格)，运动估计为网格的每个节点在参考帧找到对应点(即得到其运动矢量)，其余点的位移矢量由节点的运动矢量插值得到。只要当前帧的节点仍构成一个可行的

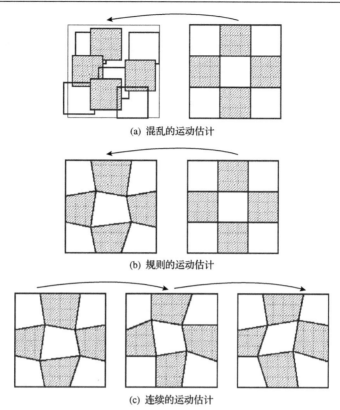

(a) 混乱的运动估计

(b) 规则的运动估计

(c) 连续的运动估计

图 6.33 两帧之间的运动估计（张晓燕等，2014）

网格，就可保证基于网格的运动估计是连续的，不会有与基于块的运动估计相关联的块失真。另外，基于网格的运动估计能够连续地跟踪相继帧上相同的节点集，这在需要物体跟踪的应用中是很好的。如图 6.33（c）所示，可以首先为初始帧生成一个网格，然后在每两帧之间估计其节点的运动。每一个新帧都使用前一帧所产生的网格，使得相同的节点集在所有的帧内得到跟踪。这在基于块的运动估计中是不可能实现的。该算法的步骤如下。

步骤 1：建立网格，希望每个多边形单元内的点都具有相同的运动特性，这要求节点尽量多，但是过多的节点会产生大量的运动信息，这是视频压缩不希望看到的，通常网格可分为规则网格和自适应网格两种。

步骤 2：估计网格节点的运动，需要最小化位移帧差函数，可以基于一阶梯度或二阶梯度进行迭代，通常基于二阶梯度的迭代收敛速度较快，但很容易得到较差的局部最小值。各个算法估计节点运动矢量的先后顺序也有所不同，有的按光栅扫描顺序估计每个节点的运动，有的根据节点处图像梯度值进行排序估计，也有的将节点分组进行估计。

当使用基于网格的运动估计时,其模型可以看作橡胶板的变形,是各处连续的。在序列影像中,物体边界处的运动经常是不连续的,更精确的表示可以对不同的物体使用分离的网格。与基于块的运动估计一样,基于网格的运动估计的精度依赖节点数。只要使用足够数量的节点,就可以重现非常复杂的运动场。为了使所需要的节点数最少,网格的选择应该自适应成像场景,使每个元素中的真实运动是平滑的(即可以由节点的运动精确地进行内插)。如果使用一个常规的网格,那么为了精确地近似运动场就需要大量的节点。

6.5.2 基于区域的运动估计

在一个三维场景中,通常存在不同类型的运动(可能属于不同类型的物体或一个物体的不同部分)。基于区域的运动估计的基本思想是:首先将视频影像分割为多个区域,每个区域对应一个特定的运动,然后为每个区域估计运动参数。真实的物体运动通常不能用简单的平移模型来表示,因此区域运动模型一般可使用仿射模型、双线性模型和投影运动模型。

基于区域的运动估计有以下 3 种。

(1)区域优先法。首先基于当前帧的纹理、边缘信息进行区域分割,然后估计每个区域的运动参数,此方法称为区域优先法。

(2)运动优先法。首先估计整个运动场,可以由前面提到的基于光流、像素、块和网格等方法得到,然后对运动场进行分割,使得每个区域都可以用一个参数模型来描述,此方法称为运动优先法。

(3)联合区域分割和运动估计法。该方法将区域分割和运动估计联合进行,一般采用迭代法交替进行区域分割和运动参数估计。

1. 区域优先法

对于较简单的视频影像,如视频电话、视频会议等,可以基于图像的边缘信息进行区域分割,也可以使用区域连接增长的方法得到区域分割。

当前帧区域分割完毕后,需要为每个区域估计运动参数,令 $I_1(x)$ 和 $I_2(x)$ 表示当前帧和参考帧,$I_1(x)$ 中第 n 个区域表示为 R_n,R_n 中像素 x 的运动表示为 $d(x \quad a_n)$。其中,a_n 表示区域 R_n 的运动参数矢量,可以是仿射模型、双线性模型和投影运动模型中的任意一种。定义区域 R_n 上的误差函数为

$$E = \frac{1}{2} \sum_{x \in R_n} \left[I_2(x + d(x \quad a_n)) - I_1(x) \right]^2 \tag{6.65}$$

最小化误差函数可得到参数矢量 a_n。

2. 运动优先法

运动优先法是指把运动场分成多个区域，使每个区域中的运动都可以由单一的运动参数集来描述。这里给出两种实现方法：第一，使用聚类技术确定相似的运动矢量；第二，采用分层技术从占主导运动的区域开始，相继估计区域和相应的运动。

1) 聚类

对于每个区域的运动模型是纯平移的情况，采用自动聚类分割方法(如 K 均值方法)把所有具有类似运动矢量的空间相连的像素分组到一个区域。该分割过程是一个迭代过程，首先从一个初始分割开始计算每个区域的平均运动矢量(称为质心)，然后每个像素被重新划分到其质心最接近该像素运动矢量的区域，从而产生一个新的分割，重复这两步，直到分割不再发生变化。在分割过程中，没有考虑空间的连通性，得到的区域可能包含空间不连通像素，这样在迭代的末尾可以加一个后处理步骤，以改善所得到区域的空间连通性。当每个区域的运动模型不是一个简单的平移时，不能用运动矢量间的相似性作为准则来进行聚类，这种基于运动的聚类比较复杂，此时可以给像素邻域分配一个映射运动模型，计算映射运动模型的参数矢量，以运动参数矢量为基本的观察量进行类似的聚类迭代过程，如果运动场由基于网格或基于可变形块的方法得到，那么可以将运动参数矢量相近的网格单元或影像块合并成区域。

2) 分层

实际中，可以把运动场分解为不同的层，第一层表示主导的运动，第二层表示次主导的运动，以此类推。这里，运动的主导性是由进行相应运动的区域范围决定的。主导的运动通常反映摄像机的运动，影响整个区域。例如，在网球比赛的视频剪辑中，背景是第一层，一般进行一致的全局运动；运动员是第二层，通常包含对应于身体不同部位的运动的几个子物体级的运动；球拍是第三层；球是第四层。为了提取不同层的运动参数，可以递归地使用健壮估计方法。首先，尝试使用单个参数集来模型化整个帧的运动场，并且连续地从剩余的内围层中去掉外露层像素，直到所有内围层中的像素能够被很好地模型化。这样便产生了第一个主导区域(相应于内围层区域)和与之相关的运动。然后，对剩余的像素(外露层区域)利用同样的方法，确定次主导区域及其运动。持续进行这个过程直到没有外露层像素。与前面一样，在迭代的末尾可启用后处理以改善所得区域的空间连通性。

为了使这种方法能很好地工作，在任何一次迭代中，内围层区域都必须明显大于外露层区域。这意味着，最大的区域必须大于所有其他区域的联合，次最大区域必须大于剩余区域的联合。这个条件在大多数视频场景中可以得到满足，它通常含有一个静止的覆盖大部分图像的背景和具有变化尺寸的不同的运动物体。

3. 联合区域分割和运动估计法

　　从理论上讲，可以把区域分割图和每个区域运动参数的联合估计公式变换为一个最优化问题，最小化目标函数可以是运动补偿预测误差和区域平滑度量的结合。然而，因为高维的参数空间和这些参数之间复杂的相互依赖关系，所以解决这个最优化问题是困难的。在实际应用中，经常采用次优化的方法，即轮换地进行分割估计和运动参数估计。基于初始的分割，估计每一个区域的运动，在下一次迭代中，优化这个分割。例如，首先去掉每个预测误差大的区域中的外露层像素，合并共用相似运动模型的像素，然后重新估计每个优化区域的运动参数，持续这个过程直到分割图不再发生变化。另一个方法是以分层的方式估计区域及其相关的运动，这类似于前面所述的分层方法。这里假定每一个点的运动矢量都是已知的，使用一个运动参数集表示各个运动矢量所造成的匹配误差来确定最主导运动区域(即内围层)，这实质上是前面介绍的间接健壮估计法。在联合区域分割和运动估计法中，为了从剩余的像素中提取次主导区域和相关运动，可以使用直接健壮估计法，即通过最小化这些像素的预测误差来直接估计运动参数。运动参数一旦确定，通过检验像素的预测误差，就可以确定该像素是否属于内围层，进而通过只最小化内围层像素的预测误差来重新估计运动参数。

参 考 文 献

贾云德. 2000. 机器视觉[M]. 北京: 科学出版社.

张晓燕, 单勇, 付艳军. 2014. 数字视频处理及应用[M]. 西安: 西安电子科技大学出版社.

Berthold K, Bian G. 1981. Determing optical flow[J]. Artificial Intelligence, 17(1):185-203.

Bruhn A, Weickert J, Schnorr C. 2005. Lucas/Kanade meets Horn/Schunck: Combining local and global optic flow methods[J]. International Journal of Computer Vision, 61(3): 211-231.

Fischler M, Bolles R. 1981. Random sample consensus: A paradigm for model fitting with applications to image analysis and automated cartography[J]. Communications of the ACM, 24(6):381-395.

Harris C, Stephens M. 1988. A combined corner and edge detector[C]. Proceedings of the Alvey Vision Conference, Manchester: 1-6.

Koga T, Iinuma K. 1981. Motion compensated inter-frame coding for video conferencing[C]. Proceeding of National Telesystems Conference, New Orleans: 85-90.

Li R, Zeng B, Liou M. 1994. A new three-step search algorithm for block motion estimation[J]. IEEE Transactions on Circuits and Systems on Video Technology, 4(4): 438-442.

Liu L, Feig E. 1996. A block-based gradient descent search algorithm for block motion estimation in video coding[J]. IEEE Transactions on Circuits and Systems for Video Technology, 6(4):

419-422.

Lowe D. 2004. Distinctive image features from scale-invariant key points[J]. International Journal of Computer Vision, 60(2): 91-110.

Lucas B, Kanade T. 1981. An iterative image registration technique with an application to stereo vision[C]. The 7th International Joint Conference on Artificial Intelligence, Vancouver: 674-679.

第7章 视 频 编 码

作为一种典型的序列影像，视频影像是运动目标分析的主要数据源。在实际应用中，视频数据的处理与分析一般采用数字形式，为了获取高清晰度的视频，需要有高精度的视频采集设备。但是，高精度的数据采集会产生大的数据量，这会给存储和传输带来压力。对于一幅未经压缩的 1920×1080 像素原始图像，如果每个像素用 24bit 表示，那么图像需要的存储空间为 1920×1080×3=6220800B，约为 6Mbit。对于视频影像，一段分辨率为 1920×1080 像素和 30 帧/s、时长 1h 的视频，存储空间为 1920×1080×3×30×3600=671846400000B，约为 626Gbit。这样的数据量，无论是存储还是传输都是无法承受的，也就是说未经压缩的视频影像在人们工作生活中是无法存储、传输和使用的。经过分析不难发现，视频采集过程中存在数据冗余，这些数据冗余有一定的规律可循。因此，有可能利用这些规律进行编码处理实现视频的压缩，从而便于视频的存储和传输。

视频编码主要研究如何对视频数据进行编码，从而去除视频数据冗余。本章主要从视频数据冗余、游程编码、变换编码、预测编码、量化、熵编码、视频影像质量评价、视频编码标准 8 个方面对视频编码技术进行介绍。

7.1 视频数据冗余

视频在数字化过程中产生数据冗余，从数字信号的统计特征方面，一般将这些数据冗余分为空间冗余、时间冗余和信息熵冗余(高文等，2018)。从更高层次的人类认知层面归纳，还可以将数据冗余分为视觉冗余、知识冗余和结构冗余等。

7.1.1 视频数据冗余类型

空间冗余是静态图像存在的最主要的数据冗余类型，如图 7.1 所示，一幅图像中有较大的背景区域，在此区域中所有点的亮度、色彩以及饱和度都非常相似，这种空间连贯性称为空间相关或空间冗余。

时间冗余是序列影像中经常包含的冗余，序列影像中的相邻帧往往包含相同或相似的背景和运动物体，只不过运动物体所在的位置略有不同。这种相邻帧间数据的高度相关性称为时间冗余。

信息熵冗余也称为编码冗余。由信息论可知，为表示图像数据的一个像素点，只要按照其信息熵的大小分配相应比特数即可。对于实际图像数据的每一个像素，在图像获取时很难得到它的信息熵，因此通常对每个像素采用相同的比特数来表示，这样就必然存在冗余，这种冗余称为信息熵冗余。

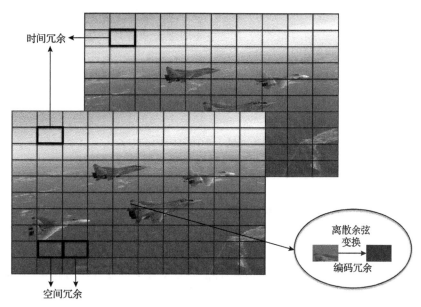

图 7.1　视频数据冗余类型

人眼的视觉系统并不完美，对图像的敏感性是非均匀和非线性的。例如，人眼对某些失真并不敏感，感觉不到图像的某些细微变化，这些细微变化信息即使丢失，人眼也感受不到，因此由量化误差引起的图像变化在一定范围内就不会被人眼察觉。在记录原始的图像数据时，通常假定视觉系统是线性和均匀的，对视觉敏感和不敏感的部分同等对待，这样就产生了比理想编码更多的数据，这就是视觉冗余。

图像中所包含的某些信息与人们的一些先验知识有关。例如，人脸的图像有固定的结构，五官之间的相对位置信息也是固定的。这类规律性的结构可以由先验知识和背景知识得到，此类冗余称为知识冗余。根据已有的知识，可以构造某些图像中所包含的物体的基本模型，并创建对应各种特征的图像库，这样图像的存储只需要保存一些特征参数，从而可以大大减少数据量。知识冗余是模型编码使用的主要特性。

结构冗余是指视频影像中存在很强的纹理结构或自相似性。对于有些影像的纹理区域，其像素值之间存在明显的分布模式，如方格状的地板图案、白色的墙面等。若已知某种像素的分布模式，则可以通过某一特定过程生成图像。

7.1.2　视频数据冗余去除方法

经过几十年的研究，人们已经找到了许多有效去除空间冗余、时间冗余和编码冗余的方法。

　　消除空间冗余一般有两种有效的方法。第一种方法是基于预测的方法,即通过预测估计去除空间过采样带来的冗余。基于预测的方法利用周边像素点来预测当前像素点的像素值,通常基于自适应滤波器理论来进行方法设计。第二种方法是使用正交变换,即变换编码,将空域图像信号的像素矩阵变换到频域进行处理,根据不同频率信号对视觉质量贡献的大小进行数据表达和比特再分配,这样可以纠正空域上均匀采样的不合理表达。同时,在比特再分配的过程中综合考虑去除视觉冗余的需要,省略过分精细的高频分量表达,实现有效压缩。变换编码于 20世纪 60 年代后期被引入视频编码领域,70 年代的前几年,人们发现对于去除空间冗余,变换编码是性能最好的算法。当然,预测编码方法和基于变换的方法也可以组合使用。

　　对于时间冗余的消除,一般使用基于预测的方法,即时域预测编码,主要原因是视频信号在时间轴方向上的采样是离散的,因此在这个方向上实施变换操作缺乏依据。预测编码于 1952 年提出,同年用于视频编码。1969 年,运动补偿预测技术被提出,该项技术使得预测编码性能获得了极大的改进。20 世纪 70 年代中期,预测编码开始与变换编码结合起来使用,直到 80 年代预测/变换混合编码结构才形成。在预测/变换混合编码结构中,变换编码用于去除空间冗余,预测编码用于去除时间冗余。80 年代前期,运动补偿预测被用于插值编码,其中预测可以在多帧之间进行,中间帧可以通过运动矢量比例因子来预测。80 年代末期,双向预测被提出并应用至今。

　　对于编码冗余的消除,熵编码于 20 世纪 40 年代后期被提出,60 年代后期开始用于视频编码领域,80 年代中期的二维变长编码以及更晚一些的算术编码是熵编码的典型应用形态。

7.2　游程编码

　　视频数据可以看作一个图像序列,因此图像编码是视频编码的基础。图像压缩方法有很多,按照是否损失信息可以分为有损压缩和无损压缩(吴乐南,2005)。有损压缩是对图像本身的改变,在保存图像时保留了较多的亮度信息,而将色相和色纯度的信息及周围的像素进行合并,合并的比例不同,压缩的比例也不同,由于信息量减少了,所以压缩比可以很高,但图像质量也会相应下降。无损压缩是对文件本身的压缩,和其他数据文件的压缩一样,是对文件的数据存储方式进行优化,采用某种算法表示重复的数据信息,文件可以完全还原,不会影响文件内容。对于数字图像,无损压缩不会使图像细节有任何损失。下面首先介绍游程编码。

游程编码是一种最为简单的无损压缩方法。其基本思想是，将重复且连续出现多次的符号使用连续出现次数和该符号来描述。例如，图 7.2 所示 5×5 的图像灰度值，该图像中每个灰度用一个无符号整形的数据类型来存储，那么直接编码存储需要 25B。若采用游程编码（按照行方向编码），即记录灰度值和该灰度值连续出现的次数，则只需要 14B。游程编码适用于有大量连续重复符号的数据，如具有大面积色块的静态图像。实际场景中视频或图像数据较为复杂，游程编码效果较差，但游程编码提供了一种朴素的图像编码思路。

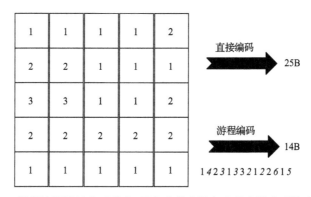

图 7.2　游程编码的基本思路（记录灰度值和该灰度值连续出现的次数，
正体表示像素值，斜体表示像素值数量）

7.3　变　换　编　码

变换编码被认为是图像编码或视频编码中最有效的技术之一。其基本原理是，首先将图像数据从一个信号空间变换到另一个信号空间，并使大部分能量集中到少数区域，然后有选择地编码部分显著的信号，丢弃不显著的信号，从而达到压缩图像数据的目的。例如，可以对图像数据进行 K-L（Karhunen-Loeve）变换，将图像中的主要信息集中到少数像点中；也可以将图像数据从空域变换到频域，将图像中的信息集中到低频分量中。下面分别介绍 K-L 变换编码和离散余弦变换（discrete cosine transform, DCT）编码。

7.3.1　K-L 变换编码

K-L 变换又称为主成分分析（principal component analysis, PCA），其能使变换分量不相关，也是在最小均方差意义下的最优变换。

给定 N 维随机向量 x 为

$$x = \begin{bmatrix} x_0 \\ x_1 \\ x_2 \\ \vdots \\ x_{N-1} \end{bmatrix}, \quad x_i \in \mathbf{R}^N \tag{7.1}$$

随机向量 x 包含了 N 个随机变量，随机向量 x 的数学期望表示为

$$m_x = E(x) = (m_0, m_1, m_2, \cdots, m_{N-1})^T \tag{7.2}$$

式中，E 为数学期望；m_i 为随机向量 x 中第 i 个随机变量的数学期望，即

$$m_i = E(x_i), \quad i = 0,1,2,\cdots,N-1 \tag{7.3}$$

利用随机向量 x 的数学期望可以得到随机向量 x 的协方差矩阵 U，即

$$U = E((x - m_x)(x - m_x)^T) \tag{7.4}$$

设协方差矩阵 U 的特征向量 ϕ_k 对应其第 k 个特征值 λ_k，则有 $U\phi_k = \lambda_k\phi_k$ ($k = 0,1,2,\cdots,N-1$)。

U 是对称矩阵，其特征向量 ϕ_k 是正交的，即满足

$$\phi_i \cdot \phi_j = \begin{cases} 0, & i \neq j \\ 1, & i = j \end{cases} \tag{7.5}$$

因此通过归一化可以得到正交矩阵 $\Phi = (\phi_0, \phi_1, \phi_2, \cdots, \phi_{N-1})$，满足 $\Phi\Phi^T = I$，则 N 个特征向量可以联合起来表示为

$$U\Phi = \Phi \begin{bmatrix} \lambda_0 \\ & \lambda_1 \\ & & \lambda_2 \\ & & & \ddots \\ & & & & \lambda_{N-1} \end{bmatrix} \tag{7.6}$$

式(7.6)可以简单地表示为 $U\Phi = \Phi\Lambda$，这里 $\Lambda = \mathrm{diag}(\lambda_0, \lambda_1, \lambda_2, \cdots, \lambda_{N-1})$。$\Phi$ 是正交矩阵，因此在式(7.6)的两边分别左乘 Φ^T 可以得到

$$\Phi^T U\Phi = \Phi^T\Phi\Lambda = \Lambda \tag{7.7}$$

给定一维随机向量 x，则可以定义 x 的 K-L 变换为

$$\begin{bmatrix} y_0 \\ y_1 \\ y_2 \\ \vdots \\ y_{N-1} \end{bmatrix} = \boldsymbol{\Phi}^{\mathrm{T}} \begin{bmatrix} x_0 \\ x_1 \\ x_2 \\ \vdots \\ x_{N-1} \end{bmatrix} \tag{7.8}$$

即 $\boldsymbol{y} = \boldsymbol{\Phi}^{\mathrm{T}} \boldsymbol{x}$。K-L 变换就是将 $\boldsymbol{x}$ 的所有分量投影到 $\boldsymbol{\Phi}^{\mathrm{T}}$ 得到映射 $\boldsymbol{y}$。$\boldsymbol{\Phi}^{\mathrm{T}}$ 是 K-L 变换的变换矩阵，显然它随着随机向量 $\boldsymbol{x}$ 中每个分量的变化而变化。

由于 $\boldsymbol{\Phi} = (\boldsymbol{\Phi}^{\mathrm{T}})^{-1}$，因此在 K-L 变换式两侧分别乘以 $\boldsymbol{\Phi}$ 可以得到 $\boldsymbol{x}$，即

$$\boldsymbol{\Phi} \boldsymbol{y} = \boldsymbol{\Phi} \boldsymbol{\Phi}^{\mathrm{T}} \boldsymbol{x} = \boldsymbol{x} \tag{7.9}$$

式 (7.9) 就是 K-L 变换的逆变换过程。

K-L 变换可以最小化变换系数方差的几何平均值，因此提供了最优的变换编码性能，理论上是最优的变换，但 K-L 变换是以图像的统计特性为基础的，首先需要根据输入图像来计算其协方差矩阵，然后进行特征值分解，得到特征矢量，最后利用特征矢量构造变换矩阵。由此可知，K-L 变换的变换矩阵并不是确定的，而是根据其所处理的图像产生的，所有 K-L 变换的变换矩阵需要根据图像进行统计更新，并且没有快速算法。另外，解码端需要每次更新变换矩阵才能够正确解码，这些变换矩阵信息需要通过信道从编码端传送到解码端，增加了额外的传输和存储开销。

K-L 变换用于图像压缩(消除视频空间冗余)，首先计算图像 K-L 变换的变换矩阵，然后将原始图像数据与变换矩阵进行相乘得到压缩后的图像数据，注意图像的压缩比约等于 k/N，其中 k 为提取的分量数量，N 为图像进行 K-L 变换时方向的维度大小。

图 7.3 给出了 K-L 变换压缩实验。其中(a)图是原始灰度图像(图像大小为

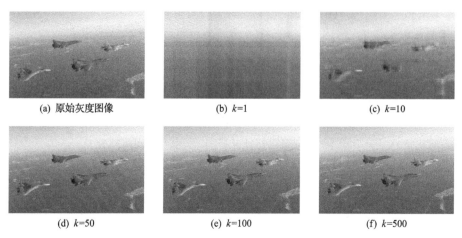

(a) 原始灰度图像　　　　　(b) $k=1$　　　　　　(c) $k=10$

(d) $k=50$　　　　　　(e) $k=100$　　　　　　(f) $k=500$

(g) $k=1000$ (h) $k=1050$

图 7.3   K-L 变换压缩实验

1050×1680),(b)图～(h)图是图像沿着垂直方向进行 K-L 变换,然后提取前 k($k=$ 1,10,50,100,500,1000,1050)个分量对图像进行编码后再重建得到的图像结果。

由图 7.3 可知,当提取的 K-L 变换分量数量较少时,如 $k=1,10$ 时,图像的压缩比例较大(分别为 1/1050、10/1050),重建后的图像质量失真严重;当提取的 K-L 变换分量数量多于 50 时,人眼基本察觉不到图像信息的丢失,这也说明了人眼对部分图像信息不敏感,即人眼存在视觉冗余。

7.3.2 DCT 编码

DCT 由不同频率的余弦函数的和组成,由于其高性能、低复杂度,被广泛用于图像和视频编码中(Xiong et al., 1996)。DCT 可以由离散傅里叶变换(discrete Fourier transform, DFT)导出,但 DCT 的变换性能高于 DFT。DFT 需要复数计算,而 DCT 只需要实数计算,因此 DCT 的计算复杂度低,而且 DCT 有快速算法,能大大加快 DCT 的计算速度。另外,DCT 的能量压缩性能更高,当信号源服从马尔可夫随机过程且有较高的相关性时,DCT 的变换性能接近 K-L 变换。

1. 一维 DCT

一维 DCT 将一维(N 个)实数采样值变换为变换域上的 N 个变换系数。变换公式表示为

$$F(u)=c(u)\sum_{n=0}^{N-1}f(n)\cos\frac{(2n+1)u\pi}{2N}, \quad u=0,1,2,\cdots,N-1$$

$$c(u)=\begin{cases}\dfrac{1}{\sqrt{N}}, & u=0 \\[2mm] \sqrt{\dfrac{2}{N}}, & u\neq0\end{cases} \tag{7.10}$$

式中,$f(n)$ 为一维采样值;$F(u)$ 为一维变换系数。

DCT 是一个线性的可逆函数，一维离散余弦逆变换(inverse discrete cosine transform, IDCT)就是将 N 个变换系数重构为 N 个实数采样值。IDCT 表示为

$$f(n)=\sum_{u=0}^{N-1}c(u)F(u)\cos\frac{(2n+1)u\pi}{2N},\quad n=0,1,2,\cdots,N-1 \qquad (7.11)$$

则 N 点一维 DCT/IDCT 概括为

$$\begin{cases} F(u)=c(u)\sum_{n=0}^{N-1}f(n)\cos\dfrac{(2n+1)u\pi}{2N},\quad u=0,1,2,\cdots,N-1 \\ f(n)=\sum_{u=0}^{N-1}c(u)F(u)\cos\dfrac{(2n+1)u\pi}{2N},\quad n=0,1,2,\cdots,N-1 \end{cases} \qquad (7.12)$$

在静态图像编码标准联合图像专家组(Joint Photographic Experts Group, JPEG)和运动图像编码标准动态图像专家组(Moving Picture Experts Group, MPEG)中都使用 8 点一维 DCT/IDCT，即 $N=8$。DCT 的变换核可以用矩阵的形式表示为

$$C_8=\sqrt{\frac{2}{N}}\begin{bmatrix} \frac{1}{\sqrt2} & \frac{1}{\sqrt2} & \frac{1}{\sqrt2} & \frac{1}{\sqrt2} & \frac{1}{\sqrt2} & \frac{1}{\sqrt2} & \frac{1}{\sqrt2} & \frac{1}{\sqrt2} \\ \cos\frac{\pi}{16} & \cos\frac{3\pi}{16} & \cos\frac{5\pi}{16} & \cos\frac{7\pi}{16} & \cos\frac{9\pi}{16} & \cos\frac{11\pi}{16} & \cos\frac{13\pi}{16} & \cos\frac{15\pi}{16} \\ \cos\frac{2\pi}{16} & \cos\frac{6\pi}{16} & \cos\frac{10\pi}{16} & \cos\frac{14\pi}{16} & \cos\frac{18\pi}{16} & \cos\frac{22\pi}{16} & \cos\frac{26\pi}{16} & \cos\frac{30\pi}{16} \\ \cos\frac{3\pi}{16} & \cos\frac{9\pi}{16} & \cos\frac{15\pi}{16} & \cos\frac{21\pi}{16} & \cos\frac{27\pi}{16} & \cos\frac{33\pi}{16} & \cos\frac{39\pi}{16} & \cos\frac{45\pi}{16} \\ \cos\frac{4\pi}{16} & \cos\frac{12\pi}{16} & \cos\frac{20\pi}{16} & \cos\frac{28\pi}{16} & \cos\frac{36\pi}{16} & \cos\frac{44\pi}{16} & \cos\frac{52\pi}{16} & \cos\frac{60\pi}{16} \\ \cos\frac{5\pi}{16} & \cos\frac{15\pi}{16} & \cos\frac{25\pi}{16} & \cos\frac{35\pi}{16} & \cos\frac{45\pi}{16} & \cos\frac{55\pi}{16} & \cos\frac{65\pi}{16} & \cos\frac{75\pi}{16} \\ \cos\frac{6\pi}{16} & \cos\frac{18\pi}{16} & \cos\frac{30\pi}{16} & \cos\frac{42\pi}{16} & \cos\frac{54\pi}{16} & \cos\frac{66\pi}{16} & \cos\frac{78\pi}{16} & \cos\frac{90\pi}{16} \\ \cos\frac{7\pi}{16} & \cos\frac{21\pi}{16} & \cos\frac{35\pi}{16} & \cos\frac{49\pi}{16} & \cos\frac{63\pi}{16} & \cos\frac{77\pi}{16} & \cos\frac{91\pi}{16} & \cos\frac{105\pi}{16} \end{bmatrix} \qquad (7.13)$$

DCT 的变换核是正交的，即 $C_8 C_8^{\mathrm T}=I$。

2. 二维 DCT

二维 $N\times M$ 空间的 DCT/IDCT 定义为

$$F(u,v)=c(u)c(v)\sum_{n=0}^{N-1}\sum_{m=0}^{M-1}f(n,m)\cos\frac{(2n+1)u\pi}{2N}\cos\frac{(2n+1)v\pi}{2M}$$

$$f(n,m)=\sum_{u=0}^{N-1}\sum_{v=0}^{M-1}c(u)c(v)F(u,v)\cos\frac{(2n+1)u\pi}{2N}\cos\frac{(2n+1)v\pi}{2M} \qquad (7.14)$$

$$c(u)=\begin{cases}\dfrac{1}{\sqrt{N}}, & u=0 \\[3mm] \sqrt{\dfrac{2}{N}}, & u\neq0\end{cases} \quad , \quad c(v)=\begin{cases}\dfrac{1}{\sqrt{M}}, & v=0 \\[3mm] \sqrt{\dfrac{2}{M}}, & v\neq0\end{cases}$$

3. DCT 的可分离性

DCT 具有一系列重要的性质，其中最重要的性质是可分离性。首先固定二维函数 $f(n,m)$ 中的第一个变量 n，将其看作关于第二个变量 m 的一维函数，并对其进行一维 DCT 处理，得到

$$F(n,v)=c(v)\sum_{m=0}^{M-1}f(n,m)\cos\frac{(2m+1)v\pi}{2M}, \quad v=0,1,2,\cdots,M-1 \qquad (7.15)$$

然后将上述变换结果 $F(n,v)$ 看作关于第一个变量 n 的一维函数，接着进行一次一维 DCT 处理，即

$$F(u,v)=c(u)\sum_{n=0}^{N-1}F(n,v)\cos\frac{(2n+1)u\pi}{2N}, \quad u=0,1,2,\cdots,N-1 \qquad (7.16)$$

从上述两个公式可以看出，二维 DCT 可以通过对该函数进行两次一维 DCT 处理来等价实现，即输入数据的二维 DCT 等价于先对输入数据进行行(列)变换，再进行列(行)变换。

4. DCT 的编码性能

在静态图像编码标准(JPEG)和运动图像编码标准(MPEG)中都使用了 DCT。在这些标准中 DCT 通常取 $N=8$，如图 7.4 所示，首先将整幅图像分为若干个 8×8 大小的图像块，然后对每个 8×8 大小的图像块先进行行变换，再对行变换结果进行列变换，得到一个 8×8 变换矩阵。其中，$(0,0)$ 位置的元素就是直流(direct current, DC)分量，矩阵中的其他元素根据其位置表示不同频率的交流(alternating current, AC)分量。用矩阵表示二维 DCT 的形式为

$$Y=C_8XC_8^{\mathrm{T}} \qquad (7.17)$$

二维 IDCT 表示为

$$X = C_8^T Y C_8 \tag{7.18}$$

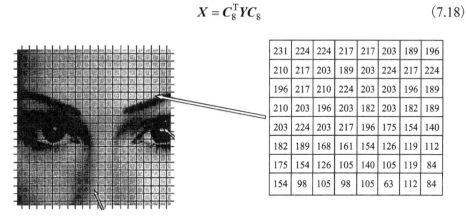

231	224	224	217	217	203	189	196
210	217	203	189	203	224	217	224
196	217	210	224	203	203	196	189
210	203	196	203	182	203	182	189
203	224	203	217	196	175	154	140
182	189	168	161	154	126	119	112
175	154	126	105	140	105	119	84
154	98	105	98	105	63	112	84

图 7.4　静态图像编码（采用 DCT）

　　图 7.5 是一个 8×8 大小的图像块，包含了 64 个像素值，这些像素值具有很强的相关性，经过 8×8 的 DCT 处理，得到 64 个变换系数，如图 7.5 右下图所示，

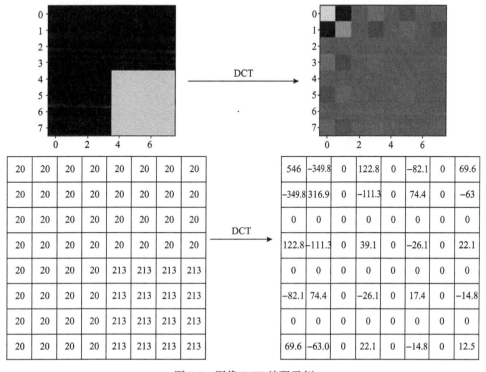

20	20	20	20	20	20	20	20
20	20	20	20	20	20	20	20
20	20	20	20	20	20	20	20
20	20	20	20	20	20	20	20
20	20	20	20	213	213	213	213
20	20	20	20	213	213	213	213
20	20	20	20	213	213	213	213
20	20	20	20	213	213	213	213

DCT →

546	-349.8	0	122.8	0	-82.1	0	69.6
-349.8	316.9	0	-111.3	0	74.4	0	-63
0	0	0	0	0	0	0	0
122.8	-111.3	0	39.1	0	-26.1	0	22.1
0	0	0	0	0	0	0	0
-82.1	74.4	0	-26.1	0	17.4	0	-14.8
0	0	0	0	0	0	0	0
69.6	-63.0	0	22.1	0	-14.8	0	12.5

图 7.5　图像 DCT 编码示例

其中左上角的变换系数为 DC 系数，其余的变换系数为 AC 系数。得到的 64 个变换系数具有很明显的能量分布特征，DC 系数的值非常显著，靠近 DC 系数的低频 AC 系数的值也比较显著，而距离 DC 系数较远的高频区域 AC 系数的值则不显著。在图像或视频编码中，根据人眼视觉特性对高频信息不敏感的特点，通过量化操作使大部分高频系数量化为 0，最后得到一个 8×8 稀疏变换量化系数块，这种处理方式大大减少了编码时的比特数，从而达到了压缩图像或视频的目的。

图 7.6 给出了 DCT 压缩实验。其中(a)图为原始灰度图像，(b)图～(d)图分别为 DCT 处理后保留 150×150 大小的频域系数重建后获得的图像、DCT 处理后保留 200×200 大小的频域系数重建后获得的图像、DCT 处理后保留 500×500 大小的频域系数重建后获得的图像。从图 7.6 的实验结果可以得出，当保留频域系数较小时(如 150×150)，人眼能够明显察觉图像压缩后的信息丢失，当保留频域系数为 200×200 时，人眼基本察觉不出明显的信息丢失。

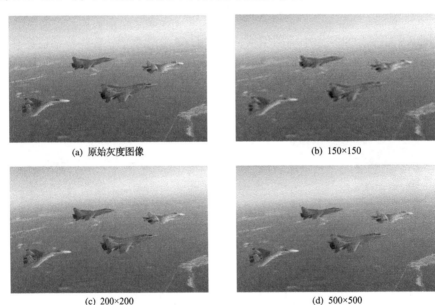

(a) 原始灰度图像   (b) 150×150

(c) 200×200   (d) 500×500

图 7.6 DCT 压缩实验

7.4 预测编码

预测编码即利用信号间的相关性，将前面一个或多个信号作为当前信号的预测值，对当前信号的实际值与预测值的差进行编码。预测技术在现代视频编码中有着重要的应用，包括帧内预测编码和帧间预测编码两种，其分别用于消除空间冗余和时间冗余。

帧内预测编码利用了图像在空间相邻像素之间具有很强相关性的特点，目前常采用基于块的帧内预测编码，这主要是考虑到与基于块的变换量化技术的统一以及实现代价。基于块的帧内预测编码在现代视频编码标准中的应用很多，如MPEG-4 标准中的 DC/AC 预测、H.264/AVC（advanced video coding，高级视频编码）标准以及音视频编码标准（audio video coding standard，AVS）中的多方向空间预测技术。DC/AC 预测即在变换域对 DC 系数、AC 系数进行差分预测。多方向空间预测技术则是在图像空域，按照图像本身的特点选择一个最佳的预测方向，最大限度地去除空间冗余。

序列影像相邻帧间存在很强的相关性，因此对序列影像进行编码只需要编码相邻帧间的差异，这些差异主要是由物体的移动、摄像机镜头的运动及场景切换等造成的。帧间预测编码即是导出这些差异的过程，可以消除运动图像的时间冗余。帧间预测编码通过块搜索匹配算法找出与当前图像块相对应的邻近参考帧中最相似的预测块，对当前图像块与匹配块进行差分编码。为了提高帧间预测编码的精度，帧间预测编码在预测方向上从最简单的前向预测相继发展出了后向预测和双向预测；在参考图像的选择上，从一个参考帧扩展到两个以及更多的参考帧，在 H.264/AVC 标准中，则可以支持更加灵活的 B 帧帧间预测结构；在预测精度上，从整像素预测到 1/2 像素预测以及 1/4 像素预测，预测模式更加多样化。

7.4.1　帧内预测编码

存储一个像素的亮度值可能需要 8bit，但是若相邻的两个像素变化不大，则存储第一个像素的原始值以及第二个像素相对于第一个像素的变化值，第二个像素的亮度值可能 2bit 就足够了，这就节约了很多存储空间，从而达到视频压缩的目的。

帧内预测编码的基本流程如图 7.7 所示。假设需要对一个原始像素 X 进行编码，在编码该像素之前，首先，假设已经有一个参考像素 X'，该参考像素与同一帧的邻近像素有关，根据参考像素 X' 的值，得到一个预测值 X_p。然后，用待编码

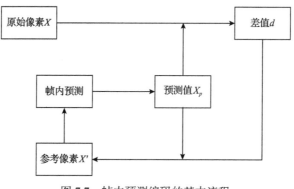

图 7.7　帧内预测编码的基本流程

的原始像素 X 减去预测值 X_p，得到差值 d，利用 d 代替原始像素 X 编码进入最终的图像，从而起到节省码率的作用。最后，将差值 d 和预测值 X_p 相加，得到 X'，用于下一个像素的预测。

逐像素进行帧内预测编码效率较低，因此很多视频编码标准中采用基于图像块的帧内预测编码。例如，H.264/AVC 在进行预测编码时，先将视频帧分成 16×16、8×8 或 4×4 的图像块，再进行基于块的预测编码，其中 16×16 的图像块称为宏块。

如图 7.8 所示，H.264/AVC 中针对 4×4 大小的图像块有 9 种模式可选。图 7.8 中，模式 0 由 A、B、C、D 垂直推出相应像素值，即将 A 的像素值赋给像素 a、e、i、m，B 的像素值赋给像素 b、f、j、n，C 的像素值赋给像素 c、g、k、o，D 的像素值赋给像素 d、h、l、p；模式 1（水平）由 I、J、K、L 水平推出相应像素值，即将 I 的像素值赋给像素 a、b、c、d，J 的像素值赋给像素 e、f、g、h，K 的像素值赋给像素 i、j、k、l，L 的像素值赋给像素 m、n、o、p；模式 2 由 A～D 及 I～L 的平均值推出所有像素值，即将 A～D 及 I～L 的平均值赋给像素 a～p；模式 3（下左对角线）由 45°方向像素内插得出相应像素值，即利用 A 和 I 内插得到像素 a 的像素值，利用 B 和 J 内插得到像素 b、e 的像素值，其他像素的内插方式与 a、b、e 的内插方式类似。其他模式的预测方式与模式 3 类似，例如，模式 4（下右对角线）由 45°方向像素内插得出相应像素值；模式 5（右垂直）由 26.6°方向像素值内插得出相应像素值；模式 6（下水平）由 26.6°方向像素值内插得出相应像素值；模式 7（左垂直）由 26.6°方向像素值内插得出相应像素值；模式 8（上水平）由 26.6°方向像素值内插得出相应像素值；模式 2 为平均值，故未在图上体现。

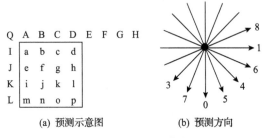

(a) 预测示意图　　　　　　(b) 预测方向

图 7.8　4×4 预测模式

H.264/AVC 中对于 16×16 大小的亮度成分可以进行整体预测，共有 4 种预测模式，帧内 16×16 模式适用于图像平坦区域预测。4 种预测模式如图 7.9 所示，分别为：模式 0 由上边像素推出相应像素值，模式 1 由左边像素推出相应像素值，模式 2（DC）由上边和左边像素的平均值推出相应像素值，模式 3（平面）利用线形 plane 函数及左边和上边像素推出相应像素值，适用于亮度变化平缓区域。

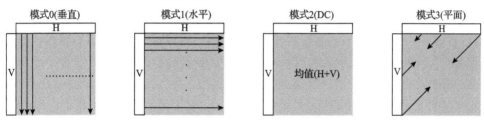

图 7.9　16×16 预测模式

　　每个帧内编码宏块 8×8 的色度成分由已编码左上方色度像素预测得到,两种色度成分常用同一种预测模式。4 种预测模式类似于帧内 16×16 预测的 4 种预测模式,只是模式编号不同, 即 DC(模式 0)、水平(模式 1)、垂直(模式 2)、平面(模式 3)。

7.4.2　帧间预测编码

　　帧间预测编码就是从编码后重构的参考帧中预测当前帧的过程。这一过程大致分为三个步骤:首先, 在参考帧中找出与待编码帧图像块的最佳匹配图像块, 最佳匹配图像块是相似度最大的两个图像块, 在数学上, 通常用图像块中样本值差值的绝对值, 也即绝对差值(absolute difference, AE)来表示图像块的相似度。然后, 根据找到的最佳匹配图像块计算出移动矢量。最后, 计算参考帧中的最佳匹配图像块与待编码帧中对应的图像块之间的差值, 也即移动补偿块。

　　H.264/AVC 中移动补偿块的大小可以从 16×16 到 4×4。小的移动补偿块可以产生比较好的补偿效果, 但是移动补偿块越小, 搜索最佳匹配图像块的计算量也越大, 需要编码的移动矢量的数目和分区方法也越多。在帧间预测编码时, 移动补偿块并不是越小越好, 因为需要在编码效率与编码质量上寻求一个平衡。在实际中, 可以根据视频的内容来进行选择。例如, 对于移动比较平缓的部分, 使用比较大的移动补偿块;对于移动比较剧烈、画面比较复杂、细节较多的部分, 使用比较小的移动补偿块。

　　为了提高预测质量, 在搜索最佳匹配图像块时通常需要子像素的精度。子像素搜索最佳匹配图像块的步骤如图 7.10 所示。

　　首先搜索整像素, 也即原采样的样本, 得到图中最佳整像素(实心圆圈●)。然后用 1/2 像素搜索得到最佳匹配结果(实心方块■), 与整像素匹配结果进行比较, 观察匹配精度有没有得到改善。如果需要更高的匹配精度, 那么再使用 1/4 像素搜索, 得到最佳匹配结果(实心三角形▲), 与前面匹配结果进行比较, 观察匹配精度有没有得到改善。

　　图 7.11 为子像素搜索最佳匹配图像块运动矢量。图中给出一个当前帧中要预测的 4×4 的图像块, 在参考帧中寻找最佳匹配图像块的过程。在搜索得到最佳匹配

图像块后，如果对每一个图像块的运动矢量都进行编码，那么无法获得高的压缩比，尤其是当使用了较小的移动补偿块时。因此，需要对运动矢量进行预测，也就是说可以选择性地不编码某些运动矢量，这些未编码的运动矢量可以通过已编码的相邻图像块的运动矢量进行预测产生。如图 7.12 所示，以待预测图像块 E 为例，当当前图像块(E)和相邻图像块大小相同时，当前图像块的预测矢量可以用大小相同的相邻图像块 A、B、C 进行预测。当图像块大小不同时，如图 7.13 所示，当前图像块的预测矢量可以用图像块大小不同的相邻图像块 A、B、C 进行预测。

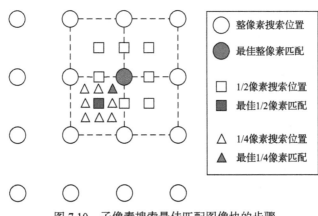

图 7.10　子像素搜索最佳匹配图像块的步骤

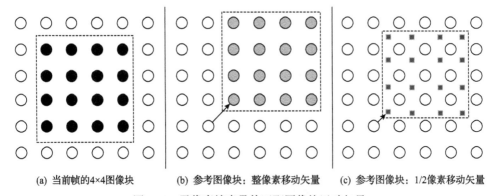

(a) 当前帧的4×4图像块　　　(b) 参考图像块：整像素移动矢量　　　(c) 参考图像块：1/2像素移动矢量

图 7.11　子像素搜索最佳匹配图像块运动矢量

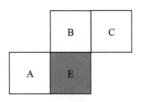

图 7.12　图像块大小相同时的运动矢量预测

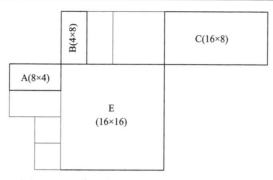

图 7.13　图像块大小不相同时的运动矢量预测

7.5　量　　化

在数字信号处理领域，量化主要应用于从连续的模拟信号到数字信号的转换，其作用是将信号的连续取值（或者大量可能的离散取值）近似为有限多个（或较少）的离散值。量化相当于一个多对一的映射过程，量化操作能够降低数据量。具体到视频编码领域，量化主要是在变换之后，对变换系数的量化处理，即用较少的量化值近似表示大量的变换系数。准确地说，这种近似表示是通过在解码端对量化系数进行反量化重构变换系数来完成的，这里的反量化相当于一个一对一的映射，通过反量化，多个变换系数实际上被恢复为一个重构变换系数，也就是说原始变换系数与重构变换系数之间存在差异，即失真。

对于输入的原始像素 X，量化映射 Q 对 (x_k, x_{k+1}) 区间内的所有值映射为 y_k，即输出信号 Y 都赋以索引标记为 k 的值 y_k 来近似表示，即

$$Y = Q(X) = y_k, \quad X \in (x_k, x_{k+1}) \tag{7.19}$$

这里每个量化间隔的边界值 x_k 称为决策值，y_k 称为量化值。一个量化器由一系列的决策值和量化值组成。若假定量化级别，也就是量化值的个数为 L，则这些量化索引所用的比特数为 $\log_2 L$。信号的实际输入值 x 和量化值 $Q(x)$ 之间的误差反映了量化损失情况，也就是失真情况。失真情况通常可以通过 $|x - Q(x)|$ 或 $(x - Q(x))^2$ 来衡量。从压缩数据的角度考虑，量化级别 L 越小越有利于压缩数据，但通常 L 越小会导致量化损失越大，即导致更严重的失真。因此，量化器的设计就是要找到最优的决策值来最小化量化损失。

最为常用的量化就是均匀量化，均匀量化的特点是在整个量化范围内，各个量化间隔相等。假设信号 X 的取值范围为 $[-x_{\max}, x_{\max}]$，量化级别为 L，则每个量化间隔的大小 Δ 为

$$\varDelta = \frac{2x_{\max}}{L} \tag{7.20}$$

量化间隔与表示量化级别所需的比特数 R 之间存在如下关系:

$$\varDelta = \frac{2x_{\max}}{2^R} \tag{7.21}$$

判断决策值 x_k 和量化值 y_k 的计算公式为

$$\begin{cases} x_k = k\varDelta + x_{\min} \\ y_k = k\varDelta + \varDelta/2 + x_{\min} \end{cases} \tag{7.22}$$

这里 $x_{\min} = -x_{\max}$,则均匀量化的量化误差 q 的取值范围为

$$-\varDelta/2 \leqslant q \leqslant \varDelta/2 \tag{7.23}$$

$\varDelta$ 又称为量化步长,若 $\varDelta$ 足够小,则可以认为量化误差 q 在误差范围内服从均匀分布,即

$$p(q) = \begin{cases} 1/\varDelta, & |q| \leqslant \varDelta/2 \\ 0, & \text{其他} \end{cases} \tag{7.24}$$

进一步,均匀量化的量化噪声的方差为

$$\sigma_q^2 = \frac{1}{\varDelta} \int_{-\varDelta/2}^{\varDelta/2} q^2 \mathrm{d}q = \frac{1}{3\varDelta} q^3 \Big|_{-\varDelta/2}^{\varDelta/2} = \frac{\varDelta^2}{12} \tag{7.25}$$

式(7.25)表明,均匀量化的量化噪声的增长与量化步长的增长呈线性关系。将 $\varDelta = 2x_{\max} / 2^R$ 代入式(7.25)可得

$$\sigma_q^2 = \frac{1}{3} x_{\max}^2 2^{-2R} \tag{7.26}$$

式(7.26)表明,均匀量化的量化噪声随着量化比特数的增加呈指数级递减。

图 7.14 给出了标量量化示例。对 8×8 大小的图像块进行 DCT,再对变换结果进行量化,这里量化区间参考灰度图像取 256 个。

在标量量化中,信号首先经过某种映射变成一个数据序列,然后量化器对这些输入数据逐个进行量化。在矢量量化中,量化的过程是以一组标量或矢量数据为单位进行的。图 7.15 给出了矢量量化示例。图 7.15 中每一个由线段包围的区域都被量化为星号所标记的数据点。其中,每个星号标记的二维矢量称为一个码字,

所有码字的集合称为码本。可以看出，矢量量化器的设计实际上就是建立一个码本的过程。

546	−349.8	0	122.8	0	−82.1	0	69.6
−349.8	316.9	0	−111.3	0	74.4	0	−63
0	0	0	0	0	0	0	0
122.8	−111.3	0	39.1	0	−26.1	0	22.1
0	0	0	0	0	0	0	0
−82.1	74.4	0	−26.1	0	17.4	0	−14.8
0	0	0	0	0	0	0	0
69.6	−63.0	0	22.1	0	−14.8	0	12.5

量化 →

255	0	100	136	100	77	100	120
0	191	100	69	100	122	100	82
100	100	100	100	100	100	100	100
136	69	100	112	100	93	100	107
100	100	100	100	100	100	100	100
77	122	100	93	100	105	100	96
100	100	100	100	100	100	100	100
120	82	100	107	100	96	100	104

图 7.14　标量量化示例

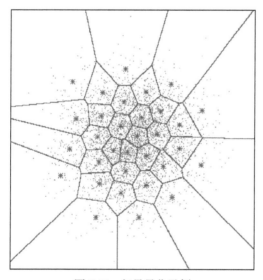

图 7.15　矢量量化示例

7.6　熵　编　码

熵编码的目标是去除信源符号在信息表达上的表示冗余，这种表示冗余也称为信息熵冗余或者编码冗余。熵编码是视频编码系统中的关键技术之一。在典型的视频编码系统中，如混合视频编码框架，熵编码处于系统的末端，负责对编码过程中产生的变换系数、运动矢量等信息进行编码,并完成最终编码码流的组织。变长编码和算术编码是最常用的熵编码。

7.6.1 信息论基本概念

传统的信号编码理论是建立在香农信息论的基础上的。信息论是用概率与数理统计的方法来研究信息、信息熵、通信系统、数据传输、密码学及数据压缩等问题的一门基础理论。信息论的开创性贡献在于用数学方法来度量信息,使信息成为可以量化的物理量。视频编码是数据压缩的一部分内容,因此视频编码的理论基础是信息论。

信息量是用事件的不确定性程度来定义的。信息可以看作一个随机变量序列,这些变量可以用随机出现的符号来表示,输出这些符号的源称为信源。假设有 N 个事件,其中事件 i 发生的概率为 p_i,则事件 i 的信息量 I_i 定义为

$$I_i = \log_a \frac{1}{p_i} = -\log_a p_i, \quad i = 1, 2, \cdots, N; \quad \sum_{i=1}^{N} p_i = 1 \tag{7.27}$$

式(7.27)的取值随着对数的底 a 取值的不同而变化,其单位也不同。通常,当 a 取 2 时,相应的信息量单位为 bit;当 a 等于 e 时,相应的信息量单位为 nat[①],当 a 等于 10 时,相应的信息量单位为 hart[②]。I_i 又称为自信息量,也是一个随机变量。

从信息量的定义公式可以看出,当第 i 个事件发生的概率 p_i 越大时,I_i 越小,也就是说这个事件发生的可能性越大,其不确定性越小,事件发生后提供的信息量也就越少;反之,当事件 i 发生的概率 p_i 越小时,I_i 越大,包含的信息量也就越多。由此可见,事件发生的概率与事件发生后所产生的信息量有着密切的关系。必然事件的发生概率等于 1,I_i 等于 0,必然事件发生时不产生任何信息量。

设一个信源由 N 个事件组成,N 个事件的平均信息量定义为信息熵:

$$H = -\sum_{i=1}^{N} p_i \log_2 p_i, \quad i = 1, 2, \cdots, N; \quad \sum_{i=1}^{N} p_i = 1 \tag{7.28}$$

式中,p_i 为信源中第 i 个事件发生的概率。信源的信息熵 H 表示信源输出每个事件所包含的平均信息量,根据整个信源的统计特性计算得到。信息熵是从平均意义上表征信源总体信息的测度,也就是表征信源的平均不确定程度。信源的信息熵由其所有事件的概率分布决定,不同的信源因统计特性的不同,其信息熵也

---

① 1nat=1.44bit。

② 1hart=3.32bit。

不同。

对于两个信源 X 和 Y，输入端输入信源 $X = \{x_1, x_2, \cdots, x_n\}$，输出端收到信源 $Y = \{y_1, y_2, \cdots, y_m\}$，收到的平均信息量(联合熵)定义为

$$H(X,Y) = -\sum_{i=1}^{n}\sum_{j=1}^{m} p(x_i, y_i)\log_2 p(x_i, y_i) \tag{7.29}$$

式中，$p(x_i, y_i)$ 表示 (x_i, y_i) 出现的概率。

互信息是信息论中另一个重要的概念，反映了两个信源之间的相关性，定义为

$$I(X;Y) = H(X) - H(X|Y) \tag{7.30}$$

式中，X 和 Y 代表两个不同的信源；$H(X|Y)$ 为条件熵，其表达式为

$$H(X|Y) = -\sum_{i=1}^{n}\sum_{j=1}^{m} p(x_i, y_i)\log_2 p(x_i|y_i) \tag{7.31}$$

条件熵表示在输出端收到信源 Y 的所有消息后，对信源 X 仍存在的不确定程度。互信息表示收到信源 Y 的信息后，获得信源 X 的信息量的数学期望。在数据压缩过程中，获得了信源 Y 的信息，就可以知道信源 X 的部分信息，因此不必再编码信源 X 的全部信息，这样可以达到去除冗余的目的。

7.6.2　香农编码定理

香农编码定理由三个定理组成，分别是可变长无失真信源编码定理、有噪信道编码定理、率失真准则下的有失真信源编码定理。

设 q 元离散无记忆信源 $S : \{s_1, s_2, \cdots, s_q\}$ 的信息熵为 $H(S)$，设 S^N 为 S 的 N 次扩展信源，用 r 元码符号集 $X : \{x_1, x_2, \cdots, x_r\}$ 对 S^N 进行编码，记 S^N 符号的平均编码码长为 $\bar{L}_N$，香农认为总可以找到一种唯一可译码的编码，使得信源 S 中每个符号所需的平均编码长度 $\bar{L}_N/N$ 满足

$$\frac{H(S)}{\log r} + \frac{1}{N} > \frac{\bar{L}_N}{N} \geqslant \frac{H(S)}{\log r} \tag{7.32}$$

且当 $N \to \infty$ 时，有 $\lim_{N \to \infty} (\bar{L}_N/N) = \dfrac{H(S)}{\log r} = H_r(S)$。

香农第一定理(可变长无失真信源编码定理)：给定离散无记忆信源 S，其信息熵为 $H(S)$，若用符号集 X 对 S 及其扩展进行编码，用 $R = \dfrac{\bar{L}_N}{N}\log r$ 表示编码的

平均编码率，则满足以下条件。

(1)若 $R \geqslant H(S)$ ，则一定存在唯一可译码的无失真信源编码。

(2)若 $R < H(S)$ ，则不存在满足条件的无失真信源编码。

香农第一定理说明，对扩展信源进行可变长编码(variable-length code, VLC)，可以使平均编码码长在横坐标上从右向左无限趋近于信息熵，也就是说，采用无失真最佳信源编码可使得用于每个信源符号的编码位数尽可能小，但它的极限是原始信源的熵值。超过了这一极限就不可能实现无失真译码。

香农第二定理(有噪信道编码定理)：当信道的信息传输率不超过信道容量时，采用合适的信道编码方法可以实现任意高可靠性的传输，但若信息传输率超过了信道容量，就不可能实现可靠的传输。

香农第三定理(率失真准则下的有失真信源编码定理)：只要码长足够长，总可以找到一种信源编码，使编码后的信息传输率略大于率失真函数，而码的平均失真度不大于给定的允许失真度。

由香农第一定理可知，对于各种不同的码字，编码所需的最小码率都不可能低于信源的极限熵。在实际设计信源编码方案时，最简单最易实现的码字是等长编码(固定长度码字)。如果信源符号共有 L 种，那么用等长码进行编码得到的码率为($\log_2 L$)bit/符号。除非信源服从均匀分布，否则等长码的编码效率非常低。为了进一步提高编码效率，需要根据符号出现的概率设计变长码字，即对大概率符号采用较短码字表示，这样平均码率就会降低。在数字视频编码框架中，信源符号(一个或多个原始像素值，或量化后的像素值，或模型参数)在信息表示上存在冗余。熵编码的目的就是尽量去除这部分冗余，从而进行高效的数据压缩。

7.6.3　变长编码

变长编码是将一个或固定数目的多个信源符号变换为一个码字，并且码字长度可变的编码方法。最经典的变长编码是哈夫曼编码。哈夫曼编码是哈夫曼于1952 年提出的针对已知信源构造最佳变长编码的方法。其基本思想是：为信源输出的大概率符号分配短的码字，而为小概率符号分配长的码字，从而达到编码信源符号平均码长最短的目的。因为一个大概率符号所包含的信息量少，所以不应该为其分配很多的系统资源，反之亦然。哈夫曼编码可以唯一正确解码，因为任何一个哈夫曼编码的码字都不是其他码字的前缀。哈夫曼编码过程可以用于转换任意两个符号集。

现有一个包含 5 个符号(量化值)的信源{A, B, C,D, E}，各符号出现的概率统计如表 7.1 所示。

表 7.1 符号出现的概率统计

信源符号	A	B	C	D	E
概率	0.35	0.1	0.25	0.15	0.15

哈夫曼编码的具体过程如下。

(1)将信源符号按照出现概率递减的顺序排列(两个概率相等的信源符号的排列先后顺序不会影响编码效率)。

(2)将出现概率最小的两个符号进行合并相加,得到的结果作为新符号的出现概率。

(3)重复进行步骤(1)和(2)直到概率相加结果等于1。

(4)在合并运算时,出现概率大的符号用码元 0(或 1)表示,出现概率小的符号用码元 1(或 0)表示。

(5)得到每个符号的哈夫曼编码码字,由该符号开始一直走到最后的 1,将路线上所遇到的 0 和 1 按照低位到高位的顺序排好,就是该符号的哈夫曼编码。

图 7.16 为哈夫曼编码示例。这种编码方法是静态的哈夫曼编码,需要对编码的数据进行两遍扫描:第一遍统计原数据中各符号出现的概率,利用得到的概率值创建哈夫曼树,并将哈夫曼树的信息保存起来,以便解码时使用同样的哈夫曼树;第二遍则根据第一遍创建的哈夫曼树进行编码,并把编码后得到的码字存储起来。

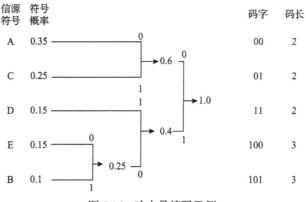

图 7.16 哈夫曼编码示例

尽管哈夫曼编码是针对已知信源构造的最佳变长编码方法,但它也存在一些不足之处。首先,解码器需要知道哈夫曼树的结构,因而编码器必须为解码器保存或传输哈夫曼树,增加了存储空间的要求。此外,传统的哈夫曼编码的解码方式是从码流中依次读入比特,直到在哈夫曼树中搜索到相应码字,这种方法增加了解码器的计算复杂度。

7.6.4 算术编码

与变长编码不同，算术编码的本质是为整个输入符号序列分配一个码字，而不是给输入流中每个符号分别制定码字(缪拉·泰卡尔普, 2018)。算术编码是将输入符号序列映射为实数轴上[0,1)区间内的一个小区间，区间宽度等于该序列的概率值，之后在此区间内选择一个有效的二进制小数(如区间的起始值或中值)作为整个符号序列的编码码字。算术编码的执行过程是基于待编码符号的概率区间进行迭代分割的。

假设信源为{A, B, C, D}，各个符号对应的概率为{0.1, 0.4, 0.2, 0.3}，要对CADACDB这个信号进行编码，首先根据概率值得到表7.2。

表 7.2　符号概率

信源符号	A	B	C	D
概率	0.1	0.4	0.2	0.3
区间	[0,0.1)	[0.1,0.5)	[0.5,0.7)	[0.7,1)

按照下列步骤对信源进行编码。

(1)C：在最初始的间隔中，C位于区间[0.5, 0.7)，因此读入C之后编码间隔变成[0.5, 0.7)。

(2)A：A在初始区间位于整个区间的前10%，因此需要使用新编码区间的前10%来对A进行编码，因此编码区间变为[0.5, 0.52)。

(3)D：D占整个区间的70%～100%，因此也是占用这个编码区间的70%～100%，操作后的编码区间为[0.514, 0.52)。

(4)A：同样再读入A，编码区间变为[0.514, 0.5146)。

(5)C：同样再读入C，编码区间变为[0.5143, 0.51442)。

(6)D：同样再读入D，编码区间变为[0.514384,0.51442)。

(7)B：同样再读入B，编码区间变为[0.5143876,0.514402)。

输出的算术编码为0.5143876。算术编码示例如表7.3所示。

表 7.3　算术编码示例

步骤	输入信源符号	编码区间	间隔
1	C	[0.5, 0.7)	0.2
2	A	[0.5, 0.52)	0.2×0.1
3	D	[0.514, 0.52)	0.2×0.1×0.3
4	A	[0.514, 0.5146)	0.2×0.1×0.3×0.1

步骤	输入信源符号	编码区间	间隔
5	C	[0.5143, 0.51442)	0.2×0.1×0.3×0.1×0.2
6	D	[0.514384, 0.51442)	0.2×0.1×0.3×0.1×0.2×0.3
7	B	[0.5143876, 0.514402)	0.2×0.1×0.3×0.1×0.2×0.3×0.4

给定算术编码 0.5143876，具体的解码过程如表 7.4 所示。

表 7.4　解码示例

步骤	区间	译码符号	译码判决
1	[0.5, 0.7]	C	0.5143876 在 [0.5, 0.7)
2	[0.5, 0.52]	A	0.5143876 在 [0.5, 0.7) 第一个 10%
3	[0.514, 0.52]	D	0.5143876 在 [0.5, 0.52) 第七个 10%
4	[0.514, 0.5146]	A	0.5143876 在 [0.514, 0.52) 第一个 10%
5	[0.5143, 0.51442]	C	0.5143876 在 [0.514, 0.5146) 第五个 10%
6	[0.514384, 0.51442]	D	0.5143876 在 [0.5143, 0.51442) 第七个 10%
7	[0.5143876, 0.514402]	B	0.5143876 在 [0.514384, 0.514402) 第一个 10%

7.7　视频影像质量评价

当对视频影像进行 DCT 等编码操作时，会丢失一些人眼不易察觉的信息，采用这类方法能够实现较高的压缩比，但也会降低视频影像的质量。对于这些有损压缩算法，需要建立一套评价准则，对编码质量进行评价。评价准则可以分为主观质量评价和客观质量评价两大类。

7.7.1　主观质量评价

主观质量评价是使观察者根据事先规定的评价尺度或凭借自己的经验，对测试视频按视觉效果进行质量判断，并给出质量分数，进而对所有观察者给出的质量分数进行加权平均，所得数值即待测信号的主观质量评价结果。

人类心理学和视觉环境，如观察者的视力、感知质量和分数级别之间的翻译、对内容的偏好、自适应性、显示设备和周围的光线环境等因素的影响，导致主观质量评价实验复杂。主观质量评价主要有单刺激连续质量估价(signal stimulate continuous quality evaluation, SSCQE)和双刺激连续质量估价(dual stimulate continuous quality evaluation, DSCQE)两种评价方法。当给定一致的视觉环境和主观任务时，这两种评价方法被证明具有可重复的和稳定的结果，已经被国际电信联盟采纳成为国际标准的一部分。若多个主体进行 SSCQE 和 DSCQE 测试，则其平均得分可用于评价质量分数，两个质量分数之间的标准方差被用来评价两个主体之间的一致性。

在 SSCQE 方法中，观察者按照 5 个质量等级(最好、好、一般、不好、最差)给出其对视频质量的评价。观察者采用一个滑动块来标记当前时刻他们对视频质量的印象，并且采用滑动块跟踪视频质量的变化。

DSCQE 方法是一个基于比较的方法，该方法具有观察者所给出的质量分数不易受环境影响的优势。在 DSCQE 方法中，参考视频和失真视频交替显示，观察者可以采用与 SSCQE 类似的滑动块来评估两个序列。

7.7.2 客观质量评价

主观质量评价费时费力，无法实时给出评价结果，因此实际应用中主要采用可以自动测算的客观质量评价。常用的客观质量评价有均方误差(mean square error, MSE)、信噪比(signal noise ratio, SNR)、峰值信噪比(peak signal noise ratio, PSNR)等，其中最为常用的是 PSNR。PSNR 的数学表达式为

$$PSNR = 10 \cdot \lg\left[\frac{(2^n - 1)^2}{MSE}\right] \tag{7.33}$$

式中，MSE 表示原始图像和解码图像像素的均方差；n 表示图像像素值所用的比特数，通常 $n = 8$；PSNR 的单位是分贝(dB)。

PSNR 的计算简单，易于实现，当解码图像的 PSNR 值较高时，表示其客观质量较高，反之，当 PSNR 值较低时，表示其客观质量较低。

7.8　视频编码标准

在 20 世纪 70 年代末 80 年代初，人们已经研究出不少新的针对图像等多媒体内容的压缩算法，此时开发数字视频编码的条件基本成熟。第一个开发出实际编码的就是后来在数字视频编码领域起领头作用的视频编码专家组(Video Coding Experts Group, VCEG)[①]，该编码被命名为 H.120，它诞生于 1984 年，是一种偏向于实验性质的早期编码，主要基于差分脉冲编码调制(differential pulse code modulation,

---

① VCEG 是隶属于国际电报电话咨询委员会(International Telegraph and Telephone Consultative Committee, CCITT)组织的专家组。CCITT 于 1993 年更名为国际电信联盟(International Telecommunication Union, ITU)电信标准分局(ITU-T)。

DPCM)，用来保存电视内容，但是它并没有获得大规模的实际运用。

图 7.17 是视频编码标准的发展历程。在制定完 H.120 的后几年，VCEG 并没有停止他们在视频编码方面的研究。此时，很多跨国公司已经有使用网络进行视频会议的需求，在互联网带宽尚不充裕的年代，人们需要新的视频编码来实现流畅而优质的实时视频通信，H.261 应运而生。H.261 与首个数字视频编码标准 H.120 并没有直接的继承关系，完全可以说是另一种编码。在针对图像的压缩算法中，H.261 采用了人们比较熟悉的 DCT 算法，其在后来的 JPEG 编码中起主要作用。不止于此，H.261 引入了一系列针对视频的特性，奠定了现代视频编码的基础，其中主要有宏块和基于宏块的运动补偿。H.261 设计的目标是编码出比特率在 64～2048kbit/s 的视频，以用于实时的视频电话等。它首次确立了帧内预测编码与帧间预测编码同时使用的编码框架，在消除每一帧本身存在的冗余外，消除了帧与帧之间的冗余信息，从而大幅度降低了码率，成为实际可用性相当高的一种视频编码。它的编码框架也影响到了之后几乎所有的视频编码，尤其是 H.26x 和 MPEG 家族。

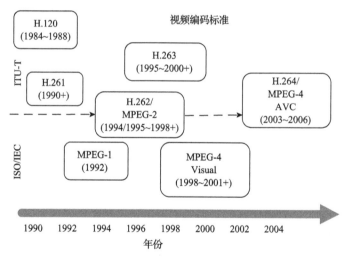

图 7.17　视频编码标准的发展历程

几乎在 H.261 开发的同一时间，国际标准化组织(International Organization for Standardization, ISO)和国际电工委员会(International Electrical Commission, IEC)两大组织建立了 MPEG，以开发国际标准化的音视频压缩编码。MPEG 在 1992 年 11 月完成了 MPEG-1 整套标准的制定，其中第二部分标准化了一个新的视频压缩编码，它受到 H.261 的深刻影响，继承和发展了分块、运动补偿、DCT 算法等思想，并进行了改进，例如，引入新的双向预测帧、亚像素精度的运动补偿等新技术。MPEG-1 成功继承了 H.261 的技术框架，并对其进行了有效补充，从而达到了不错的压缩比。在人们普遍还在用垂直螺旋扫描(vertical helical scan, VHS)方式的录像带年代,MPEG-1 已经能够以 1~2Mbit/s 的码率提供类似于 VHS 录像带的画质。这也使得它被选为影音光碟(video compact disc, VCD)的标准,在世界范围,尤其是在我国风行十余年。

1994 年推出的 MPEG-2 中标准化了一种新的视频编码,它在 1995 年被 ITU-T 采纳成为 H.262,本书简称其为 MPEG-2。相对于 1993 年推出的 MPEG-1,MPEG-2 并没有太大的改动,主要是针对数字视频光盘(digital video disc, DVD)应用和数字时代进行了改进。MPEG-2 虽然没有加入太多新的特性,在压缩率方面也没有太大的提升,但它被选中成为 DVD 影片(DVD-video)、数字电视、数码摄像机(digital video, DV)等一系列应用的标准编码,顺利成为世界范围内通行的视频编码格式,时至今日,它仍然被大量地应用在数字电视等系统中。

原先的 H.261 和 MPEG-1 都是偏向于低码率应用的,随着互联网和通信技术的飞速发展,人们对网络视频的需求也在提高,在低码率下追求更高质量的视频成为新的目标,而作为通信业的一大标准制定者,ITU-T 在 1995 年推出了 H.261 的直接继承者——H.263。H.263 有多个版本,在 1995 年推出的初版中,主要引入了在 MPEG-1 上开始应用的亚像素级精度的运动补偿,同样支持到 1/2 像素的精度。另外,H.263 改进了使用的 DCT 算法,加入了新的运动矢量中值预测法,在编码效率上相比 H.261 有了较为明显的提升。H.263 是一个被不断升级的编码,在初版之后还存在 H.263+和 H.263++两个官方升级版。H.263+着重提升了压缩率,相对初版有 15%~25%的总体提升。同时在 2001 年的修订版中,H.263+还引入了画质的概念,将各种特性分成几个级别,完整支持某一级别的特性即支持此画质,例如,初版 H.263 的基础部分是它的基础画质。H.263 在互联网和通信业中得到了广泛应用,一度活跃在各种视频网站上,而在通信业,H.263 被第三代合作伙伴计划(3rd Generation Partnership Project, 3GPP)组织采纳成为多种通信标准中的标准视频编码,如多媒体信息服务(multimedia messaging service, MMS),也就是彩信。

在 MPEG-2 之后,MPEG 有了新的目标——开发一套压缩率更高的编码框架,但同时保留对低复杂性的支持。1998 年,MPEG-4 标准正式诞生,其中第二部分定义了一套新的视觉编码体系,其不是仅针对视频应用,而是面向广泛意义上的视觉,故也称为 MPEG-4 Visual。MPEG-4 Visual 的核心设计实际上与 H.263 趋同,但是包含了更多关于编码效率的增强,定义了复杂度不同的多种 Profile,从最基本的简单画质到复杂画质,后者能够支持 4K 分辨率、12bit 和 4∶4∶4 采样的编码。由于 MPEG-4 Visual 具有授权和专利费用问题,且其压缩率没有明显提升,因此很多厂商选择自己实现一套兼容的编码,而不是直接采用该标准,其中经典的是 DivX 和 XviD,微软也将其作为视窗多媒体录像(windows media video, WMV)

的基础，慢慢升级到了 WMV9。

高清晰度 DVD(high definition DVD, HD DVD)和蓝光光碟(blu-ray disc, Blu-ray)的标准共支持了三种视频编码：其一是古老的 MPEG-2，其二是微软主推的 VC-1(VC(video codec, 视频编码器))，其三是全新的高级视频编码。AVC 是 MPEG 和 ITU-T 两个组织联合推出的新一代国际标准，在 MPEG 被规范为 MPEG-4 高级视频编码(第 10 部分)，在国际电信联盟无线电通信组(ITU-radiocommunications sector, ITU-R)，它又被标准化为 H.264。

H.264/AVC 是 ITU-T 与 MPEG 合作研究出的巨大成果，自颁布之日起就在产业界产生了巨大影响。严格地讲，H.264 视频编码标准是 MPEG-4 家族的一部分，即 MPEG-4 系列文档 ISO-14496 的第 10 部分，因此又称其为 MPEG-4/AVC。与 MPEG-4 重点考虑的灵活性和交互性不同，H.264 着重强调更高的编码压缩率和传输可靠性，在数字电视广播、实时视频通信、网络流媒体等领域得到了广泛的应用。综上，H.264 主要有如下优点：更灵活的宏块划分方法、数量更多的参考帧、更先进的帧内预测编码和压缩比更高的数据压缩算法。

视频编码技术经历了近 60 年的发展，逐渐形成了变换编码、预测编码、熵编码三类经典编码技术，分别用于去除视频信号的空域冗余、时域冗余以及信息熵冗余。基于这三类技术，逐渐形成了以"块"为单位的"预测+变换"的混合编码框架。目前出现的所有视频编码标准都是基于这一混合编码框架的，包括 ITU-T 的 H.261、H.263、H.264/AVC，ISO/IEC 的 MPEG-1、MPEG-2、MPEG-3 视频编码标准。这些视频编码标准都凝练了当时视频编码技术的精华，体现了当时学术界以及产业界对视频信号压缩处理的理解。下面首先介绍颜色空间，然后介绍两种典型的国际视频编码标准 MPEG-1 和 MPEG-2。

7.8.1 颜色空间

颜色通常用三个独立变量来描述，三个独立变量综合作用自然构成一个空间坐标，也就是颜色空间。被描述的颜色对象本身是客观的，不同颜色空间只是从不同的角度去衡量同一个对象。颜色空间可以分为两大类：基色颜色空间和色度、亮度分离颜色空间。前者典型的是 RGB(red, green, blue)，后者包括 YUV 和 HSV(hue, saturation, value)等。

1. RGB 颜色空间

目前，显示设备大都采用图 7.18 所示的 RGB 颜色空间，RGB 是利用颜色的原理来设计的，它的颜色混合方式就如红、绿、蓝三盏灯，当它们的光相互叠合时，色彩相混，亮度等于两者亮度之和，即加法混合。

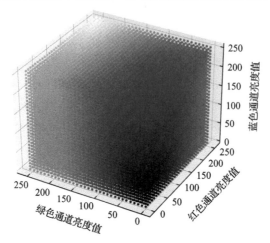

图 7.18　RGB 颜色空间(见彩图)

　　屏幕上的不同颜色是由红色、绿色、蓝色三种基本色光按照不同的比例(权重)混合而成。一组红色、绿色、蓝色就是一个最小的显示单位,屏幕上的任何一个颜色都可以由一组 RGB 值来记录和表达。因此,红色、绿色、蓝色又称为三原色光。RGB 的"多少"就是指亮度,使用整数来表示。在用 8B 表示时,RGB 各有 256 级亮度,用数字量化表示为 0, 1, 2, ⋯, 255。注意,虽然数字最高是 255,但 0 也是数值之一,因此共 256 级。

　　使用这种方式表示彩色图像的方式称为 RGB 颜色空间。RGB 颜色空间常用于显示器系统。通过这种形式表示的图像,每个像素的每一个颜色分量用 1bit 表示,则可以表示 256×256×256 种不同的颜色。在常见的图像格式中,如位图(bitmap,bmp)格式以 RGB 形式保存数据。

2. YUV 颜色空间

　　YUV 模型根据一个亮度(Y 分量)和两个色度(U、V 分量)定义颜色空间,在 YUV 颜色空间中,每一个颜色有一个亮度信号 Y 和两个色度信号 U 和 V。亮度信号是强度的感觉,它与色度信号断开,因此强度可以在不影响颜色的情况下改变。

　　YUV 可以进一步划分为 Y'UV、YUV、YCbCr、YPbPr 等类型,其中 YCbCr 主要用于数字信号。YCbCr 是被 ITU 定义在标准 ITU-R BT.601(标清清晰度电视)、ITU-R BT.709(高清清晰度电视)、ITU-R BT.2020(超高清晰度电视)中的一种颜色空间。其中,Y 与 YUV 中的 Y 含义一致,Cb、Cr 指色彩。在 YUV 家族中,YCbCr 是在计算机系统中应用最多的一种颜色空间,其应用领域很广泛,JPEG、MPEG、H264 均采用此格式。其中,Cr 反映了 RGB 输入信号红色部分与 RGB 信号亮度值之间的差异,而 Cb 反映的是 RGB 输入信号蓝色部分与 RGB 信号亮度值之间的差异，即色差信号。YCbCr 与 RGB 颜色空间相互转换的公式如下：

$$\begin{cases} Y = 0.229R + 0.587G + 0.114B \\ \text{Cb} = 0.564(B - Y) \\ \text{Cr} = 0.713(R - Y) \\ R = Y + 1.402\text{Cr} \\ G = Y - 0.344\text{Cb} - 0.714\text{Cr} \\ B = Y + 1.772\text{Cb} \end{cases} \tag{7.34}$$

视频压缩编码中采用 YCbCr 颜色空间的原理是，人类视觉系统对亮度比彩色更敏感，因此可以把亮度信息从彩色信息中分离出来，并使之具有更高的清晰度，而稍微降低彩色信息的清晰度，这样就可以在人眼没有察觉图像有明显差异的前提下实现视频压缩。例如，在压缩影像中，以 4∶2∶2 YCbCr 为例，它只需使用 RGB(4∶4∶4)2/3 的带宽即可传输。除此之外，MPEG-1 采用 YCbCr 颜色空间的重要性是，它的亮度信号 Y 和色度信号 Cb、Cr 是分离的。如果只有 Y 分量而没有 Cb、Cr 分量，那么表示的图像就是灰度图像。彩色电视机采用 YcbCr 颜色空间正是为了用亮度信号 Y 解决彩色电视机与黑白电视机的兼容问题，使黑白电视机也能接收彩色电视机的信号。

3. YUV 色度采样

在 YUV 中之所以采用色度和亮度分离的方式，主要是因为人的感官对亮度信息的敏感度远高于对色度信息的敏感度。因此，相对于其他像素格式，YUV 的最大优势是可以适当降低色度分量的采样率，并保证不对图像造成太大的影响，而且使用色度和亮度分离的方式还可以兼容黑白显示设备和彩色显示设备。对于黑白显示设备，只需要去除色度分量，只显示亮度分量。

在 YUV 中常见的色度采样方式有 4∶4∶4、4∶2∶2 和 4∶2∶0 等，如图 7.19 所示。

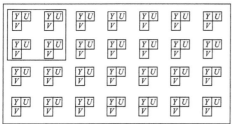
YUV 4∶4∶4

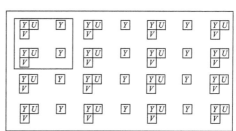
YUV 4∶2∶2

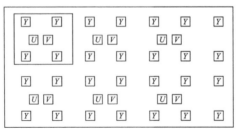

YUV 4：2：0

图 7.19　YUV 色度采样示意图

YUV 4：4：4 是指不进行色度采样；YUV 4：2：2 是指亮度分量 Y 保持不变，色度分量横向相邻的两个点只记录一个；YUV 是指 4：2：0 更进一步对色度分量进行采样，上下左右相邻四个点只记录一个。

7.8.2　MPEG-1

MPEG-1 视频编码标准于 1988 年启动，1990 年完成了视频算法的定义，1993 年初被批准为国际标准。MPEG-1 是通用标准，其对编码比特流表示和解码方法的语法进行了标准化，包括运动补偿预测、离散余弦变换、量化和游程编码。MPEG-1 只允许逐行输入，隔行视频必须转换为标准输入格式。MPEG-1 采用了 ITU-R 601 建议的 YCrCb 颜色空间，同时采用 4：2：0 的色度采样格式。

1. 输入视频格式和数据结构

MPEG-1 编码标准采用了分层数据结构，包含了图 7.20 所示的 6 层，分别是序列层、帧组层、图像层、像片层、宏块层和图像块层。这种结构使解码器可以更加明确地解释数据。

(1)如图 7.20 所示，序列影像由若干个帧组构成。

(2)如图 7.21 所示，帧组由帧构成，大小为 N 的帧组包含 N 帧。MPEG-1 有三种对应不同压缩模式的帧类型：I 帧、P 帧和 B 帧。帧内图像 I(intra-picture)，简称 I 帧，包含了完整内容的图像，用于其他帧图像的编码和解码参考，也就是关键帧。预测图像 P(predicated picture)，简称 P 图像或 P 帧(P-picture/P-frame)，是指以它之前出现的 I 帧作为参考的图像。对 P 帧进行编码，实际上就是对它们之间的差值进行编码。双向预测图像 B(bidirectionally-predictive picture)，简称 B 图像或 B 帧(B-picture/B-frame)，B 帧是指以它之前和之后出现的 I 帧和 P 帧作为参考的图像。对 B 帧进行编码，就是对它和 I 帧、P 帧的差值分别进行编码。

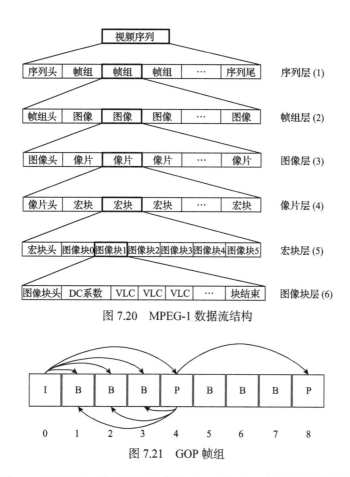

图 7.20 MPEG-1 数据流结构

图 7.21 GOP 帧组

(3) 如图 7.22(a)所示,帧(图像)由像片(slice)构成,每个像片的大小为 16×16。

(4) 如图 7.22(a)所示,每个像片由宏块构成,MPEG-1 采用(Y、Cr、Cb)颜色空间,其中 Y 为亮度分量,Cr 和 Cb 为色度分量。一个像片具体包含 1 个亮度宏块、1 个 Cb 宏块和 1 个 Cr 宏块。

(5) 如图 7.22(b)所示,宏块由 4 个 8×8 的亮度块,以及在空间上与之相关的色度块(Cb 块和 Cr 块)共同构成。

(6) 块是 8×8 阵列,是最小的 DCT 单元,其具体考虑帧间和帧内两种情况。若对应的块是帧内预测编码,则块中包含通过 DPCM 的 DCT 的直流系数,以及可变长编码的 DCT 的交流系数。若对应块是帧间预测编码,则直流系数和交流系数都采用 VLC。

序列、GOP、图像、像片和宏块都定义了头信息,以唯一地确定后续数据。

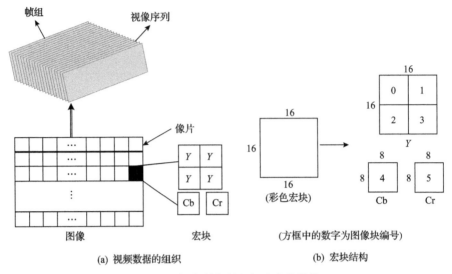

(a) 视频数据的组织　　　　　　　　　　(b) 宏块结构

图 7.22　视频数据的组织和宏块结构

2. I 帧的基本编码原理

MPEG-1 中 I 帧主要在时间冗余和空间冗余两个方向上去除冗余数据。时间冗余是帧与帧之间产生的冗余数据，而空间冗余则是单帧图像中相邻像素之间产生的冗余数据。对于 I 帧，因为它是关键帧，既不需要参考过去的帧，也不需要参考将来的帧，所以对 I 帧进行编码是为了消除空间冗余数据。MPEG-1 中 I 帧编码原理如图 7.23 所示，若图像是用 RGB 颜色空间表示的,则首先把它转换成用 YCbCr 颜色空间或 CMYK(cyan, magenta, yellow, black)颜色空间表示的图像，然后把

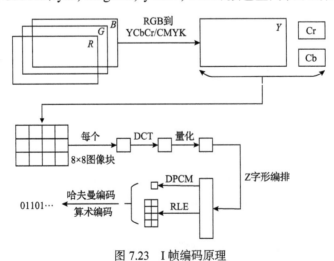

图 7.23　I 帧编码原理

每个图像平面分成 8×8 图像块，并对每个图像块进行 DCT 处理。DCT 的作用是把数据从空域变换到频域，方便后续处理。

　　下面对变换后得到的频域数据进行量化，因为人眼对高频区域并不敏感，所以利用这一点可以将高频区域数据进行压缩。这样，图像块的数据就会呈现为两部分：一部分是变化平滑的低频数据；另一部分是刚压缩过的高频数据，数值也变得差不多。经过如图 7.24 所示的 Z 字形编排，数据就会呈现出连续几个值相同的形式，如 23334551550000。因此，再经过游程编码，就可以去掉连续值相同的冗余数据。

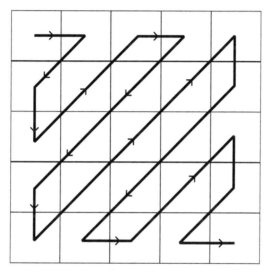

图 7.24　Z 字形编排

　　因为游程编码在编码时对相同的数值只编码一次，同时计算相同数值重复的次数，所以又称为行程编码。与游程编码处于同级的 DPCM，主要是对图像块与图像块之间的差值进行编码。因此，可以再次压缩数据，通过哈夫曼编码或者算术编码，编码操作也就完成了。

3. P 帧的基本编码原理

　　P 帧也就是预测图像 P，与 I 帧不同的是，P 帧不仅要从空间去除冗余数据，还要从时间冗余方面着手，因为它是以在它之前出现的 I 帧为参考对象来编码的。与 I 帧不同的是，预测图像 P 的编码是以 16×16 的宏块为基本编码单元的。

　　对 P 帧进行编码，就是对它和参考图像之间的差值进行编码，如图 7.25 所示。首先计算出宏块的运动矢量，然后计算出当前要编码的图像宏块与参考图像宏块之间的差值。计算出差值和运动矢量，后续的操作与对 I 帧的编码相同。

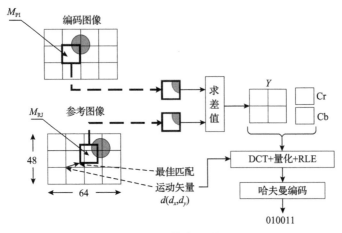

图 7.25　P 帧编码原理

4. B 帧的基本编码原理

B 帧也就是双向预测图像 B，对 B 帧进行编码，就是对它前后帧的像素值之差进行编码，与对预测图像 P 的编码类似，具体的编码原理如图 7.26 所示。

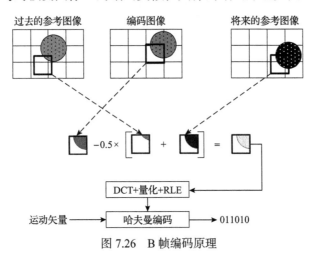

图 7.26　B 帧编码原理

在 MPEG-1 中，I 帧、P 帧、B 帧的压缩比通常如表 7.5 所示。

表 7.5　不同类型帧的压缩比

图像类型		I	P	B	平均
MPEG-1 (1.15Mbit/s)	数据量/bit	150000	50000	20000	38000
	每帧压缩比	7 : 1	20 : 1	50 : 1	27 : 1

可以看到,压缩后 I 帧的数据量最大,而 B 帧的数据量最小,平均压缩比为
27∶1,因此使用 MPEG-1 标准能获得更高的压缩比。

7.8.3　MPEG-2

MPEG-1 压缩视频的质量无法满足大多数娱乐性质的视频应用,因此 MPEG-2
应运而生。

1. 输入视频格式和数据结构

MPEG-2 视频可以采用隔行输入格式和逐行输入格式,同时进行允许逐行编
码视频的隔行显示。MPEG-2 支持显示 4∶2∶0、4∶2∶2(只在垂直方向上对色
度信号进行降采样)和 4∶4∶4(没有降采样)的色度信号格式。因而,MPEG-2 中
一个宏块中可以包含 6 个(4 个亮度、1 个 Cr、1 个 Cb)、8 个(4 个亮度、2 个 Cr、
2 个 Cb)或 12 个(4 个亮度、4 个 Cr、4 个 Cb)8×8 图像块。

逐行和隔行这两个词是指扫描输出画面的方式,扫描是指阴极射线显像管
(cathode ray tube, CRT)显示器从上到下发出电子渲染画面的过程。逐行视频就是
整个画面一行不漏地全部渲染出来。刚开始设备渲染速度较慢,在帧率足够的情
况下,会前一帧扫描奇数行,后一帧扫描偶数行,两种画面交替呈现,这就是隔
行扫描。

隔行视频由一组通过场周期隔开的顶场和底场序列组成。这里要注意区分几
个概念,帧就是序列影像中的一幅图像,一帧图像可分为两个场,即顶场和底场,
若一帧图像含有 1280 行,则 0,2,4,6,8,⋯,1278 组成一个场,称为顶场;
1,3,5,7,9,⋯,1279 组成一个场,称为底场。在 MPEG-2 中,针对一帧图
像,先扫描顶场,再扫描底场,如此可能造成图像的闪烁,但是对于需要在信道
传输的图像,每一次传输的数据量相比逐行减半。

2. 隔行视频压缩

隔行帧包含两个场:顶场和底场,两个场一起组成了一帧。在 MPEG-2 中,
图像被编码为与 MPEG-1 中一样的 I、P、B 图像。为了优化编码隔行视频,MPEG-2
能编码一幅图像为场图像或帧图像。在场图像模式,一帧图像中的两个场分开编
码。如果图像中的第一个场是 I 图像,那么图像中的第二个场可以是 I 图像或者 P
图像,因此第二个场能用第一个场作为参考图像。此外,如果图像中的第一个场
是 P 图像或者 B 图像,那么第二个场必定是同种类型的图像。在帧图像中,两个
场被隔行扫描至一幅图像中,并作为一幅图像同时编码,与传统的逐行视频影像
编码更相似。在 MPEG-2 中,一个序列影像是一个帧图像和场图像的整合。

MPEG-2 定义了两种不同的运动补偿预测类型:基于帧的运动补偿预测和基

于场的运动补偿预测。基于帧的运动补偿预测形成了基于帧参考的预测,基于场的运动补偿预测是基于场参考的预测。MPEG-2 引入了一个双重运动补偿预测来有效地探索两场之间的时域冗余。

3. 帧 DCT 模式/场 DCT 模式

MPEG-2 有两种 DCT 模式,分别是基于帧的 DCT 模式和基于场的 DCT 模式。在基于帧的 DCT 模式中,一个 16×16 的宏块被分割为 4 个 8×8 块,这种模式适用于静态图像(来自相邻扫描行的像素值之间的高相关性造成了静态图像的微小运动)。在基于场的 DCT 模式中,宏块被分为 4 个 DCT 块,块中来自相同场的像素被聚类到一个块中,这种模式适用于有运动的块,运动导致了失真,可能引入高频噪声至隔行帧中。

4. 交替扫描

MPEG-2 定义了两种不同的 Z 字形编排顺序,用于 MPEG-1 中的 Z 字形编排是适用于逐行图像的,逐行图像中每一个水平方向及竖直方向上的频率分量都是同样重要的。在 MPEG-2 中,基于隔行图像在竖直方向上的频率分量更高的趋势引入了交替扫描。因此,扫描顺序在更高的竖直频率上的权重比在相同的水平频率上更高。在 MPEG-2 中,两个 Z 字形编排顺序能在图像的基础上进行选择。

参 考 文 献

高文, 赵德斌, 马思伟. 2018. 数字视频编码技术原理[M]. 2 版. 北京: 科学出版社.

缪拉·泰卡尔普 A. 2018. 数字视频处理[M]. 2 版. 曹铁勇, 张雄伟, 杨吉斌, 等译. 北京: 机械工业出版社.

吴乐南. 2005. 数据压缩[M]. 2 版. 北京: 电子工业出版社.

Xiong Z, Guleryuz O, Orchard M T. 1996. A DCT-based embedded image coder[J]. IEEE Signal Processing Letters, 3(11): 289-290.

第8章　视频影像处理

成像条件和设备性能的影响，使得序列影像发生质量退化。因此，需要通过滤波、增强和超分辨率重建等处理来提升影像质量，以利于后续的影像处理与分析。序列影像的质量退化既有色彩的失真，也有各类噪声的影响，甚至有较大的斑点遮挡影像中的关键信息或重要特征，影像滤波、增强与超分辨率重建的主要任务是解决此类问题。本章主要介绍视频影像处理，具体包括色彩校正与调整、视频影像降噪、视频影像增强、视频影像超分辨率重建四个部分。

8.1　色彩校正与调整

色调和色彩既是影像信息内容的重要组成部分，也是处理与分析时描述目标的核心特征之一。在视频数据的采集、传输和显示过程中，色调和色彩容易受到干扰，使呈现或记录的视频与原场景（目标）之间存在较大的颜色偏差（缪拉·泰卡尔普，2018）。因此，对色彩进行校正是视频影像处理中非常重要的一项基础性工作。从系统的角度，根据各种干扰因素，视频色彩的校正可以在采集、编码、处理、显示等各个阶段进行。

在模拟视频中采用亮度模式/色度模式表示色彩信息，单色视频则主要是亮度信息。基于视频光栅的扫描及显示原理，模拟视频的色彩调整采用亮度和色度独立设置的方式。在数字视频中，经过模数转换，亮度信息及色度信息按照一定的比例被采样到影像帧中的每个像素中，同时根据彩色坐标系的变换关系将 YUV 各分量值变换为 RGB 对应值，或者进行逆变换。

对数字影像较为重要的颜色空间是色度-亮度-饱和度(hue, intensity, saturation, HIS)模型，因为该模型更符合人眼对颜色信息的描述习惯。色度是单纯关于颜色（基色）的属性值，饱和度代表基色为白色光稀释的程度。HIS 模型可由图 8.1 中的对称圆锥形颜色空间表示。对于位于中央的亮度轴，其亮度值 I 由 0 代表的"黑"过渡到 1 代表的"白"；颜色空间中的点在垂直于亮度轴的各个圆形剖面上，以 0° 表示的"红"色为起点，圆周角度表示色度 H；各剖面原点到颜色点的矢量定义了饱和度 S。

RGB 与 HIS 之间可进行相互变换。给定影像中的 RGB 值，每一像素的度分量 I 可通过平均 R、G、B 值得到，即

$$I = \frac{1}{3}(R + G + B) \tag{8.1}$$

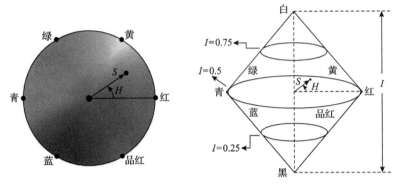

图 8.1　HIS 模型(见彩图)

色度 H 分量为

$$H = \begin{cases} \theta, & B \leqslant G \\ 360° - \theta, & B > G \end{cases}, \quad \theta = \arccos\left\{ \frac{\frac{1}{2}[(R-G) + (R-B)]}{[(R-G)^2 + (R-B)(G-B)]^{1/2}} \right\} \tag{8.2}$$

饱和度 S 分量为

$$S = 1 - \frac{3}{R + G + B}\min(R, G, B) \tag{8.3}$$

上述由 RGB 到 HIS 的变换是将 RGB 各分量值除以 255 归一化至[0,1]范围内进行的,则饱和度及亮度分量也位于[0,1]范围内,而色度分量也可通过除以 360° 进行归一化。

按照图 8.1 中圆形区域对于色度 H 的分布设置,HIS 到 RGB 的逆变换划分为三个扇区,分别为 $0° \leqslant H < 120°$ 的红绿扇区、$120° \leqslant H < 240°$ 的绿蓝扇区和 $240° \leqslant H \leqslant 360°$ 的蓝红扇区,其变换公式分别为

$$\begin{cases} R = I \cdot \left[1 + \frac{S \cdot \cos H}{\cos(60° - H)} \right] \\ B = I \cdot (1 - S) & , \quad 0° \leqslant H < 120° \\ G = 3I - (R + B) \end{cases} \tag{8.4}$$

$$\begin{cases} G = I \cdot \left[1 + \dfrac{S \cdot \cos H}{\cos(60° - H)} \right] \\ R = I \cdot (1 - S) \\ B = 3I - (R + G) \end{cases} , \quad \begin{matrix} 120° \leqslant H < 240° \\ H = H - 120° \end{matrix} \qquad (8.5)$$

$$\begin{cases} B = I \cdot \left[1 + \dfrac{S \cdot \cos H}{\cos(60° - H)} \right] \\ G = I \cdot (1 - S) \\ R = 3I - (G + B) \end{cases} , \quad \begin{matrix} 240° \leqslant H \leqslant 360° \\ H = H - 240° \end{matrix} \qquad (8.6)$$

结合 YUV、YC_bC_r、YIQ 与 RGB 坐标之间的变换，数字视频的色彩处理能够在任意颜色空间中进行。可结合不同的应用需求，选择在不同的颜色空间进行视频色彩处理。例如，将视频影像变换到 HIS 颜色空间，就可以通过对亮度、对比度、色度及饱和度等分量的调整来完成整体色彩的校正与调整，其中对比度增强在亮度分量中进行。图 8.2 给出了视频影像色彩校正与调整效果，(a)图~(d)图分别是原始影像、亮度变暗、饱和度提高以及颜色偏绿的调整结果。

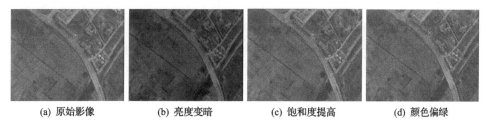

(a) 原始影像　　　　(b) 亮度变暗　　　　(c) 饱和度提高　　　　(d) 颜色偏绿

图 8.2　视频影像色彩校正与调整效果(见彩图)

8.2　视频影像降噪

视频滤波方法按照处理域的不同可分为空域、频域、时域和时空域等。不同域之间的视频滤波方法会产生重叠现象，或者一种视频滤波方法会涉及多个处理域。例如，在时域或时空域的视频滤波方法也可使用频域的方法，即将视频影像的全部或一部分通过傅里叶变换变换至频域后，再利用时域或时空域的方法进行滤波处理。

8.2.1　空域滤波

视频滤波方法中的空域、频域等与图像滤波中的相应方法基本一致，只是将其扩展为对多帧图像进行处理，并利用视频信号中更多的冗余信息进行优化，以达到更好的滤波效果。空域滤波是在原始视频影像中直接对像素值进行代数运算。

1. 邻域平均法

邻域平均法是用图像中每个像元的相邻区域中各像点的灰度级平均值来代替该像元原来的灰度级，这种方法也称为均值滤波法。

假设有一幅实际图像 $g(x,y)$，其由两部分组成，即

$$g(x,y) = f(x,y) + n(x,y) \tag{8.7}$$

经过邻域平均法处理后得到的平滑图像为

$$g(x,y) = \frac{1}{M}\sum_{(i,j)\in S} g(i,j) = \frac{1}{M}\sum_{(i,j)\in S} f(i,j) + \frac{1}{M}\sum_{(i,j)\in S} n(i,j) \tag{8.8}$$

因此，经过邻域平均法处理后可得到近似理想图像：

$$f(x,y) = g_m(x,y) = \frac{1}{M}\sum_{(i,j)\in S} g(i,j) \tag{8.9}$$

空间邻域平均处理的一个重要应用是，为了对感兴趣的物体得到一个粗略的描述而模糊一幅图像。因此，较小物体的强度与背景混合在一起，较大物体变得像"斑点"而易于检测。掩模的大小由即将融入背景中的物体的尺寸来决定。图 8.3(a)是绕地球轨道的 Hubble 望远镜拍摄的一幅图像，图 8.3(b)显示了利用 15×15 均值掩模对该图像进行处理的结果。可以看到，图像中的一部分或者融入背景之中，或者其亮度明显减弱。用模糊图像最高亮度 25% 的灰度阈值，对图 8.3(b)

  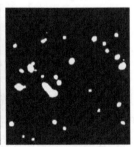

(a) 原始图像　　　　　(b) 均值滤波结果　　　(c) 均值滤波后阈值化结果

图 8.3　Hubble 图像均值滤波处理结果

进行阈值化处理, 结果如图 8.3(c) 所示, 原始图像中面积较大的物体的轮廓得以保留。

图 8.3 的实验结果表明, 邻域平均法能有效地抑制高频随机噪声, 而且随着选取的邻域半径的增加, 图像平滑效果越来越显著。但是, 邻域平均法常常使图像产生模糊现象, 使图像中目标边缘产生平滑损失, 而且这种图像模糊化随着选取的邻域半径的增加而加重。

2. 阈值平均法

在邻域平均法处理中, 引入一个限定值 T, 即阈值, 并给出如下规定: 若某像元的灰度级和邻域内各点灰度级的平均值的差值超过规定的阈 T (是高频噪声), 则用平均值来代替该像元原来的灰度级。若差值不超过阈 T (是图像细节), 则保留原灰度级。

$$f(x,y) = \begin{cases} g_m(x,y), & g(x,y) - g_m(x,y) > T \\ g(x,y), & \text{其他} \end{cases} \tag{8.10}$$

采用阈值平均法可以在保持原始图像细节的前提下, 在很大程度上减小平滑处理中产生的图像模糊程度, 但是在实际处理过程中, 限定值 T 的选取较为关键。

3. 加权平均法

图像中除高频噪声外, 各个像元的灰度值均代表一定的信息。在图像处理后应尽量保留这些信息。加权平均法就是在邻域平均中, 赋给邻域内各像元不同的权系数, 也就是在整个邻域内所占的分量。这样做的目的是在消除个别极限高频噪声的同时, 尽量保留图像的原有信息, 即保持图像轮廓边缘的清晰度。

假定当前的图像 $g(x,y)$ 上有两个不同灰度级的区域 R_1 和 R_2, 点 (x,y) 靠近两个不同区域的边界, 若用邻域 S 内各点灰度级的均值来代替点 (x,y) 的灰度级, 则必然会使边界模糊。为了缓解边界模糊问题, 可以使用不同的权重对像元来进行滤波处理, 这就是加权平均法的思想。加权平均法可表示为

$$f(i,j) = \sum_{(i,j) \in S} h(i,j) g(i,j) \tag{8.11}$$

规定 $h(i,j)$ 都是非负的, 并且有

$$\sum_{(i,j) \in S} h(i,j) = 1 \tag{8.12}$$

上述条件是为了保证变换前后图像的明暗程度不变。

确定权系数的一个合理选择是: 灰度的离差越小, 权系数越大, 即将邻域内像元的灰度值与中心像元的灰度值之差的倒数作为权系数, 具体表示为

$$d(x+i, y+j) = \frac{1}{\left|g(x+i, y+j) - g(x, y)\right|} \tag{8.13}$$

同时规定中心像元处的 $d(x, y)$ 为常数，一般取为 1/2。由式 (8.13) 各点的权系数可构成权系数 $\boldsymbol{H}$ 阵，并注意 $\boldsymbol{H}$ 阵的归一化。

4. 保边平均平滑处理

保边平均平滑处理就是保持边缘的平滑处理，它是在不影响图像边缘特征的情况下，对图像进行平滑处理，使图像既消除了噪声，又不产生模糊现象。

当图像在局部区域内存在边缘时，其灰度的方差将变大。利用这一性质，可以尽可能地在各像元周围计算出不同区域内的灰度方差，将灰度方差最小的区域内的平均灰度作为处理结果。这样，不仅不会使边缘模糊，还能消除噪声，此方法还具有一定的使模糊边缘锐化的作用。

5. 中值滤波法

邻域平均法是将 $n \times n$ 局部区域中的灰度平均值作为区域中心像元的灰度值，而中值滤波法是把局部区域中灰度的中心值作为区域中心像元的值。例如，在 3×3 区域内进行中值滤波，就是将区域内 9 个灰度值按由小到大排列，从小的一方开始的第 5 个值即中心像元的值。采用这种非线性的滤波能够在很大程度上防止边缘模糊。

6. 非局部平均

非局部平均(non-local means, NL-Means)在 2005 年由 Baudes 提出，该方法使用自然图像中普遍存在的冗余信息进行滤波。与常用的均值滤波、中值滤波等利用图像局部信息进行滤波不同，它利用整幅图像进行滤波，以图像块为单位在图像中寻找相似区域，再对这些相似区域求平均，能够比较好地去除图像中存在的高斯噪声。NL-Means 的滤波过程可以用公式表示为

$$\begin{cases} \mathrm{NL}[v(i)] = \displaystyle\sum_{j \in I} w(i, j) v(j) \\[2mm] w(i, j) = \dfrac{1}{Z(i)} \mathrm{e}^{-\frac{\left\| v(N_i) - v(N_j) \right\|^2}{h^2}} \\[2mm] Z(i) = \displaystyle\sum_{j \in I} \mathrm{e}^{-\frac{\left\| v(N_i) - v(N_j) \right\|^2}{h^2}} \end{cases} \tag{8.14}$$

式中，$v(i)$ 是以当前像素为中心的邻域图像块；$v(j)$ 是在一定范围内搜索得到的与 $v(i)$ 最为相似的图像块；$w(i,j)$ 是滤波系数；$Z(i)$ 是归一化因子；$\left\|v(N_i) - v(N_j)\right\|$ 是两个图像块的距离；h 是平滑系数，控制高斯函数的衰减程度，h 越大，高斯函数变化越平缓，滤波水平越高，但也会导致图像越模糊；h 越小，边缘细节信息保留得越多，但会残留过多的噪声点。h 的具体取值应当以图像中的噪声水平为依据。

图 8.4 为非局部平均示意图，p 为去噪点，因为 q^1 和 q^2 的邻域与 p 相似，所以权重值较大，而邻域相差比较大的点 q^3 的权重值很小。

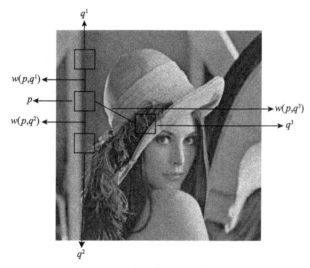

图 8.4 非局部平均示意图

若用一幅图像把所有点的权重都表示出来，则得到如图 8.5 所示的非局部平均

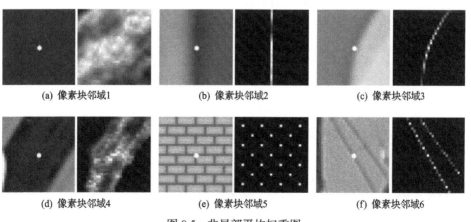

(a) 像素块邻域1　　　　　(b) 像素块邻域2　　　　　(c) 像素块邻域3

(d) 像素块邻域4　　　　　(e) 像素块邻域5　　　　　(f) 像素块邻域6

图 8.5 非局部平均权重图

权重图。在这 6 组图像中，左边是原始图像，中心的白色色块代表了像素块邻域，右边是计算出来的权重图，权重范围从 0(黑色)到 1(白色)。像素块邻域在整幅图像中移动计算图像中其他区域与这个块的相似度，相似度越高，得到的权重越大。将这些相似的像素值根据归一化之后的权重进行加权求和，得到的就是滤波之后的图像。

　　一般而言，考虑到 NL-Means 的算法复杂度，搜索区域取为 21×21，用于相似度比较的图像块大小取为 7×7 较为合理。实际中，常常需要根据噪声来选取合适的参数。高斯噪声的标准差增加，为了使算法鲁棒性更好，需要增大块区域，块区域增大同样需要增大搜索区域。图 8.6 为非局部平均图像处理结果，图 8.6(a)为原始影像，图 8.6(b)为噪声图像，图 8.6(c)为 NL-Means 滤波结果。从视觉效果上看，NL-Means 算法取得了非常不错的滤波结果。

(a) 原始图像　　　　　　(b) 噪声图像　　　　　　(c) NL-Means滤波结果

图 8.6　非局部平均图像处理结果(见彩图)

8.2.2　频域滤波

　　频域滤波是将视频影像通过傅里叶变换变换至频域，对代表噪声的频率进行衰减并最大限度地保留视频的原始信息。

　　频域滤波是一种频域处理方法。对于一幅图像，其边缘、跃变部分以及噪声都是图像的高频分量，而大面积的背景区域和慢变部分是图像的低频分量，用频域低通滤波法去除其高频分量就能去除噪声，使图像平滑。

　　频域滤波建立在卷积运算的基础上，即

$$f(x,y) = g(x,y) * h(x,y) \tag{8.15}$$

式中，$g(x,y)$ 为原始图像函数；$h(x,y)$ 为滤波函数；$f(x,y)$ 为滤波后的期望图像。令

$$\begin{cases} g(x,y) \Leftrightarrow G(u,v) \\ h(x,y) \Leftrightarrow H(u,v) \\ f(x,y) \Leftrightarrow F(u,v) \end{cases} \tag{8.16}$$

则根据卷积定理,有

$$F(u,v) = G(u,v) * H(u,v) \tag{8.17}$$

频域滤波建立在傅里叶变换与卷积定理的基础上。在 $G(u,v)$ 给定的条件下,期望图像 $F(u,v)$ 的效果取决于 $H(u,v)$ 的选取。按照选取的 $H(u,v)$ 的性质,频域滤波分为低通滤波、高通滤波和带通滤波等。

频域滤波处理过程如图 8.7 所示。

$$\xrightarrow{g(x,y)} \text{傅里叶变换} \xrightarrow{G(u,v)} *H(u,v) \xrightarrow{F(u,v)} \text{傅里叶逆变换} \xrightarrow{f(x,y)}$$

图 8.7 频域滤波处理过程

下面介绍两种常用的低通滤波器。

1. 理想低通滤波器

最简单的低通滤波器是截断傅里叶变换中所有高频成分,这些高频成分与变换原点的距离大于指定的距离 D_0,这种滤波器称为理想低通滤波器(ideal low-pass filter, ILPF)。一个 ILPF 的传递函数由式(8.18)表示:

$$H(u,v) = \begin{cases} 1, & D(u,v) \leqslant D_0 \\ 0, & D(u,v) > D_0 \end{cases} \tag{8.18}$$

式中, $D(u,v)$ 表示频率平面的原点到 (u,v) 点的距离; D_0 表示一个指定的正值,称为 ILPF 的截止频率。滤波器的效果是将与原点距离小于 D_0 的频谱保留,与原点距离大于 D_0 的频谱截断。

利用 D_0 分别为 5、15、30、80 和 230 的截止频率进行理想低通滤波,结果如图 8.8 所示。由这些滤波器滤除的功率分别为总功率的 8.0%、5.4%、3.6%、2.0% 和 0.5%。由图 8.8 可以看出,随着阈值增大,频谱中保留功率的增大,图像细节逐渐明晰,模糊效果越来越差。同时,也可以很明显地发现振铃现象,就是间隙处原本统一的纹理由于模糊变得明暗起伏,而随着被滤除的高频内容的数量减少,图像的纹理变得越来越清晰。

正是 ILPF 存在振铃现象,使其平滑效果下降,因此本节将介绍其他低通滤波器。通过优化滤波器可以克服这种振铃现象,巴特沃思低通滤波器就是其中一种。

2. 巴特沃思低通滤波器

一个 n 阶的巴特沃思低通滤波器(Butterworth low-pass filter, BLPF)的传递函数表示为

$$H(u,v) = \frac{1}{1 + \left[\dfrac{D(u,v)}{D_0}\right]^{2n}} \qquad (8.19)$$

或

$$H(u,v) = \frac{1}{1 + \left(\sqrt{2} - 1\right)\left[\dfrac{D(u,v)}{D_0}\right]^{2n}} \qquad (8.20)$$

式中，D_0 表示截止频率到原点的距离。

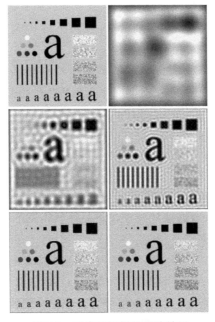

图 8.8　图像理想低通滤波结果

当 $D(u,v) = D_0$ 时，$H(u,v) = 0.5$（从最大值 1 降到它的 50%）。

不同于 ILPF，BLPF 变换函数在通带与被滤出的频率之间没有明显的截断。对于有不同平滑传递函数的滤波器，其截止频率的位置 $H(u,v)$ 降低的幅度不同。

一阶 BLPF 中没有振铃现象，二阶 BLPF 中振铃现象通常很微弱，但随着阶数增高，振铃现象越来越严重。BLPF 又称为最大平坦滤波器，其与 ILPF 不同，BLPF 的通带与阻带之间没有明显的不连续性。因此，一阶 BLPF 没有振铃现象，模糊程度减小，但从 BLPF 传递函数特性曲线 $H(u,v)$ 可以看出，在 BLPF 的尾部保留有较多的高频，因此对噪声的平滑效果不如理想低通滤波器。

图 8.9 中显示了二阶 BLPF 用于靶标图像的平滑效果。与 ILPF 相比，二阶 BLPF 几乎没有出现振铃现象，这是因为低频滤波器和高频滤波器之间平滑过渡。

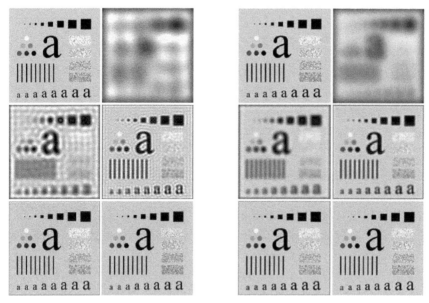

图 8.9　二阶 BLPF 用于靶标图像的平滑效果

8.2.3　时域滤波

时域滤波仅考虑图像序列在时间维度上的相关性，运算简单、效率高，根据其是否采用运动补偿，可以分为非运动补偿的时域滤波和运动补偿的时域滤波。

1. 非运动补偿的时域滤波

非运动补偿的时域滤波是一种计算比较简单的视频滤波方法，与图像的空域滤波非常相似，其数学表达式为

$$f(i,j,k) = \sum_{m=0}^{n} w(m)g(i,j,k-m) \tag{8.21}$$

式中，$w(m)$ 为滤波系数；n 为视频影像待处理当前第 k 帧与之前存储的第一帧的帧间距离。非运动补偿的时域滤波器的降噪效果与滤波器的长度、滤波的帧数密切相关，参与滤波的帧数越大，抑制噪声的效果越好。但是，当视频影像中存在运动时，会造成时域模糊现象，产生的失真也较大。因而，非运动补偿的时域滤波器与空域滤波器相同，也需要在抑制噪声和防止失真中寻找一个平衡点。非运动补偿的时域滤波器往往需要存储较多帧图像，从而获得好的滤波效果，但这样

会对存储空间有较大的需求。

递归型时域滤波器只需要存储少量视频帧,并且其所需要控制的参数也更少,其数学表达式为

$$f(i,j,k) = (1-w)f(i,j,k-1) + wg(i,j,k) \tag{8.22}$$

式中, $f(i,j,k-1)$ 表示上一帧图像的滤波输出值; $g(i,j,k)$ 表示当前帧图像的像素值; w 为权重系数。这种方法只需要存储前一帧图像,设定的权重参数只有一个,能够有效降低算法的复杂度。

2. 运动补偿的时域滤波

运动补偿的时域滤波能够较为有效地避免产生时域模糊现象,通过运动匹配找到当前像素在参考帧中的对应像素,尽量保证时间维度的平稳性,选取合适的像素参与滤波以提升最后的滤波效果。

运动补偿的时域滤波首先根据块匹配方法找到待处理像素在参考帧中对应的像素,然后按照式(8.23)进行滤波:

$$f(i,j,k) = (1-w)f(i+p,j+q,k-1) + wg(i,j,k) \tag{8.23}$$

式中, $g(i,j,k)$ 表示当前帧图像的像素值; $f(i+p,j+q,k-1)$ 表示当前帧像素在参考帧中的对应像素; (p,q) 表示通过运动匹配得到的运动矢量; $f(i,j,k)$ 表示最终的滤波输出值。

8.2.4 时空域滤波

视频时空域滤波就是综合利用视频中的空域和时域信息进行滤波,方法很多,下面介绍三种典型的时空域滤波方法。

1. 三维块匹配滤波

三维块匹配(block-matching and 3D, BM3D)滤波是当前效果最好的滤波算法之一,该算法的思想与 NL-Means 算法类似,也是利用在图像中寻找相似块进行滤波,但是比 NL-Means 算法要复杂得多。BM3D 算法共分为两大步骤,如图 8.10 所示,即基础估计(步骤 1)和最终估计(步骤 2)。

在这两大步骤中,分别又有三个小步骤:相似块分组、协同滤波和聚合。

步骤 1:基础估计。

(1)相似块分组。首先在噪声图像中选择一些 $k \times k$ 大小的参照块(考虑到算法复杂度,不用每个像素点都选择参照块,通常每隔 3 个像素为一个步长,算法复杂度降到 1/9),在参照块周围适当大小 $(n \times n)$ 的区域内进行搜索,寻找若干个差异

度最小的块，并把这些块整合成一个三维矩阵，整合的顺序对结果影响不大。同时，参照块自身也要整合进三维矩阵，且差异度为 0。

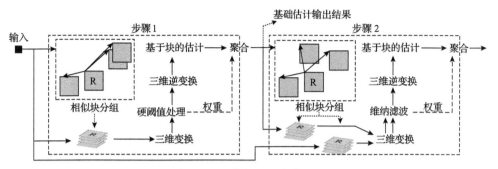

图 8.10　三维块匹配滤波原理

(2) 协同滤波。形成若干个三维矩阵之后，将每个三维矩阵中的二维块 (噪声图像中的某个块) 进行二维变换，如可采用小波变换或 DCT 等。二维变换结束后，在矩阵的第三个维度进行一维变换，如阿达马变换。一维变换完成后对三维矩阵进行硬阈值处理，将小于阈值的系数置为 0，通过第三维的一维逆变换和二维逆变换得到处理后的图像块。

(3) 聚合。每个二维块都是对去噪图像的估计。这一步分别将这些块融合到原来的位置，每个像素的灰度值通过每个对应位置块的值进行加权平均得到，权重取决于置 0 的个数和噪声强度。

步骤 2：最终估计。

(1) 相似块分组。本步骤第 (3) 步中的聚合过程与步骤 1 中类似，不同的是，这次将会得到两个三维数组：噪声图像形成的三维矩阵和基础估计结果的三维矩阵。

(2) 协同滤波。两个三维矩阵都进行二维变换和一维变换，这里的二维变换通常采用 DCT 以得到更好的效果。用维纳滤波将噪声图像形成的三维矩阵进行系数放缩，该系数通过基础估计的三维矩阵的值以及噪声强度得出。

(3) 聚合。与步骤 1 中相同，这里也将这些块融合到原来的位置，只是此时权重取决于维纳滤波的系数和噪声强度。

图 8.11 为一组三维块匹配滤波结果，从视觉上看，滤波效果较好，从定量评价结果看，最终估计图的 PSNR 相比于噪声图有明显改善。

2. VBM3D

VBM3D (video block-matching and 3D, 视频三维块匹配) 滤波对中间帧的目标块搜索相似块，搜索对象是前后帧与中间帧。具体而言，首先在以中间帧的目标块为中心、搜索半径一定的区域寻找相似块，然后在以该块对应的前后帧的位置为中心、搜索半径一定的区域寻找相似块，中间帧、前后帧的相似块构成块集合，其余步骤与 BM3D 滤波相同。

(a) 原始图像

(b) 噪声图像，PSNR=20.227952dB

(c) 基础估计图像，PSNR=26.398941dB

(d) 最终估计图像，PSNR=27.561755dB

图 8.11　三维块匹配滤波结果

3. VBM4D

相比 VBM3D 中寻找与中间帧的目标块相似的前后帧相似块，VBM4D 则是视前后帧连续运动的块为体，对于某段视频影像，为目标体寻找相似体，后续滤波步骤与 BM3D 近似：分两步对体进行滤波，进而加权平均，得到滤波后的目标体。

8.3　视频影像增强

视频影像增强是指根据用户的需要，从视频影像信息中增强或者突出某些特定信息，削弱或者消除某些不必要信息的技术过程。视频影像增强有很强的目的性。

(1)使得增强后视频中的运动物体和背景清晰可见。

(2)改善视频的可视化效果，以便提供更优的转换表示。

（3）为进一步的视频处理，如视频分析、检测、分割、模式识别、背景信息分析、理解目标行为等奠定基础。

有必要指出的是，视频影像增强一般并不能增加原始视频影像信息，只能针对一些成像条件，使弱信号突出，使辨别需要信息的能力得到提高。而且，这些处理方法，在增强一些选择信息的前提下，往往有可能造成其他信息的损失或削弱。下面介绍三种典型的视频影像增强方法。

8.3.1　直方图增强

直方图是一个统计学的概念，是一种对数据分布情况的图形表示，也就是一种二维的统计图表。在图像领域中，选取的坐标一般是统计样本（图像、视频帧）和样本的某种属性（亮度、像素值、梯度、方向、色彩等）。图像的直方图是用来表现图像中亮度分布的直方图，给出的是图像中某个亮度或者某个亮度范围内的像素数量。

图像直方图变换可以表示为

$$y = T(x) \tag{8.24}$$

式中，x 和 y 分别表示图像原始灰度级和期望灰度级；T 表示 x、y 之间的变换关系。将式（8.24）表示成微分方程形式，即

$$p(y) = p(x)\frac{\mathrm{d}x}{\mathrm{d}y} \tag{8.25}$$

1. 直方图均衡化

直方图均衡化是使变换后的期望图像的灰度级概率 $p(y)$ 等于常数，也就是所有灰度出现的概率相等，这就是直方图均衡化的变换条件，即

$$p(y) = C \tag{8.26}$$

将式（8.26）代入微分方程，可得

$$C \cdot \mathrm{d}y = p(x)\mathrm{d}x \tag{8.27}$$

两边积分，并取 $C = 1$，得

$$y = T(x) = \int_0^x p(v)\mathrm{d}v \tag{8.28}$$

由变换式可以看出，变换结果为

$$\mathrm{d}y = p(x)\mathrm{d}x \tag{8.29}$$

变换前后，图像灰度级级差的变化与该灰度级的概率成正比。在图像中，出现频率越高的灰度级，经过变换后它们之间的级差也越大；出现频率越高，说明该灰度级在图像中所占比例越大，是图像信息的主体成分。图像直方图均衡化处理的步骤如下。

(1)计算原始图像直方图：

$$p(x) = \frac{N_x}{N} \tag{8.30}$$

(2)计算原始图像各灰度级的概率累积分布函数：

$$C(x) = \sum_{i=0}^{x} p(i) \tag{8.31}$$

(3)线性扩展概率累积分布函数，得到 x 和 y 的映射关系：

$$y=[\max(\mathrm{pix}) - \min(\mathrm{pix})]C(x) \tag{8.32}$$

式中，pix 表示像素值。

这里以图 8.12 为例，对一幅模拟图像进行直方图均衡化。

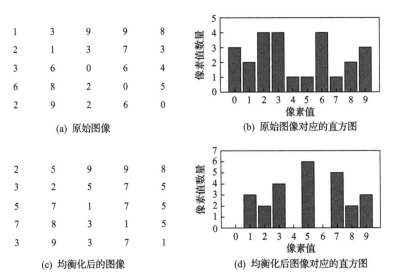

(a) 原始图像　　(b) 原始图像对应的直方图

(c) 均衡化后的图像　　(d) 均衡化后图像对应的直方图

图 8.12　图像直方图均衡化示例

步骤 1：计算原始图像的灰度直方图 $n_x = [3,2,4,4,1,1,4,1,2,3]$。

步骤 2：计算原始图像的像素总数，这里 $N=25$。

步骤 3：计算原始图像的灰度分布频率，此处为

$$p(x)=[3/25,2/25,4/25,4/25,1/25,1/25,4/25,1/25,2/25,3/25],$$
$$x = 0,\ 1,\ 2,\ \cdots,\ 9$$

步骤 4：计算原始图像的灰度累积分布频率，此处为

$$C(x) = [3/25, 5/25, 9/25, 13/25, 14/25, 15/25, 19/25, 20/25, 22/25, 25/25],$$
$$x = 0, 1, 2, \cdots, 9$$

步骤 5：将归一化 $C(x)$ 乘以 $L-1$ 再四舍五入，使得均衡化后图像的灰度级与归一化前的原始图像一致。$T(0) = 3/25 \times 9 = 1.08$，四舍五入之后其值为 1，也就是说原始图像中的灰度级 0 对应均衡化后图像的灰度级 1，即 $0 \to 1$。同理，$T(1) = 1.8$，四舍五入之后为 2，即 $1 \to 2$；$T(2) = 3.24$，四舍五入之后为 3，即 $2 \to 3$；$T(3) = 4.68$，四舍五入之后为 5，即 $3 \to 5$；$T(4) = 5.04$，四舍五入之后为 5，即 $4 \to 5$；$T(5) = 5.4$，四舍五入之后为 5，即 $5 \to 5$；$T(6) = 6.84$，四舍五入之后为 7，即 $6 \to 7$；$T(7) = 7.2$，四舍五入之后为 7，即 $7 \to 7$；$T(8) = 7.92$，四舍五入之后为 8，即 $8 \to 8$；$T(9) = 9$，四舍五入之后为 9，即 $9 \to 9$。以上映射关系，就是变换函数 $T(x)$ 的作用。

步骤 6：根据以上映射关系，参照原始图像中的像素，可以写出直方图均衡化之后的图像。

图 8.13 是四个基本灰度特征的花粉图像及其对应的直方图。注意到，在暗色图像中，直方图的组成成分集中在灰度级低的一侧；类似地，在明亮的图像中直方图倾向于灰度级高的一侧；低对比度图像的直方图窄且集中于灰度级的中部；在高对比度图像中，直方图的成分覆盖了灰度级很宽的范围，而且像素的分布比较均匀，只有少量垂线比其他的高许多。

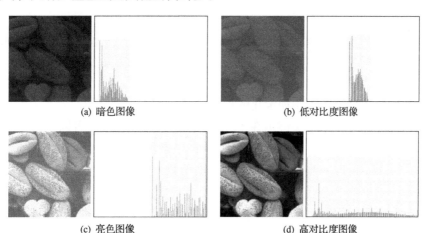

(a) 暗色图像 (b) 低对比度图像

(c) 亮色图像 (d) 高对比度图像

图 8.13 四个基本灰度特征的花粉图像及其对应的直方图

图 8.14 是前面介绍过的四种基本类型(暗色、亮色、低对比度和高对比度)图像直方图均衡化的结果。前三幅图像显示了重要的改进效果；第四幅图像没有在视觉上产生重要的不同，这是因为该图像的直方图已经扩展了全部灰度级范围。

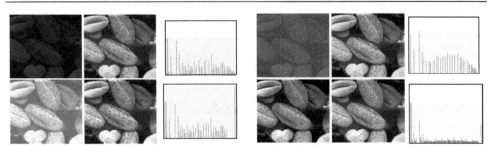

图 8.14　四种基本类型图像直方图均衡化结果

　　这些均衡化以后具有相同视觉效果的图像的直方图形状差别较大,但这并不影响直方图均衡化的运用。实际上,这是图像增强后,在视觉上难以区别的灰度级的差别在直方图中的反映。直方图增强的优点是,其是完全"自动"的,无须用户输入其他多余参数,这是一种自适应的图像增强方法。

　　直方图均衡化处理使得变换后的期望灰度级概率等于常数,因此某一确定图像只能产生单一的图像变换结果,缺乏灵活性。在一些情况下,利用直方图均衡化并不是最好的办法,例如,火星卫星的图像太暗,直方图均衡化处理后,虽然图像的一些细节显现出来,但图像整体有一种类似"冲淡"的效果。

　　在实际处理中,还可根据某幅标准图像或已知图像的直方图的形式来修改原始图像,以克服直方图均衡化的不足,这就是直方图规定化的图像增强方法。

　　2. 直方图规定化

　　直方图规定化是指按照规定的直方图对图像实施灰度变换,从而达到预定的改善图像质量的目的。直方图规定化即是将均衡化中的常数变为概率模型,由概率模型得到概率累积分布函数,利用概率累积分布函数进一步确定灰度级的变换函数。因此,可以说直方图规定化的步骤包含了直方图均衡化。

　　直方图规定化处理的关键仍在于确定灰度级的变换函数。可以根据给定的灰度级概率模型,推导出原始图像的灰度级概率累积分布函数与期望图像灰度级关系的解析式,再进一步确定灰度级的变换函数。直方图规定化的映射处理步骤如下。

　　(1)采用直方图均衡化,将原始图像进行均衡化处理,得到其概率累积分布函数。

　　(2)根据原始图像的性质和对期望图像的需要,规定期望图像的灰度级概率 $p(y)$,并对期望图像的灰度级进行均衡化处理,得到期望图像的概率累积分布函数。

　　(3)根据原始图像和期望图像各灰度级的概率累积分布函数,确定原始图像灰度级与期望图像灰度级的对应关系。

（4）根据该对应关系，修改原始图像每个像点的灰度级，完成直方图规定化处理。

经过直方图规定化增强后的图像具有较好的色调和对比度。在图像直方图规定化处理中，多采用正态化处理，即规定期望图像灰度级的概率呈正态分布。

直方图正态化处理有两个明显的优势：一是既能扩大图像信息中主体部分的对比度，又能适当调节频率低的图像灰度级的对比度；二是能适当调节图像不同灰度级的对比度，以适应人的视觉效果。

3. 自适应增强

对于整幅图像的灰度级动态范围很大，而局部灰度级动态范围较小的高反差少层次的图像，要求在不扩大整幅图像灰度级动态范围的前提下，使期望图像相应部分的对比度有不同程度的增强，这时应采用图像的自适应增强。

自适应增强是根据原始图像的性质，将图像分为若干小区域，再根据各小区域的不同特性采用不同的增强方法，达到图像增强的目的。自适应增强的不足之处是，各小区域和小区域之间可能产生明显的轮廓线。

前面讨论的直方图处理方法是全局性的。在某种意义上，像素是基于整幅图像的变换函数进行修改的。这种全局性的方法适用于整幅图像的增强，但有时也适用于图像小区域局部细节的增强。

具体的方法是在图像中每一个像素的邻域中，根据灰度级分布(或其他特性)设计变换函数。前面描述的直方图处理技术就可以用于局部增强，该过程定义一个方形或矩形邻域，并把该邻域的中心从一个像素移到另一个像素。在每一个邻域中的直方图都要被计算，得到直方图均衡化或直方图规定化的变换函数，该变换函数最终被用来映射邻域中心像素的灰度。每一次移动都只变换邻域中心一个像素的灰度值，也可以使用非重叠区域来减少计算量，每移动一次变换邻域内所有像素的值。

8.3.2　Retinex 增强

Retinex 增强由 Edwin 于 1963 年提出，是一种常用的建立在科学实验和科学分析基础上的图像增强方法。Retinex 是由两个单词合成的一个词语，分别是 retina 和 cortex，即视网膜和皮层。Retinex 增强模式建立在以下三个假设基础之上。

（1）真实世界是无颜色的，人们所感知的颜色是光与物质相互作用的结果。

（2）每一个颜色区域由给定波长的红、绿、蓝三原色构成。

（3）三原色决定了每个单位区域的颜色。

Retinex 增强的基础理论是：物体的颜色是由物体对长波(红色)、中波(绿色)、短波(蓝色)光线的反射能力来决定的，而不是由反射光强度的绝对值来决定的，物体的色彩不受光照非均匀性的影响，具有一致性，即 Retinex 增强是以色感一致性(颜色恒常性)为基础的。不同于传统的线性或非线性的只能增强图像某一类特征的方法，Retinex 增强可以在动态范围压缩、边缘增强和颜色恒常性三个方面达到平衡，因此可以对各种不同类型的图像进行自适应增强。

颜色恒常性就是人体视觉系统(human visual system, HVS)对观察到的物体色彩变化进行处理，只保留物体内在的信息，不会随外界光照的变化而对物体产生不同的认知变化，大脑皮层接收到这些物体的本质信息后，经过处理形成人的视觉。例如，用红色光照射白色物体的表面，人们看到的不是红色，而是在红光照射下的白色，这就是一种颜色恒常性的表现。光照环境的变化，使某一物体表面反射谱不同，人类视觉系统能够判断识别出该变化是否由光照环境变化产生，当光照的变化在一定范围内时，在这一变化范围内人的视觉识别机制认为物体表面的颜色是恒定不变的。颜色恒常性是指人对物体颜色的知觉，与人的知识经验、心理倾向有关，不是指物体本身颜色恒定不变。

Retinex 增强理论认为，一幅给定的图像 $S(x, y)$ 可以分解为两个不同的图像：反射图像 $R(x, y)$ 和入射图像(也有人称为亮度图像) $L(x, y)$ ，其原理图如图 8.15 所示。

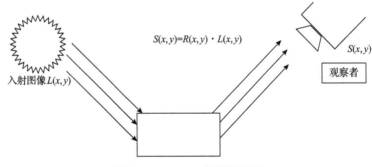

图 8.15　Retinex 增强原理图

图像可以看作是由入射图像和反射图像共同构成的，入射光照射在反射物体上，通过反射物体的反射形成反射光进入人眼。Retinex 增强的核心就是获得表现本质信息的反射图像 $R(x, y)$ 。通过分离入射图像就有可能减弱由光照因素对图像产生的影响，可以增强图像的细节信息，获得代表图像本质信息的内容。通常 Retinex 增强是把 $S(x, y)=R(x, y) \cdot L(x, y)$ 乘法式变换到对数域，即把乘法变换成加法。

求反射图像在数学上是一个奇异问题，不能直接求解。单尺度 Retinex(single scale Retinex, SSR)使用高斯函数与图像进行卷积运算来近似表示入射分量，即

$$L(x, y)=S(x, y) * G(x, y) \tag{8.33}$$

进一步对数域上增强后的图像 $r(x, y)$ 可以表示为

$$\begin{cases} r(x,y)=\ln R(x,y)=\ln \dfrac{S(x,y)}{L(x,y)} \\ r(x,y)=\ln S(x,y)-\ln L(x,y) \\ r(x,y)=\ln S(x,y)-\ln(S(x,y)*G(x,y)) \end{cases} \tag{8.34}$$

式中，$G(x,y)$ 是中心环绕函数，可以表示为

$$G(x,y)=\lambda \mathrm{e}^{\dfrac{-(x^2+y^2)}{c^2}} \tag{8.35}$$

式中，c 是高斯环绕尺度；λ 是一个尺度。其取值必须满足

$$\iint G(x,y)\mathrm{d}x\mathrm{d}y=1 \tag{8.36}$$

当 c 较小时，原始图像的局部细节较为突出，但会出现颜色失真；当 c 较大时，$G(x,y)$ 的邻域范围较大，颜色较自然，但以某一像素点为中心的周围其他像素对该像素点的影响较小，导致对图像的细节信息保留较少，图像的对比度信息不强。相关实验表明，c 的取值一般为 80~100。

由以上分析可知，SSR 中的卷积是对入射图像的计算，其物理意义是通过计算像素点及邻域的加权平均来估计图像中照度的变化，并将 $L(x,y)$ 去除，只保留 $S(x,y)$ 属性。

SSR 的实现流程可以概括如下：

(1)读取原始图像 $S(x,y)$，若原始图像为灰度图像，则将图像各像素的灰度值由整数型变换为浮点型，并变换到对数域；若原始图像为彩色图像，则将颜色分通道处理，每个分量像素值由整数型变换为浮点型，并变换到对数域。

(2)输入高斯环绕尺度 c 的值，将积分运算离散化，变换为求和运算，再确定 λ 的值。

(3)根据 $r(x,y)=\ln S(x,y)-\ln(S(x,y)*G(x,y))$ 计算增强后的图像；若原始图像为灰度图像，则只有一个 $r(x,y)$；若原始图像为彩色图像，则每个通道都有一个对应的 $r(x,y)$。

(4)将 $r(x,y)$ 从对数域变换到实数域，得到输出图像 $R(x,y)$，此时 $R(x,y)$ 值的范围并不是 0~255，还需要进行线性拉伸并变换成相应的格式进行输出显示。

多尺度 Retinex(multi-scale Retinex, MSR)是在 SSR 的基础上发展而来的，其优点是在保持图像高保真度与对图像动态范围进行压缩的同时，可实现色彩增强、颜色恒常性、局部动态范围压缩、全局动态范围压缩。

MSR 的计算公式为

$$r(x,y) = \sum_{k=1}^{K} w_k \{\ln S(x,y) - \ln(S(x,y) * G(x,y))\} \tag{8.37}$$

式中，K 为高斯中心环绕函数的个数。当 $K=1$ 时，MSR 退化为 SSR。通常来讲，为了保证兼有 SSR 高、中、低三个尺度的优点，K 通常取值为 3。图 8.16 给出了 Retinex 增强结果。

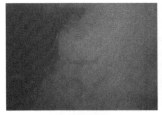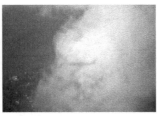

(a) 原始图像　　　　　(b) SSR增强(尺度为300)　　　(c) MSR增强(尺度为300，尺度数为3)

图 8.16　Retinex 增强结果(见彩图)

8.3.3　基于帧融合的视频影像增强

夜间获取的视频影像中的灰度值总体偏小，使视频影像整体偏暗，各个相邻像素之间的相关性较大，相似的像素值分布集中，轮廓等边缘像素对应的灰度值与非边缘的邻域像素对应的灰度值差异较小，细节信息弱化。夜间获取的视频影像的这种弱化现象在图像增强过程中容易造成信息的丢失。彩色图像的色彩是由图像各个通道的像素对应的灰度值的差异关系决定的，低照度下的视频影像各个通道之间对应的像素灰度值差异变小，虽然在数值上可以看到不同，但对于人类视觉，仍不能分辨出细微的色彩差别，视频影像的颜色均偏暗，整体的色彩层产生偏差，色彩不同造成边缘信息弱化(方明等，2016)。因此，在实际应用中，需要对夜间获取的视频影像进行增强处理。

基于帧融合的视频影像增强主要针对夜间视频影像，其基本思想是提取和融合有意义的视频影像亮度信息。虽然基于帧融合的视频影像增强方法有很多，但其原理大体相似，可以大致分为 6 个步骤，如图 8.17 所示。其主要涉及的技术有视频帧/背景分析、运动物体提取、融合/增强，其中，融合/增强包含颜色空间变换、亮度提取、视频融合三个步骤(饶云波，2012)。具体的增强方法主要分为两种情况：一是较为简单地直接融合高质量的背景亮度信息到夜间视频帧；二是首先从夜间视频影像中提取运动物体区域，然后融合高质量的背景亮度信息到夜间视频帧，对运动物体区域进行单独处理，即对增强夜间视频帧运动物体区域部分或静态区域部分分别进行处理。

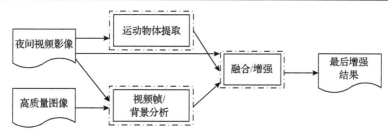

图 8.17　基于帧融合的视频影像增强

基于帧融合的视频影像增强要求同时具备待增强的夜间视频影像和相同场景下的高质量图像，例如，图 8.18(a)为白天视频影像，图 8.18(b)为待增强的夜间视频影像。

(a)　白天视频影像　　　　　　　　　　　　　　(b)　夜间视频影像

图 8.18　亮度融合数据

一种最为简单的帧间融合增强方法如图 8.19 所示，首先将夜间(低照度)视频影像帧分解为彩色图像和灰度图像，然后采用 Retinex 算法把灰度图像分解为反射分量和亮度分量，同时提取高质量图像的亮度分量，接着将两个亮度分量进行融合得到增强后的亮度分量，最后将增强后的亮度分量、反射分量和彩色图像进行融合，以获得最终的增强图像。

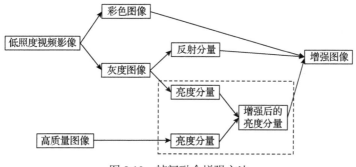

图 8.19　帧间融合增强方法

　　图 8.20 是基于帧融合的视频影像增强结果，通过对比增强前后的影像可以发现，该方法能够较为有效地增强夜间视频影像，使得视频更加适合人眼的观察和分析。

(a) 增强前　　　　　　　　　　　　　　　　　(b) 增强后

图 8.20　基于帧融合的视频影像增强结果

8.4　视频影像超分辨率重建

　　序列影像的超分辨率在重建高清图像过程中输入的是多幅低分辨率的图像，可由单一图像获取设备或者位于不同位置的不同图像获取设备对同一场景进行多次获取(张博洋, 2013)。参与重建的这组序列影像就是低分辨率(low resolution, LR)图像，而图像获取设备拍摄的场景可以是静态的，也可以是动态的，因此又可以将其细分为静态场景的序列影像超分辨率和动态场景的序列影像超分辨率。如图 8.21 所示，不同的低分辨率图像之间包含不同的互补信息，通过对这些互补信息进行重新融合可以得到一幅或者多幅分辨率高于低分辨率帧的高分辨率(high resolution, HR)图像。

图 8.21　序列影像超分辨率重建

　　序列影像能够使用超分辨率的方法进行重建的必要前提是：各低分辨率帧之

间的位置偏移必须是亚像素级别的。其原因是，如果各低分辨率帧之间的位移是整像素的位移，那么各帧之间所包含的信息是相同的，并没有新的信息可以用于提高空间分辨率；如果各帧之间的位移是亚像素级别的，那么帧与帧之间不同的信息可以被挖掘和融合，进而在高分辨率网格上构建出高分辨率图像。

　　图像的超分辨率重建在数学上是一个典型的病态的求逆问题，为了解决此类型问题，通常需要事先构造一个正向的数学模型。这个正向的数学模型可以建立起低分辨率和高分辨率之间的关系，用来表示低分辨率观测图像的获得过程。这个过程可以被线性地表示为

$$l(m,n) = \frac{1}{q_{SR}^2} \sum_{x=q_{SR}m}^{(q_{SR}+1)m-1} \sum_{y=q_{SR}n}^{(q_{SR}+1)n-1} h(x,y) \tag{8.38}$$

式中，$l(m,n)$ 代表观察到的低分辨率图像；$h(x,y)$ 代表原始的高分辨率图像；q_{SR} 代表模型中的降采样因子，这里假设对于高分辨率图像中的 x 和 y 坐标，降采样因子 q_{SR} 是相同的；m 和 n 代表低分辨率图像的坐标。如果低分辨率图像 $l(m,n)$ 的尺寸为 $M \times N$，那么高分辨率图像 $h(x,y)$ 的尺寸就是 $X \times Y$，其中 $X = q_{SR} \times M$、$Y = q_{SR} \times M$。

　　由式(8.38)可以看出，每幅低分辨率图像中的每个像素值都是通过对原始高分辨率图像的邻域内 q_{SR}^2 个像素求均值得到的。为了使上述方程更加贴合实际，考虑到图像退化过程中的主要因素，可以将式(8.38)进一步改写为

$$l(m,n) = d(b(w(h(x,y)))) + \eta(m,n) \tag{8.39}$$

式中，w 表示变形方程；b 表示模糊方程；d 表示降采样方程；η 表示加性噪声。其中，变形方程 w 用来描述低分辨率图像和高分辨率图像之间包括旋转、平移等在内的任何变换方式；模糊方程 b 用来描述在图像获取过程中的各类模糊，其中包括由光学系统造成的模糊、由传感器造成的模糊、由成像设备与场景之间的相对运动造成的模糊；降采样方程 d 用来表示图像获取设备的数字采样过程，通过降采样原始的高分辨率图像就被抽样为模糊的低分辨率图像。针对多帧图像的 SR，上述图像退化模型可进一步改写为

$$l_k(m,n) = d_k(b_k(w_k(h(x,y)))) + \eta_k(m,n) \tag{8.40}$$

式中，k 表示低分辨率序列影像中的第 k 幅图像。为了便于描述，本节用矩阵的形式重写上述图像退化模型，即

$$l_k = d_k b_k w_k h + \eta_k \tag{8.41}$$

　　结合上述给出的图像退化模型，可以用系统框图来形象地描述这一图像退化过程，如图 8.22 所示。

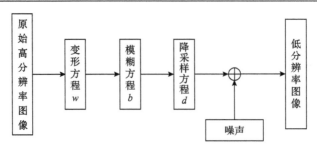

图 8.22　图像退化过程

序列影像的超分辨率重建就是上述图像降质过程的逆向形式，也就是在已知低分辨率图像的情况下通过确定 w、b、d 和 η 来估计原始高分辨率图像。考虑一般性图像获取的过程，本节假设点扩散方程是线性空间不变的，并且对于所有的低分辨率图像降采样因子都是相同的，即 $b=b_k$、$d=d_k$。于是，图像退化模型进一步简化为

$$l_k = dbw_k h + \eta_k = ah + \eta_k \tag{8.42}$$

式中，a 代表上述提到的所有图像退化因子。在序列影像的超分辨率重建领域，这种图像退化模型广泛应用于各种算法中。此外，还有一些较为复杂的图像退化模型被用来进行超分辨率重建，但是这种模型较为复杂，不利于推广应用。

对于大多数序列影像的超分辨率算法，其重构高分辨率图像的过程大致可以分为三个步骤，即配准、融合和复原，不同的是，有的算法依次分步实现以上三个步骤，而有的算法则是同时进行。

首先，图像配准主要是指在几何层面上的配准，是通过对低分辨率图像帧间的运动方式进行估计来实现的。作为多帧图像超分辨率的基础，图像配准的精确度和可靠性将严重影响重构结果，因此这也是超分辨率重建算法中至关重要的难点。低分辨率图像帧间的相对运动包括全局运动和局部运动。全局运动大都是由相机等图像获取设备的抖动造成的，局部运动则是由场景中目标物体相对场景的运动造成的。图像配准就是要准确估计出低分辨率图像帧之间的各种相对运动方式，然后通过运动补偿将其一一对应。其次，图像融合就是将运动补偿后的低分辨率图像，通过非均匀插值扩展到等间距的高分辨率网格上，这样就实现了由多幅低分辨率图像到一幅待处理的高分辨率图像的变换。图像融合不是简单的像素叠加，而是通过一定的计算策略寻找到与缺失像素最为相似的像素值。最后，对于融合得到的高分辨率网格上的图像，需要进行去模糊、去噪等处理才能最终得到原始高分辨率图像的估计结果。在大多数超分辨率算法中，图像的去模糊处理是独立于图像融合的一个步骤，而这个步骤对提升超分辨率图像的视觉效果和成像质量又是非常重要的。

8.4.1　非均匀插值法

非均匀插值法是最为直观的超分辨率重建技术，逐步执行配准、非均匀插值、复原三个过程实现流程，如图 8.23 所示。首先，通过图像配准估计出低分辨率图像帧间的相对位移，并将采样数据映射到高分辨率网格上，从而形成一幅由非均匀间隔采样网格点上的样本值组成的复合图像。然后，通过内插和重采样将这些低分辨率图像的像素点填入高分辨率网格上，获得一幅初步的重建图像。最后，对第二步中得到的图像进行后处理，包括采用经典的维纳滤波将图像中的模糊和噪声去除，获得最终的重建图像。

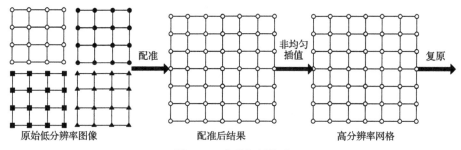

图 8.23　非均匀插值法

非均匀插值法采用简单的观测模型，基本没有考虑光学模糊和运动模糊的影响，不能利用任何先验信息，而且配准误差会很容易地传播到后处理中，因而图像重建效果受到一定的影响。

图 8.24 给出了采用频域配准方法实现的序列影像超分辨率重建结果，图 8.24(a)～图 8.24(d) 是时间上连续采样的序列影像帧，图(e)是重建之后的超分辨率影像，影像尺寸增加了一倍，原影像分辨率为 320×240，重建影像分辨率为 640×480。图 8.24(f)和图 8.24(g) 对比显示了图像中的细节，图 8.24(g) 为重建后细节，特征信息有了较好的提升。

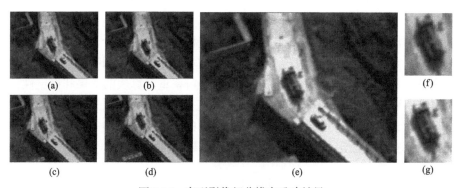

图 8.24　序列影像超分辨率重建结果

8.4.2　迭代反投影法

迭代反投影(iterative back projection, IBP)法是一种简单直观的超分辨率重建算法。在该算法中，首先预估一个高分辨率图像作为初始解 x^0，通常采用单幅低分辨率图像的插值结果。然后根据图像退化模型，计算其模拟低分辨率图像：

$$y^0 = Hx^0 + n \qquad (8.43)$$

式中，H 为待求解参数。

如果 x^0 与原始高分辨率图像精确相等，并且式(8.43)模拟的成像过程符合实际情况，那么模拟得到的低分辨率图像 y^0 应与观察得到的实际低分辨率图像 y 相同。当两者不同时，将它们之间的误差 $y - y^0$ 按照式(8.44)反向投影到 x^0 上使其得到修正。

$$x^1 = x^0 + H^{\mathrm{BP}}(y - y^0) \qquad (8.44)$$

当误差满足要求时，迭代结束。该算法简单、直观，但 H^{BP} 选择较难，并且没有可利用的先验知识。因此，超分辨率重建问题的不适定性将导致基于重建算法解的不唯一性及不稳定性。

8.4.3　Robust 超分辨率重建法

在大多数超分辨率重建算法中，算法效果对假设的数据和噪声模型都非常敏感，这将在很大程度上降低算法的性能。为了解决这一问题，Zomet 等(2001)在迭代反投影法的基础上提出了一种对配准、模糊和噪声等误差具有鲁棒性的超分辨率重建法。该算法首先提出了一种鲁棒估计的思路。想要估计出未知的高分辨率图像，不仅依靠现有的低分辨率图像，而且依赖一些如噪声或者运动模型的假设，然而这些假设不可避免地会与真实情况产生一定的误差。现有的超分辨率重建算法往往是对某一确定的数据和噪声模型的假设进行最优估计，在此基础上得出超分辨率重建结果，而当这些估计对于某些观测数据不能很好地适用时，其算法性能会出现较大的下降。此外，这种特定模型的假设估计，在处理图像中一些奇异特征点时，往往会对其原始特征造成破坏。因此，使用一种非最优的鲁棒策略来估计数据和噪声模型，反而会提升超分辨率重建算法的效果和稳定性。

本节主要根据 Farsiu 等(2003)提出的快速鲁棒超分算法对这类具有鲁棒性的超分辨率重建算法进行介绍。在使用前面提到的图像退化模型的情况下，该算法将超分辨率重建问题定义为一个求极小值的问题，即

$$\hat{X} = \arg\min_{X} \left[\| Y - HX \|_2^2 + \lambda \gamma(X) \right] \qquad (8.45)$$

式中，Y 表示观测图像；X 表示原始高分辨率图像；$\hat{X}$ 表示原始高分辨率图像的估计图像。在此基础上利用 L1 范数和基于双边优先的鲁棒性正则化对上述求极小值方程进行改写：

$$\hat{X} = \arg\min_{X}\left[\sum_{k=1}^{N}\| D_k H_k F_k X - Y_k \|_1 + \lambda \sum_{l=-P}^{P}\sum_{m=0}^{P}\alpha^{|m|+|l|}\| X - S_x^l S_y^m X \|_1\right] \quad (8.46)$$

可以使用最速下降法对式(8.46)进行求解。

8.4.4　最大后验概率法

最大后验概率法是基于随机概率论的算法，又称为贝叶斯法。该算法把高分辨率图像和观察得到的低分辨率图像当作两个不同的随机过程，将超分辨率重建问题变为一个具有唯一解的条件最优问题。其思路如下：设低分辨率图像序列为 $y_1, y_2, \cdots, y_k$，高分辨率图像为 x，将 x 的求解看作条件概率求解问题，x 的最大后验估计就是使后验概率密度函数最大，即

$$\hat{x}_{\text{map}} = \arg\max_{x}[P(x\,|\,y_1, y_2, \cdots, y_k)] \quad (8.47)$$

利用条件概率理论，对式(8.47)两边取自然对数，则优化问题变为

$$\hat{x}_{\text{map}} = \arg\max_{x}[\ln P(y_1, y_2, \cdots, y_k\,|\,x) + \ln P(x)] \quad (8.48)$$

式中，高分辨率图像的先验概率密度函数可以由图像的先验知识确定，通常采用具有 Gibbs 概率密度形式的马尔可夫随机场(Markov random field, MRF)模型，使图像的局部在光滑性和边缘保持性上同时获得良好效果，条件概率密度 $P(y_1, y_2, \cdots, y_k\,|\,x)$ 则主要由图像退化模型的噪声类型决定。基于最大似然(maximum likelihood, ML)的方法可以认为是最大后验概率法在等概率先验模型下的特例。

最大后验概率法的优点在于有唯一解，如果有合理的先验假设，那么可以获得非常好的图像边缘效果，但是其显著的缺点在于计算量比较大。另外，最大后验概率法的边缘保持能力不如凸集投影法，其获得的高分辨率图像的细节容易被平滑掉。

参 考 文 献

方明, 李洪娜, 雷立宏. 2016. 低照度视频图像增强算法综述[J]. 长春理工大学学报(自然科学版), 39(3): 56-69.

缪拉·泰卡尔普 A. 2018. 数字视频处理[M]. 2 版. 曹铁勇, 张雄伟, 杨吉斌, 等译. 北京: 机械工业出版社.

饶云波. 2012. 夜间视频增强的关键技术研究[D]. 成都: 电子科技大学.

张博洋. 2013. 图像及视频超分辨率重建技术研究[D]. 济南: 山东大学.

Farsiu S, Robinson D, Elad M, et al. 2003. Fast and robust super-resolution[C]. Proceedings 2003 International Conference on Image Processing, Barcelona: 291-294.

Zomet A, Rav-Acha A, Peleg S. 2001. Robust super-resolution[C]. IEEE Computer Society Conference on Computer Vision and Pattern Recognition, Kauai: 645-650.

第9章 序列影像运动目标检测

运动目标检测是序列影像智能分析的核心技术之一，也是其他各种后续处理（如目标跟踪、目标识别、行为分析理解等）的前提和基础。运动目标检测可以将人们感兴趣的运动目标从序列影像中检测并自动提取分割出来。本章主要介绍运动目标检测的基本概念以及静态场景和动态场景序列影像中常用的运动目标检测方法。

9.1 概　　述

序列影像目标检测的主要目的是基于目标纹理、轮廓区域、运动等信息，准确地对图像中感兴趣的目标区域进行定位，即检测当前图像中是否存在感兴趣的目标区域，并准确找到目标区域的位置。按照先验知识和背景运动来划分，运动目标检测方法可以分为以下两大类。

（1）已知目标的先验知识。在这种情况下，检测目标主要是用目标的先验知识训练分类器，利用训练好的分类器来检测目标。

（2）未知目标的先验知识。此时，并不知道要检测的目标是什么，于是目标就有了不同的定义。一种方法是检测场景中的显著目标，例如，首先通过一些特征表达出场景中每个像素的显著性概率，然后找到显著目标；另一种方法是检测场景中的运动目标，这也是本章下面将要讨论的重点内容。

运动目标检测是指在序列影像场景中，根据运动信息将运动目标（前景目标）从背景中区分出来，进而实时地检测并提取出运动目标。根据背景是否运动，序列影像运动目标检测可以分为静态场景下的运动目标检测和动态场景下的运动目标检测（韩光等，2017）。静态场景是指摄像机与所摄场景之间不发生相对运动，所以序列影像中的背景部分不发生明显变化，近似于静止。动态场景是指场景中除去运动前景目标之外，背景物体也存在运动。在现实世界中，造成动态场景的主要原因有两种：一种是场景环境的复杂性，背景物体不总是静止的，有时也会存在周期性或随机的局部运动，如摇摆的树枝、飘扬的旗帜、荡漾的水面等；另一种是摄像机与所摄场景存在相对运动，导致背景存在全局运动，如本章着重讨论的无人飞行器序列影像运动目标检测。

对于运动目标检测应用，静态场景的运动目标检测是一种典型的和相对容易的任务。然而,静态场景的运动目标检测是动态场景下运动目标检测的基础,因此有必要展开讨论。相比于静态场景,动态场景产生的运动不易与前景目标的运动区分开,因此检测运动目标较为困难。目前,针对动态背景问题,主要有两种解决方法:第一种方法是背景补偿,即通过平移、缩放、仿射变换等计算出背景物体的运动,补偿背景物体的运动再进行差分。这种方法有两个问题:一是仿射变换运算量巨大;二是即使求出背景物体补偿的运动向量,背景中的远景和近景的运动向量也会有相对误差。第二种方法是利用光流法直接估计序列影像帧间运动,进而根据估计得到的运动信息检测出运动目标,但光流法存在计算量大、计算速度慢等主要缺点。

目前,虽然有大量的运动目标检测方法,但由于实际环境的复杂多变,这些方法并不都是十分稳定的。除了动态场景导致的背景运动,在实际环境中进行运动目标检测所面临的挑战可以归纳为以下方面。

(1)伪装目标。伪装目标是指和场景背景具有相似特征的运动目标,这些运动目标与背景特征相近,不易区分和检测。伪装目标的出现有的是由于目标主动伪装和隐蔽,但多数情况下是由环境多样性造成的巧合。例如,雪地上驶过的白色汽车恰好成为所处场景中的伪装目标。

(2)光照变化。光照变化是指场景的整体或局部存在由入射光强变化引起的亮度改变。例如,室外场景中飘动的云朵对太阳光的遮挡变化易引起场景的局部亮度变化;室内场景中开灯、关灯的瞬间会产生场景的整体光照变化。这种由光照变化给场景亮度带来的改变不易与前景目标出现时带来的亮度改变进行区分,因此易检测出大量虚警。

(3)阴影。背景物体和运动目标在遮挡光源时均会产生阴影。对运动目标检测影响最大的是由运动目标产生的阴影,这些阴影伴随着运动目标一起移动,同时改变着周围背景的亮度。因此,极易被检测为目标,造成大量的错检。

(4)目标间歇性运动。目标间歇性运动是指运动目标有时会出现短暂或长时间静止的情况。通常,当运动目标静止时,它就不再像运动时一样容易被检测出来,因此会造成对目标的漏检。

(5)噪声。序列影像在采集、压缩、传输过程中难免会受到噪声的影响。噪声引入的零散的随机误差会使得检测算法错将噪声点判断为目标像素点,导致检测结果中出现零散的虚警。

(6)目标空洞现象。当运动目标有大量颜色一致的区域时,这些区域的内在变化可能导致检测不准确,使得前景的一些内部区域被错误判断为背景。

以上分析了多种运动目标检测的特殊情况,限于篇幅,不可能阐述所有特殊情况的解决应对方法。因此,本章将重点介绍如何解决动态背景以及目标空洞现象。下面分别介绍无人飞行器序列影像静态场景和动态场景下的运动目标检测。

9.2　静态场景运动目标检测

静态场景下背景是静止的，场景中的运动仅为目标的运动，因此区分背景和目标较为容易。针对静态场景的运动目标检测，根据实现的途径可以将其分为帧差法、背景减除法、光流法。

9.2.1　帧差法

假设存在照度完全一致且不受噪声影响的理想情况，如果两帧邻接序列影像中的背景完全相同，那么可以通过简单的帧差法获取运动目标的区域。其基本原理是计算两帧影像的灰度差值，从而得到值不为零的区域，该区域就是运动目标的位置形状区域，用公式可以表示为

$$\begin{cases} D_n(x,y) = I_{n+1}(x,y) - I_n(x,y) \\ \mathrm{DP}_n(x,y) = \begin{cases} 1, & |D_n(x,y)| > T \\ 0, & \text{其他} \end{cases} \end{cases} \tag{9.1}$$

式中，$I_{n+1}(x,y)$、$I_n(x,y)$ 表示相邻的两帧影像；$D_n(x,y)$ 为 $I_{n+1}(x,y)$ 和 $I_n(x,y)$ 的差值；T 为分割阈值，可以根据实际情况选择不同的分割阈值。式 (9.1) 的含义是对相邻影像中的对应像素进行差分，若其绝对差值大于分割阈值 T，则表明该像素为运动目标像素，并将其值设为 1；若其绝对差值小于分割阈值，则表明该像素为背景像素，并将其值设为 0，从而得到标识运动产生区域的二值图像 $\mathrm{DP}_n(x,y)$。

但实际情况中，对相邻两帧的差分图像进行阈值分割得到的目标区域往往包含许多背景噪声，因此需要一些形态学后处理。帧差法的基本流程如图 9.1 所示，首先获取两帧相邻的图像，然后进行差分，对差分结果进行二值化处理，得到运动目标的边缘信息后进行形态学后处理，包括形态学滤波和连通区域分析等，最后将检测到的运动目标分离出来。

数学形态学利用由集合论发展而来的算子分析图像 (Mark et al., 2014)。数学形态学处理开始主要针对二值图像，后来扩展到灰度数据。数学形态学关注的其实是形状：将图像和形状看作点集，根据形状利用数学形态学处理图像。数学形态学的基本运算有四个：腐蚀、膨胀、开运算和闭运算。基于这些基本运算还可以推导和组合成各种数学形态学实用算法。腐蚀就是求局部最小值的操作，即计算一定邻域覆盖区域的像素点的最小值，并把这个最小值赋值给参考点指定的像素。与腐蚀相对应的膨胀就是求局部最大值的操作。开运算是先腐蚀再膨胀，可以用来消除小物体，在纤细处分离物体，并且在平滑较大物体边界的同时可以不明

显地改变其面积。闭运算是先膨胀再腐蚀，能够排除小型空洞。在帧差法运动目标检测中，主要利用开运算和闭运算来消除背景噪声。

获取第k帧图像
获取第k+1帧图像
差分图像
二值化
形态学滤波
连通区域分析
运动目标

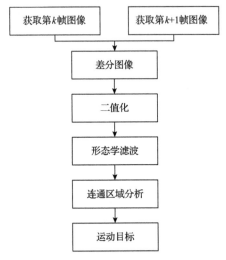

图 9.1　帧差法的基本流程

在图像中，最小的单位是像素，每个像素周围有 8 个邻接像素。位于坐标(x,y)处的像素p有 4 个水平和垂直的相邻像素，这组像素称为p的 4 邻域，用$N_4(p)$表示。p的 4 个对角相邻像素用$N_D(p)$表示。$N_4(p)$和$N_D(p)$共同构成了p的 8 邻域，用$N_8(p)$表示。定义V为邻接性的灰度值集合，在二值图像中，把像素值为 1 的像素归于邻接像素，即$V=\{1\}$。如图 9.2 所示，常见的邻接关系有三种：4 邻接、8 邻接和m邻接。

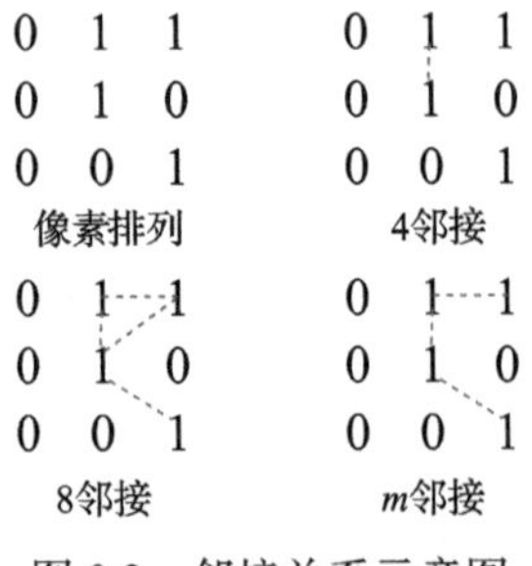

0 1 1
0 1 0
0 0 1
像素排列
0 1 1
0 1 0
0 0 1
4邻接
0 1 1
0 1 0
0 0 1
8邻接
0 1 1
0 1 0
0 0 1
m邻接

图 9.2　邻接关系示意图

(1) 4 邻接：若q在集合$N_4(p)$中，且$p,q\in V$，则p和q两个像素是 4 邻接。

(2) 8 邻接：若q在集合$N_8(p)$中，且$p,q\in V$，则p和q两个像素是 8 邻接。

(3) m邻接：若q在集合$N_4(p)$中，或者在集合$N_D(p)$中，且$N_D(p)$与$N_4(q)$没有交集，则p和q两个像素是m邻接。

在二值图像中，如果两个像素点相邻，那么就认为这两个像素点在一个相互连通的区域内。在判断两个像素是否相邻时，通常采用 4 连通、8 连通或 m 连通来判断。同一个连通区域的所有像素点，都用同一个数值进行标记，这个过程就称为连通区域标记。图 9.3 为有 10 个连通区域，最终结果标记为 0～9，图中每一种颜色代表一个连通区域，经过区域连通后即可获得所检测的运动目标。

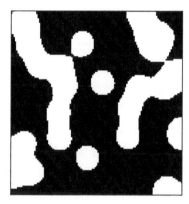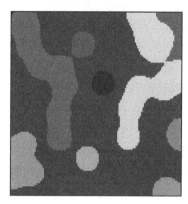

图 9.3　连通区域示意图(见彩图)

帧差法的优点是计算简单，易于实时运行，且对光照等因素的影响不大，可用于背景运动等情况。帧差法的缺点是当影像中的目标位移较大时，检测出的目标将出现空洞或者多余部分，不能实际地表达运动目标的真实形状。为了弥补帧差法的缺点，有学者提出了一种改进方法，即连续三帧图像差分法。其基本思想是：通过计算连续三帧影像中相邻两帧影像之间的差分，得到的差分影像之间再进行逻辑"与"运算，进而得到最终的结果，但是受光照变化的影响，连续三帧图像差分法也会出现空洞的现象。

9.2.2　背景减除法

背景减除法是静态场景中运动目标检测的主流方法。基本原理是：首先建立一个背景模型，然后将序列影像与所建立的背景模型进行逐帧比较，若序列影像中与背景模型同一个位置的像素点相同，则认定其为背景并更新背景模型，否则认定其为运动目标。背景减除法基本流程如图 9.4 所示，主要包括背景建模、图像差分、背景更新、图像二值化、形态学处理六个阶段。背景减除法的基本思路是：首先根据序列影像的前 $n–1$ 帧的图像信息来构建背景模型 $B_n(x, y)$，然后利用当前图像 $F_n(x, y)$ 与背景模型 $B_n(x, y)$ 进行差分运算，并将差值与分割阈值 T 进行比较得到二值图像 $D_n(x, y)$，接着对二值图像进行膨胀、腐蚀等形态学处理，寻找连通区域并显示结果。

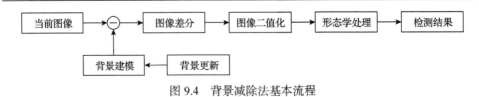

图 9.4　背景减除法基本流程

　　背景减除法的关键是如何建立符合实际情况的背景模型。常用的背景建模方法有均值法、中值法、单高斯背景建模法和混合高斯背景建模法。

　　均值法是一种简单、计算速度快，但对环境光照变化和背景的多模态性比较敏感的一种背景建模方法。其基本思想是：计算每个像素的平均值作为它的背景模型，在检测当前帧时，只需要将当前帧像素值减去背景模型中相同位置像素的平均值，得到差分图像，将差分图像与一个分割阈值 T 进行比较，进而得到目标输出。中值法与均值法原理相似，只是将均值替换为中值。

　　高斯背景建模法是一种运动目标检测过程中提取并更新背景和前景的一种经典方法。该方法认为，对于一个背景图像，特定像素亮度的分布满足高斯分布，即对背景图像，每一个像素点 (x, y) 处的亮度满足 $I(x, y) \sim N(\mu_G, d_G)$。

$$p(x) = \frac{1}{\sqrt{2\pi}d_G} e^{-\frac{(x-\mu_G)^2}{2d_G^2}} \tag{9.2}$$

　　高斯背景模型中的每一个像素点 (x, y) 都包含了两个属性，即均值 μ_G 和标准差 d_G。计算一段时间内序列影像中每一个点的均值 μ_G 和标准差 d_G，作为背景模型。对于包含目标的第 n 帧图像 I_n 中的每一个点 $I_n(x, y)$，计算：

$$p(I_n(x, y)) = \frac{1}{\sqrt{2\pi}d_G} e^{-\frac{[I_n(x,y)-B(x,y)]^2}{2d_G^2}} \tag{9.3}$$

　　若 $p(I_n(x, y)) < T$，则认为是目标点，否则，认为是背景点。利用当前帧对背景模型进行更新，更新背景模型即更新背景参数 μ_G 和 d_G，其更新方式如下：

$$\begin{cases} \mu_n(x, y) = \mathrm{lr}I_n(x, y) + (1-\mathrm{lr})\mu_{n-1}(x, y) \\ d_n(x, y) = \mathrm{lr}[I_n(x, y) - \mu_n(x, y)]^2 + (1-\mathrm{lr})d_{n-1}(x, y) \end{cases} \tag{9.4}$$

式中，$\mu_{n-1}(x, y)$ 和 $d_{n-1}(x, y)$ 表示利用第 n 帧图像更新前的背景模型参数；$\mu_n(x, y)$ 和 $d_n(x, y)$ 表示更新后的背景模型；lr 为一个常数，用来反映背景更新率，lr 越大，背景更新得越慢。需要说明的是，单高斯背景模型的效果受初始化参数和第一帧图像的影响较大。

　　图 9.5 为背景减除法运动目标检测结果，图 9.5(a) 为当前图像，图 9.5(b) 为

采用高斯背景模型获得的背景图像，图 9.5(c)为对当前图像与背景图像的差分图像进行二值化的结果。

(a) 当前图像　　　　　　　　　　　　　　　　　(b) 背景图像

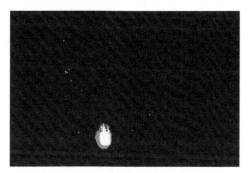

(c) 运动目标检测结果

图 9.5　背景减除法运动目标检测结果(见彩图)

9.2.3　光流法

利用光流法实现目标检测的基本思想是：首先计算图像中每一个像素点的运动矢量，即建立整幅图像的光流场。若场景中没有运动目标，则图像中所有像素点的运动矢量应该是连续变化的；若场景中有运动目标，则由于目标和背景之间存在相对运动，目标所在位置处的运动矢量必然与邻域(背景)的运动矢量不同，从而检测出运动目标。图 9.6 为两组序列影像 Lucas-Kanade 光流法的运动估计结果，其中红色箭头表示估计得到的运动矢量，其方向和长短分别表示估计运动的方向和大小。由图 9.6 可知，两组序列影像中的 Lucas-Kanade 光流法估计出的运动信息存在较多的背景噪声，为了更加有效地检测出运动目标，需要对 Lucas-Kanade 光流法的运动估计结果进行阈值分割，以去除背景噪声。图 9.7 为 Lucas-Kanade 光流法阈值化后的运动估计结果，由图可知，阈值化处理在去除背景噪声的同时，较好地保留了运动目标。图 9.8 为 Lucas-Kanade 光流法提取目标所在区域的效果图。

图 9.6　Lucas-Kanade 光流法的运动估计结果(见彩图)

图 9.7　Lucas-Kanade 光流法阈值化后的运动估计结果(见彩图)

图 9.8　Lucas-Kanade 光流法提取目标所在区域的效果图(见彩图)

通过计算光流场得到的像素运动矢量是由目标和摄像机之间的相对运动产生的。因此，该类检测方法可以适用于摄像机静止和运动两种场合。光流场的计算过于复杂，而且在实际情况中，受光线等因素的影响，目标在运动时，其表面的亮度并不是保持不变的，这不满足光流基本约束方程的前提，导致计算出现很大的误差。

9.2.4　三种方法比较

在摄像机无运动的情况下，帧差法对光照、噪声等有较强的自适应性。然而，帧差法不能完全提取所有运动目标的特征点，所以得到的检测结果并不精确，在运动目标的内部会有空洞产生，不利于进一步的目标分析与识别。当目标运动的速度很慢时，帧差法可能会检测不到运动目标或者只检测到比较细小的轮廓，易形成误判。虽然帧差法不能精确地提取目标，其提取精度还与速度有关，但其常作为一种快速判别有无目标进入视场的算法原型被广泛使用。

在摄像机无运动的情况下，背景减除法较简单，易于实现。如果背景可以事先得到，背景减除法就能提供完整的特征数据，从而较准确地检测出运动目标，获得目标的特征。但在实际应用中，一幅准确的背景图像总是很难得到，背景图像对天气变化、光照等外部动态场景非常敏感。因此，如何选择一个有效的背景模型建立方法非常重要，目前最常见的是混合高斯背景建模法。

光流法在背景动态变化的情况下，能够较好地从背景中检测出运动目标，在摄像机运动的情况下较适合选用光流法。同时，光流法适用于多目标的运动分析，对于遮挡、摄像机运动等问题有很好的适应性。然而，光流法需要遍历所有图像的全部像素点，通常计算量巨大，且算法比较复杂，要想实现实时图像处理，通常对硬件设备的性能要求很高。同时，光流法对多光源、噪声等特别敏感，易产生错误结果。表 9.1 概括了三种运动目标检测方法的优缺点。

表 9.1　三种运动目标检测方法的优缺点

检测方法	帧差法	背景减除法	光流法
运算结果	运动目标的外轮廓	运动目标的整个区域	运动目标的整个区域
运算复杂度	小	由背景建模的复杂度决定	大
适用范围	静态场景	静态场景	静态场景/动态场景
鲁棒性	好	较好	差

9.3　动态场景运动目标检测

无人飞行器获取的序列影像是典型的动态场景，场景中的背景运动和目标运动混合在一起极大地增加了检测目标的难度。无人飞行器序列影像运动目标检测中的干扰因素主要是背景运动带来的影响，因此大量的工作集中于先期的背景运动补偿，并在背景运动补偿后利用差分等方法提取运动目标，这也是动态背景条件下运动目标检测的基本思路。采用传统的帧差法对无人飞行器序列影像进行运动目标检测存在检测目标不完整的缺点，因此需要进一步结合多尺度影像空间进行帧差法运动目标检测，以使检测得到的目标更加完整。以运动特征属性为前提，通过分类分割等方法也可以准确地实现运动目标检测。

9.3.1 基于背景纠正差分的运动目标检测

在动态场景条件下针对运动目标检测处理应用，对背景运动的补偿也称为背景纠正，即通过影像配准和纠正处理对影像帧进行变换，以实现同名像素点之间的对应，从而在相同的影像坐标空间内将背景区域的运动较好地抵消掉。背景运动一般可通过自运动补偿或背景稳定等进行消除。消除背景运动后的前景影像区域便有可能对应于运动目标。背景运动补偿是背景运动估计的反向同命题，既可以利用提取出并经过匹配的同名特征作为控制点拟合全局运动模型，也可以由全局光流逆向纠正加以完成。本小节主要利用光流法对背景的全局运动进行估计。

在背景运动估计的基础上，需要通过背景纠正对背景运动进行补偿。背景纠正中需要注意的是变换后的插值，因为在离散化的影像空间中，即使有正确的匹配和贴近实际情况的拟合模型，如果没有高精度的插值计算，依然不能得到准确的纠正结果。对于二维影像的处理，双线性或双样条插值基本可以满足常用的仿射或投影变换的精度要求。此外，彩色影像还需要分通道分别进行纠正。

在背景纠正的基础上，类似于静止背景检测方法，通过简易的帧间差分便可以达到目标检测的目的，同样，利用形态学操作对差分生成的二值图像进行后处理，填补区域内出现的空洞以及消除由噪声引起的其他斑点。

图 9.9 为一组无人机序列影像光流法运动估计结果，实验中视频影像来自

(a) 参考图像　　　　　　　　　　　　　　　　(b) 当前图像

(c) HS光流法结果　　　　　　　　　　　(d) Brox光流法结果

图 9.9　无人机序列影像光流法运动估计结果（见彩图）

Collins 等（2005）的文献。由图可知，经典的 HS 光流法对无人机运动估计的结果较差，而改进的 Brox 光流法（Thomas et al., 2011）则能较好地估计出背景运动。

图 9.10 为背景运动补偿和补偿后采用帧差法检测运动目标的结果。注意图 9.10（b）中检测出的运动目标不完整，存在空洞。

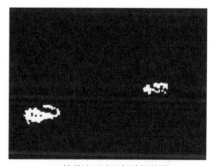

(a) 背景运动补偿结果　　　　　　　　　(b) 帧差法运动目标检测结果

图 9.10　背景运动补偿及运动目标检测结果

9.3.2　结合多尺度影像空间的帧差法运动目标检测

为解决传统帧差法存在检测目标不完整的问题，可采用结合多尺度影像空间的帧差法进行运动目标检测，具体流程如图 9.11 所示。

首先获取间隔 3 帧的无人机序列影像，并采用不同参数的高斯滤波器对间隔 3 帧的无人机序列影像进行滤波，以构建 3 层多尺度影像，使用 Brox 光流法（Brox et al., 2004）分别对不同尺度空间的影像进行配准，对配准后的影像作差，将不同尺度空间的差值影像相加得到融合后的差值影像，进而根据融合后的差值影像进行阈值分割，最后进行形态学滤波滤除少量噪声。选取间隔 3 帧的无人机序列影像能够有效增强背景和目标的可分性，便于后续的阈值分割。

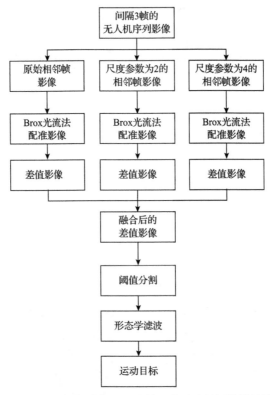

图 9.11　结合多尺度影像空间的帧差法运动目标检测具体流程

结合多尺度影像空间的帧差法运动目标检测的基本思想是：首先在视觉信息处理模型中引入一个被视为尺度的参数，通过连续变化尺度参数获得不同尺度下的视觉处理信息，然后综合这些信息深入挖掘图像的本质特征。结合多尺度影像空间的帧差法运动目标检测将传统的单尺度视觉信息处理技术纳入尺度不断变化的动态分析框架中，更容易获得图像的本质特征。尺度空间生成的目的是模拟图像数据的多尺度特征。高斯卷积核是实现尺度变换的唯一线性核。一个图像的尺度空间 $L(x, y, \sigma)$ 定义为原始图像 $I(x, y)$ 与一个可变尺度的二维高斯函数 $G(x, y, \sigma)$ 进行卷积运算。二维空间高斯函数定义为

$$G(x_i, y_i, \sigma) = \frac{1}{2\pi\sigma^2} e^{-\frac{(x-x_i)^2 + (y-y_i)^2}{2\sigma^2}} \tag{9.5}$$

尺度空间定义为

$$L(x, y, \sigma) = G(x, y, \sigma) I(x, y) \tag{9.6}$$

根据尺度空间理论，随着尺度参数的不断增加，影像平滑程度不断加深，细

节逐渐被抹去，只保留大尺度结构。在尺度参数较大的影像空间运动目标的大致轮廓被保留，由于高斯滤波器的平滑作用，尺度参数较大的影像空间能够有效地消除背景噪声；在尺度参数较小的影像空间，运动目标的细节被保留。因此，将不同尺度参数的影像空间的差值影像进行融合，既能获取运动目标的大致轮廓，又能保留运动目标的细节，同时能够增强运动目标和背景的区别，增强背景区域和运动目标的可分性。

　　图 9.12 为一组无人机序列影像在不同尺度空间下的差值影像及对其差值统计直方图。由图 9.12 可知，随着尺度参数的不断增大，差值影像中的背景噪声得到了很好的抑制，同时运动目标的主体轮廓信息得到了很好的保留；在尺度参数较小的差值影像中运动目标的细节得到较好的保留，但同时混合着大量的背景噪声。由直方图信息可知，融合后的差值影像相比于每一层尺度空间的差值影像，运动目标信息更加突出且集中于灰度较大的区域，背景则集中于灰度较小的区域。

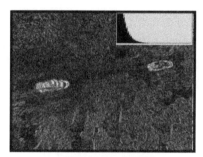

(a) 原始尺度空间差值影像

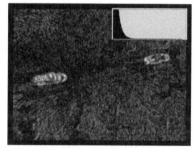

(b) 尺度参数为2的尺度空间差值影像

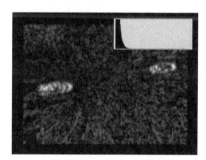

(c) 尺度参数为4的尺度空间差值影像

(d) 融合后的差值影像

图 9.12　无人机序列影像不同尺度空间差值影像及其差值统计直方图

　　图 9.13 给出了一组无人机序列影像帧差法与结合多尺度影像空间的帧差法运动目标检测实验结果对比。由实验结果可知，融合后的差值影像既保留了低尺度空间中运动目标全局的轮廓信息，又保留了高分辨率尺度空间中运动目标的细节信息，同时使运动目标区域的差值信息得到增强，拉大了与背景差值的距离，因此采用自动阈值分割方法，结合多尺度影像空间的帧差法运动目标检测能够克服传

统帧差法检测运动目标不完整的固有缺点，从而有效地检测出完整的运动目标。

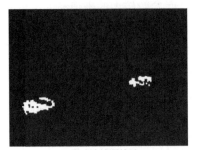 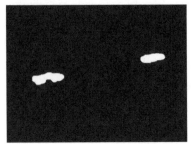

(a) 差分法检测结果　　　　　　　　(b) 结合多尺度影像空间的帧差法检测结果

图 9.13　无人机序列影像帧差法与结合多尺度影像空间的帧差法运动目标检测实验结果对比

9.3.3　基于光流法的运动目标检测

　　运动目标检测就是根据运动信息将影像区分为背景区域和目标区域，其核心是运动信息的获取。因此，首先采用光流法估计出相邻帧的稠密运动，并对估计出的运动信息进行阈值分割；然后采用形态学滤波消除边缘噪声，从而获得运动目标。利用光流法直接检测运动目标的流程如图 9.14 所示。

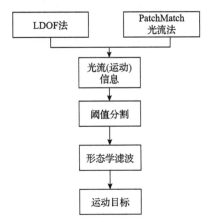

图 9.14　利用光流法直接检测运动目标的流程

　　需要指出的是，图 9.14 中所示的 LDOF(large displacement optical flow, 大位移光流)法(Thomas and Jitendra, 2011)和 PatchMatch(Barnes et al., 2009)光流法为改进的光流法，这里不对其原理进行过多的介绍。但需要指出的是，与传统的 HS 光流法、Brox 光流法和 Lucas-Kanade 光流法相比，这两种方法能够更好地估计出背景和目标的运动，进而根据运动信息直接分割出运动目标。

　　图 9.15 给出了 LDOF 法和 PatchMatch 光流法运动估计结果，图 9.15 (b) 和图 9.15 (d) 中 x 轴和 y 轴分别对应图像的横、纵坐标，z 轴为所对应像素的运动位

移大小。由图 9.15(b)和图 9.15(d)可知，两种方法均能较好地区分背景和目标的运动，但 PatchMatch 光流法图像边缘处存在较多噪声，其优点是计算速度较 LDOF 法更快。

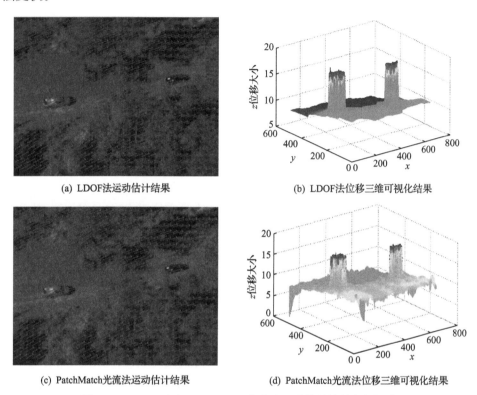

(a) LDOF法运动估计结果　　　　　　　　(b) LDOF法位移三维可视化结果

(c) PatchMatch光流法运动估计结果　　　　(d) PatchMatch光流法位移三维可视化结果

图 9.15　LDOF 法和 PatchMatch 光流法运动估计结果（见彩图）

图 9.16 给出了 LDOF 法和 PatchMatch 光流法运动目标检测结果。由检测结果可知，采用这两种方法进行运动估计，能够较好地根据其估计的运动信息分割出运动目标。

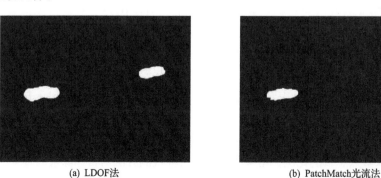

(a) LDOF法　　　　　　　　　　　　(b) PatchMatch光流法

图 9.16　LDOF 法和 PatchMatch 光流法运动目标检测结果

9.4　运动目标检测的性能评价

通常，对运动目标检测方法的基本要求是：以二值图像的形式准确并完整地给出测试数据中每一帧图像的运动前景目标位置，输出尽量少的漏检像素点和虚警像素点。漏检像素点是指本来为前景却被误检为背景的像素点。虚检像素点是指本来为背景却被误检为前景的像素点。为了能够衡量一种运动目标检测方法满足上述要求的程度，需要对该方法得到的运动目标检测结果的质量和性能进行评价。

运动目标检测的质量和性能评价主要分为两类：主观评价(即定性评价)和客观评价(即定量评价)。目前，对运动目标检测结果的评价通常采用以客观评价为主、以主观评价为辅的原则。

主观评价，即主观视觉判读法，是由判读人员直接用肉眼对运动目标检测结果的质量进行评价，根据人的主观感觉对运动目标检测结果的优劣做出判断。例如，可以判断运动目标检测结果的目标轮廓是否完整、目标内部是否存在空洞等。主观评价的优点是简单直观，因为人眼可以直接观测到很多细节信息，能够迅速定位检测结果中发生错误检测的像素位置，以分析方法应对各种挑战的能力。但是，视觉评价在很大程度上取决于观察者的观测能力和判断能力。因此，这种评价方法具有一定的主观性和片面性。

为了能够更客观地评价一种运动目标检测方法的有效性，需要使用客观评价指标对检测结果进行定量分析。通常，客观评价采用统计分析方式，其优点是可以通过对大量检测结果的统计分析得到对运动目标检测客观、全面的评价。已有的客观评价指标有很多，主要可以分为基于像素的客观评价指标和基于目标的客观评价指标。

基于像素的客观评价指标以像素为单位，利用二值检测结果的统计特性来衡量运动目标检测方法对目标像素的检测性能。当存在关于前景目标像素的参考真值数据时，基于像素的客观评价指标最常用(Li et al., 2004)。

设 TP(true positives)表示检测结果中本来为目标也被正确检测为目标的像素点总数，TN(true negatives)表示检测结果中本来为背景也被正确检测为背景的像素点总数，FP(false positives)表示检测结果中虚警像素点总数，FN(false positives)表示检测结果中漏检像素点总数。

(1)召回率(recall)：也称为真正率，是指检测结果中正确检测的目标像素点占真实目标像素点总数的比例，用来衡量运动目标检测方法对目标像素的查全能力，定义为

$$recall = \frac{TP}{TP + FN} \qquad (9.7)$$

(2)特异度(specificity)：也称为真负率，是指检测结果中正确检测的背景像素点占真实背景像素点总数的比例，定义为

$$specificity = \frac{TN}{TN + FP} \qquad (9.8)$$

(3)虚警率(false positive rate, FPR)：也称为假正率，是指检测结果中虚警像素点占真实背景像素点总数的比例，定义为

$$FPR = \frac{FP}{TN + FP} \qquad (9.9)$$

(4)漏检率(false negative rate, FNR)：也称为假负率，是指检测结果中漏检像素点占真实目标像素点总数的比例，定义为

$$FNR = \frac{FN}{TP + FN} \qquad (9.10)$$

(5)准确度(precision)：是指检测结果中检测出的正确目标像素点占检测出的所有目标像素点总数的比例，用来衡量运动目标检测方法对目标像素的检准能力，定义为

$$precision = \frac{TP}{TP + FP} \qquad (9.11)$$

(6)错误分类百分比(percentage of wrong classification, PWC)：是指检测结果中错误分类的像素点占所有像素点总数的比例，定义为

$$PWC = \frac{100(FN + FP)}{TP + FN + FP + TN} \qquad (9.12)$$

(7)正确分类百分比(percentage of correct classification, PCC)：是指检测结果中正确分类的像素点占所有像素点总数的比例，定义为

$$PCC = \frac{100(TP + TN)}{TP + FN + FP + TN} \qquad (9.13)$$

(8)F度量(F-measure)：是召回率和准确度的调和平均值，定义为

$$F = 2\frac{recall \times precision}{recall + precision} \qquad (9.14)$$

上述提到的各种指标之间相互关联、相互制约，其中，能体现算法检测目标像素的检全能力的召回率、检准能力的准确度以及可体现方法整体性能的 F 度量是目前最常用的基于像素的客观评价指标。

基于目标的客观评价指标以目标为基本单位，利用二值检测结果的统计特性

来衡量运动目标检测方法对运动目标的检测性能。基于目标的评价指标主要包括多目标检测精度(multiple object detection accuracy, MODA)和多目标检测准度(multiple object detection precision, MODP)。

设第 i 帧检测结果中漏检的目标个数为 Num_i^{FN} ，虚警的目标个数为 Num_i^{FP} ，真实存在的目标个数为 Num_i^{T} ，则第 i 帧检测结果的 MODA 为

$$\text{MODA}(i) = \frac{\text{Num}_i^{\text{FN}} + \text{Num}_i^{\text{FP}}}{\text{Num}_i^{\text{T}}} \tag{9.15}$$

而整个序列影像的归一化 MODA (normalization MODA, N-MODA)定义为

$$\text{N-MODA} = 1 - \frac{\sum\limits_{i=1}^{N}(\text{Num}_i^{\text{FN}} + \text{Num}_i^{\text{FP}})}{\sum\limits_{i=1}^{N}\text{Num}_i^{\text{T}}} \tag{9.16}$$

式中，N 为视频总帧数。

设在第 i 帧检测结果中 T_i^k 表示第 k 个真实运动目标，D_i^k 表示运动目标检测方法针对目标 T_i^k 的检测结果，则第 i 帧检测结果中检测出的运动目标与真实运动目标的匹配重叠率(mapped overlap ratio, MOR)为

$$\text{MOR}(i) = \sum_{k=1}^{N_i^{\text{map}}}\frac{\left|T_i^k \bigcap D_i^k\right|}{\left|T_i^k \bigcup D_i^k\right|} \tag{9.17}$$

式中，N_i^{map} 表示第 i 帧检测结果中检测出的运动目标与真实运动目标相匹配的目标总数。

此时，第 i 帧检测结果的 MODP 为

$$\text{MODP}(i) = \frac{\text{MOR}(i)}{N_i^{\text{map}}} \tag{9.18}$$

而整个视频的归一化 MODP (normalization MODP, N-MODP)为

$$\text{N-MODP} = \frac{\sum\limits_{i=1}^{N}\text{MODP}(i)}{N} \tag{9.19}$$

9.5　运动目标检测的典型应用

运动目标检测技术的最初动力来自其在军事监控和安全监控领域的应用，用于提高军事安全监控系统的智能化和可靠性，从而增强战场态势感知、部队安全

防护以及国防、民用等场合免受恐怖袭击的能力。随着运动目标检测技术研究的不断深入和序列影像采集设备的日益普及，运动目标检测技术的应用前景也日益广阔。本节分别以静态场景和动态场景为例，大致勾勒出运动目标检测技术在视频目标分析中的两种典型应用场景。

9.5.1　智能视频监控

　　固定场所的监控视频是一种典型的静态场景序列影像。随着摄像头安装数量的日益增多，以及智慧城市和公共安全需求的日益增长，采用人工的视频监控方式已经远远不能满足需要。因此，智能视频监控应运而生，并迅速成为研究热点。智能视频监控最核心的部分是基于计算机视觉的视频内容理解技术，对原始视频影像进行背景建模、目标检测与识别、目标跟踪等一系列算法分析，进而分析其中的目标行为以及事件，从而回答人们感兴趣的"是谁、在哪、干什么"的问题，按照预先设定的安全规则及时发出报警信号。智能视频监控系统有别于传统视频监控系统的最大优势是，能自动地、全天候地进行实时分析报警，彻底改变了以往完全由安保人员对监控画面进行监视和分析的模式；同时，智能视频监控将一般监控系统的事后分析变成了事中分析和预警，不仅能识别可疑活动，还能在危险发生时提示发生之前提示安保人员关注相关监控画面并提前做好准备，从而提高反应速度，减轻人的负担，达到用电脑来辅助人脑的目的。

　　智能视频监控研究的主要内容是如何从原始的视频数据中提取出符合人类认知的语义理解，即希望计算机能和人一样自动分析并理解视频数据。例如，判断场景中有哪些感兴趣目标、历史运动轨迹、从事什么行为以及目标之间的关系等。一般而言，智能视频监控研究中对视频影像的处理可以分为图 9.17 所示的 3 个层次。

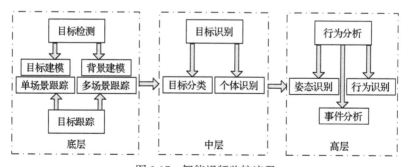

图 9.17　智能视频监控流程

9.5.2　无人飞行器序列影像运动分析系统

　　无人飞行器获取的序列影像是一种典型的动态背景序列影像。对其进行运动分析，进而自动提取感兴趣的运动目标对军事侦察和战场监控具有重要意义。近年来，国内外专家学者针对无人机序列影像的运动分析技术展开了大量研究，并构建了运动分析框架。典型的无人飞行器序列影像运动分析系统通常包含背景运动估计与补偿、序列影像镶嵌、运动目标检测、运动目标跟踪四部分，其中具有代表性的是航空影像跟踪系统(Ali et al., 2006)和运动目标检测与跟踪(moving objects detection and tracking, MODAT)系统(Ibrahim et al., 2010)。

　　航空影像跟踪系统是典型的无人机序列影像运动分析系统，其主要对无人机序列影像场景进行运动目标检测与跟踪。该系统主要由运动补偿、运动目标检测、运动目标跟踪 3 个模块组成，如图 9.18 所示。运动补偿模块能够为无人机序列影像进行镶嵌和进一步的目标检测奠定基础，主要提取 Harris 角点并进行匹配，采用 RANSAC 算法剔除误匹配，进而根据匹配得到的信息估计相邻帧间的运动参数，并进行背景运动补偿。运动目标检测模块主要结合累积帧差法和背景减除法进行运动目标检测。运动目标跟踪模块主要结合核函数跟踪和块匹配方法进行运动目标跟踪。

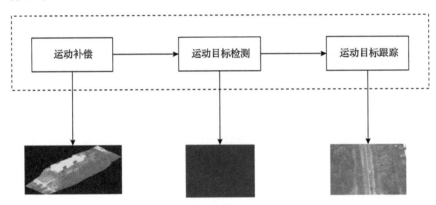

图 9.18　航空影像跟踪系统(Ali et al., 2006)

　　MODAT 系统是由 Ibrahim 等(2010)开发的针对无人机序列影像的运动分析系统。该系统的组成模块包括序列影像配准模块、运动目标检测模块和运动目标跟踪模块。在序列影像配准模块中，影像匹配测试了 Harris、SIFT、加速稳健特征(speeded up robust feature, SURF)三种特征点提取及匹配效果，最后采用 SIFT 特征点进行匹配；采用仿射变换模型描述背景运动，并利用匹配得到的特征点对解算运动变换参数，进而对影像进行配准和镶嵌。为提高检测效果，首先采用高斯滤波去除帧差影像的背景噪声，使用混合高斯模型来描述运动目标，通过聚类的方法对运动目标进行定位，并使用图像分割方法分割出完整的运动目标，从而完成运动目标检测。对检测的运动目标建立中心位置、所在区域范围、方向、颜色构成的特征描述，进而对其进行识别和基于块的匹配跟踪。图 9.19 为 MODAT 系统得到的一些实验结果。

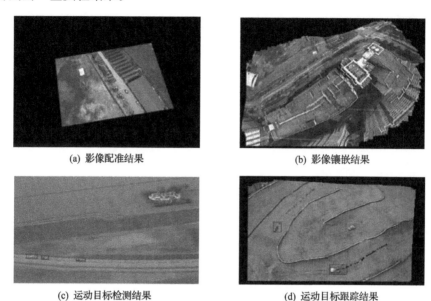

(a) 影像配准结果　　　　　　　　(b) 影像镶嵌结果

(c) 运动目标检测结果　　　　　　　(d) 运动目标跟踪结果

图 9.19　MODAT 系统得到的一些实验结果(Ibrahim et al., 2010)

参 考 文 献

韩光, 才溪, 汪晋宽. 2017. 运动目标检测理论与方法[M]. 北京: 电子工业出版社.

Mark S, Alberto S. 2014. 计算机视觉特征提取与图像处理[M]. 3 版. 杨高波, 李实英, 译. 北京: 电子工业出版社.

Ali S, Shah M. 2006. COCOA: Tracking in aerial imagery[J]. Proceedings of SPIE the International Society for Optical Engineering, 5(1): 105-114.

Barnes C, Shechtman E, Finkelstein A, et al. 2009. PatchMatch: A randomized correspondence algorithm for structural image editing[J]. ACM Transactions on Graphics, 28(3): 341-352.

Brox T, Bruhn A, Papenberg N, et al. 2004. High accuracy optical flow estimation based on a theory for warping[C]. The 8th European Conference on Computer Vision, Berlin: 25-36.

Collins R, Zhou X, Seng K T. 2005. An open source tracking testbed and evaluation web site[J]. Proceedings of the IEEE International Workshop on Performance Evaluation of Tracking and Surveillance(PETS), 5: 3769-3772.

Ibrahim A, Pang W, Seet G, et al. 2010. Moving objects detection and tracking framework for UAV-based surveillance[C]. The 4th Pacific-Rim Symposium on Image and Video Technology, Singapore: 456-461.

Li L, Huang W. 2004. Statistical modeling of complex background for foreground object detection[J].

IEEE Transactions on Image Processing, 13(11): 1459-1472.

Thomas B, Jitendra M. 2011. Large displacement optical flow: Descriptor matching in variational motion estimation[J]. IEEE Transactions on Pattern Analysis and Machine Intelligence, 33(3): 500-513.

第10章　序列影像运动目标跟踪

对于序列影像中检测出的运动目标，如果确认其为感兴趣的目标，那么需要锁定该目标并对其进行跟踪。对影像空间而言，目标跟踪处理的实质则是根据原有的属性信息预测目标对象的位置和方向，从而描绘出目标的运动轨迹，或者在连续的影像帧中对被跟踪目标给出一致的标识。在运动分析技术体系中，运动目标估计、运动目标检测主要根据的是运动属性，而仅依靠运动特征难以对具体的目标进行长时间稳定的跟踪。因此，必须选择更具代表性或者随时间的演变更有规律、更易于描述的颜色等特征属性，克服不同因素的干扰，进一步提高跟踪的稳定性和可靠性。

10.1　概　　述

在计算机视觉领域中，目标跟踪非常具有挑战性，因为其通常需要面对各种复杂因素的干扰，同时需要满足较高的性能要求，例如，由空间投影或目标对象被遮挡导致的信息缺失、目标对象复杂的形状特征或运动模式以及影像噪声等都会对跟踪处理产生较大的影响，而处理的快速性和实时性是对目标跟踪的基本要求（Yilmaz et al., 2006）。

从某种意义上讲，运动目标检测完成了对目标各类特征属性的归纳，其中包括目标对应的影像区域、目标的运动特征属性以及目标的空间坐标位置等。这些属性信息为跟踪处理提供了起始依据和目标模型的构建基础。与运动目标检测相比，运动目标跟踪的优势在于随着时序上的推进，能够自动给出对目标的标识，而且执行效率更高，也可以避免出现检测错误等问题。

运动目标跟踪作为计算机视觉领域的核心研究内容之一，主要目的是模仿生理视觉系统的运动感知功能，首先通过对摄像机捕获的序列影像进行分析，计算出运动目标在每一帧图像中的位置；然后根据运动相关的特征值，将序列影像中连续帧的同一运动目标关联起来，得到每帧图像中目标的运动参数以及相邻帧间目标的对应关系，从而得到运动目标完整的运动轨迹。简单来说，目标跟踪技术就是在下一帧图像中找到目标的确切位置并反馈给跟踪系统，进而为平台随动控制、序列影像分析和理解提供运动信息和数据。

与传统雷达跟踪系统相比，序列影像运动目标跟踪主要应用光学设备，采用被动式工作模式，工作时不向外辐射无线电波，不易被电子侦察设备发现，具有一定的隐蔽性和抗电子干扰的能力。同时,在视觉目标跟踪系统中,人们能够直观地从序列影像监视器上看到目标图像,具有更好的直观性。

近年来,运动目标跟踪技术已在军事制导、视觉导航、视频监控、智能交通等领域得到广泛应用。例如,视频监控技术已经在我国大多数城市社区、公共场所、重要设施中使用,进行车辆实时检测与跟踪,可以实时监控车流量、车速、车流密度、交通事故等交通状况,为智能交通调度提供基础。从飞行器上对空中运动目标或地面运动目标进行检测、跟踪和识别,可用于机载或弹载前视图像制导。

运动目标跟踪的处理流程一般分为三个基本步骤,即构建目标模型、确认跟踪域和选定跟踪方法。构建目标模型是将影像中的目标抽象为特定的属性特征进行表示,以便于操作和实现;跟踪域是与目标模型相对应的处理空间,在多数情况下,跟踪处理经过构建目标模型后将影像相关属性信息变换至该空间实施;跟踪方法是在跟踪域内通过匹配、更新、优化等完成目标跟踪的具体方法。

对运动目标进行跟踪首先需要对目标进行表示,然后选择合适的特征对运动目标进行建模,进而选择合适的跟踪方法对运动目标进行跟踪。因此,本小节对运动目标的表示方法、运动目标的特征表示和运动目标跟踪方法的分类展开讨论。

10.1.1　运动目标的表示方法

无人飞行器序列影像中的运动目标可以是水面上的船只、地面上的汽车等感兴趣的目标。要对感兴趣的运动目标进行跟踪,首先需要给出运动目标的表示。通常被跟踪的运动目标可以用其形状和表观模型来表示。

常用的运动目标形状表示方法有以下四种。

(1)点。运动目标可以用一个点来表示,这个点通常是对象的质心。这种表示方法适用于运动目标在图像中占有较小区域的情况。此外,运动目标也可以用一组点来表示。

(2)基本几何形状。运动目标也可以用矩形框或椭圆框来表示,这种情况下,通常采用的目标运动模型包括平移、仿射变换或投影变换。这种表示方法主要适用于简单的刚体运动目标。

(3)关节形状模型。有关节的目标由通过关节连接在一起的部件组成。例如,人体就是通过关节将头、躯干、腿、胳膊、手和脚等部件连接在一起的。人体不同部件之间的运动符合一定的运动学模型。例如,关节的活动具有一定的角度限制等。为了表示有关节的目标,可以将它的每一组部件用圆柱体或椭圆来表示。

(4)骨架模型。目标的骨架可以通过应用某种变换从目标的轮廓中提取。骨架模型既可以用来表示有关节的目标,也可以用来表示被视为刚体的运动目标。这种表示方法通常用来识别物体。

　　除了用形状表示之外，运动目标还可以用表观模型来表示。形状和表观模型也可以联合起来对目标进行跟踪。常用的表观模型主要有如下四种类型。

　　(1)概率密度模型。目标表征信息的概率密度模型既可以是参数型，也可以是非参数型，前者如混合 Gaussian 模型，后者如颜色特征空间直方图等。目标表征信息的概率密度模型的计算通常限定在由形状模型确定的影像区域内。

　　(2)目标模板。目标模板一般是由目标的简略几何外形或剪影生成的，其优势是同时包含了空间信息和表征信息，但是目标模板通常是由单视(单一影像帧)获得的，因此通常只适用于跟踪目标形态变化不大的场景。

　　(3)活动表征模型。活动表征模型对目标对象的形状和表征同步建模。对象的形状由一组界标进行定义，其中每个界标存储了色彩、纹理或梯度幅值等构成的表征矢量。活动表征模型需要使用训练样本对形状和相关的表征进行前期认知。

　　(4)多视表征模型。基于给定的多视(多帧影像)，可以通过子空间的生成从多个视角表示目标对象，构建多视表征模型。用于生成多视表征模型的子空间方法有主成分分析、独立成分分析等。

　　面向跟踪处理应用，序列影像中运动目标的表现可以有很多具体的形式，图 10.1 给出了其中的一些示例。图 10.1(a)是检测分割出的目标影像区域，也是对目标最基本的表达，其中包含了目标的颜色、纹理、形状、轮廓等特征信息；图 10.1(b) 中标识了影像区域的中心点，如果目标所占影像区域较小，或者作为刚性目标，那么可以抽象为一个点，这类表示使得目标除了坐标位置、运动方向和速度矢量等运动属性之外，不再含有其他特征信息；图 10.1(c)和图 10.1(d)中的矩形框和椭圆框表示了目标的基本形状，对于刚性目标的平移、仿射及投影等运动模式，完全可利用这两种形状进行对应描述；图 10.1(e)给出的是由目标影像生成的点集，其可以是提取出的特征点，也可以是由影像的纹理边缘离散后空间上具有一定间隔的二值化点，对于一些特殊的处理方法，如基于 Hausdorff 距离的模板匹配方法等，这种点集可作为目标模板，通过搜索匹配实现对目标的跟踪；图 10.1(f) 中显示的是目标的轮廓，如前述目标检测中的相关分析，轮廓确定了影像区域的边界，使用轮廓对目标进行表示的优点是可结合活动轮廓等方法，适应跟踪过程中的目标形状变化；图 10.1(g)中给出的是对轮廓采样后的控制点，则目标轮廓的演变便可以利用控制点的分布改变进行描述；图 10.1(h)显示的是轮廓内部目标的剪影，剪影是目标检测跟踪处理中常用的表达方式，通常用其标识属性一致的区域，由轮廓给定的周长特征结合由剪影提供的面积属性，可基于矩方法等来实现目标识别等。在各种目标的表现形式中，最为直观的是矩形框，其既可以指明被跟踪的运动目标，也可以表示运动方向等信息，因此在无人飞行器序列影像运动目标跟踪中常被用作跟踪绑定框。

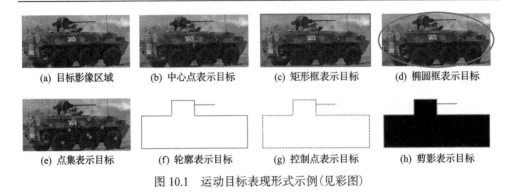

图 10.1　运动目标表现形式示例(见彩图)

10.1.2　运动目标的特征表示

运动目标的描述与特征选择密切相关。选择适当的特征在运动目标跟踪中具有重要作用。通常，好的特征应该具有可区分性好、可靠性高、独立性好、数量少等特点，从而可以很容易地将目标从特征空间中区分出来。运动目标跟踪中常用的特征有很多种，本小节主要介绍其中的颜色特征、边缘特征和纹理特征。

1. 颜色特征

颜色特征是在运动目标跟踪中应用最为广泛的视觉特征，主要原因在于颜色往往和图像中所包含的物体或场景十分相关。此外，与其他视觉特征相比，颜色特征对图像本身的尺寸、方向、视角的依赖性较小，具有较高的鲁棒性。在众多的颜色特征中，经常用来描述目标的是颜色直方图特征。

颜色直方图通过计算每种颜色的数目与图像像素总数的比值，来反映其所占的百分比。首先需要对颜色空间进行量化，即把总的颜色空间表示为若干个小区间，每个小区间代表一个范围，用 bin 表示，也称为直方图的"组距"；计算每个子区间的像素个数，并进行统计分析，便可获得一幅图像的颜色分布情况。颜色直方图的定义如下：

$$H(k) = \frac{n_k}{N}, \ k = 0, 1, 2, \cdots, L-1 \tag{10.1}$$

式中，N 表示图像的像素点总数；L 表示颜色直方图的颜色级数；k 表示颜色直方图的某一级颜色；n_k 表示属于 k 级颜色对应的空间子区间的像素点数目。

颜色直方图计算简单且具有较为稳定的性质，因此在图像分类、目标识别等领域应用广泛。根据图像通道数的不同，颜色直方图一般可以分为一维直方图、二维直方图和三维直方图；按照颜色空间不同，颜色直方图可分为 RGB 空间直方图、HSV 空间直方图等。传统颜色直方图的描述方法尚存在一些问题，如颜色特征维数较高、受光照影响较大、不能准确描述目标的空间信息等。对于 RGB 空间直方图，单一通道对应 256 种颜色，则全颜色的数量为 256×256×256，若对所有颜色进行统计，则会导致计算量大大增加，影响算法的实时性。一般来说，统计三维直方图经常对各通道进行一定的量化操作，以减小直方图的维数，从而降低计算复杂度。在基于颜色直方图特征的 MeanShift 方法中，一般将 256×256×256 的 RGB 空间降为 16×16×16，极大地提高了计算效率；徐少平等(2009)将图像变换为 HSV 空间，并对三个通道进行不同的量化，发现当三种通道满足 16×4×1 的量化级数时，图像间的相似性度量表述最为准确。

图 10.2 展示了不同灰度级的颜色直方图，其 bin 的数量分别为 256 和 32。

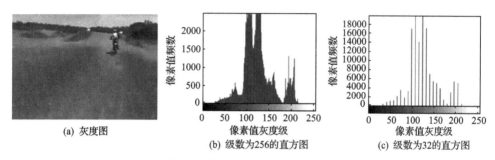

(a) 灰度图　　　　　　(b) 级数为256的直方图　　　　　(c) 级数为32的直方图

图 10.2　不同灰度级的颜色直方图

2. 边缘特征

图像的边缘是指图像局部灰度显著变化的区域，边缘特征是图像最基本的特征，包含用于图像识别的重要信息，也是图像分割、纹理分析和图像理解所依赖的重要特征。边缘检测的目的是捕捉亮度急剧变化的区域，而这些区域通常是运动目标跟踪所关注的区域。同时，针对运动目标跟踪，边缘检测所得到的结果将会大大减少图像数据量，从而过滤掉很多冗余信息，留下图像的重要结构，使所要处理的工作大大简化，从而实现实时的运动目标跟踪。边缘是由图像深度不连续、图像梯度不连续、图像强度不连续、纹理变化等因素造成的，因此与颜色特征相比，边缘特征的一个重要性质是对光照变化不敏感。Canny 边缘检测方法是目前较为常用的边缘检测方法。

Canny 边缘检测方法基于一个多阶边缘算子，由 Canny 于 1986 年首先提出(Canny, 1986)。Canny 边缘检测方法使用一个基于高斯模型派生的检测模型，因为未处理图像可能含有噪声，所以开始在原始图像上应用一个高斯滤波器，结果是一个轻度平滑的图像，不至于被单个噪声像素干扰全局重要参数。Canny 边缘检测方法可以分为以下 5 个步骤。

(1)使用高斯滤波器，以平滑图像，滤除噪声。

(2)计算图像中每个像素点的梯度强度和方向。

(3)应用非极大值抑制,以消除边缘检测带来的杂散响应。

(4)应用双阈值检测来确定真实的和潜在的边缘。

(5)抑制孤立的弱边缘,最终完成边缘检测。

1)使用高斯滤波器

为了尽可能减少噪声对边缘检测结果的影响,必须滤除噪声以防止由噪声引起的错误检测。为了平滑图像,使用高斯滤波器与图像进行卷积,以降低边缘检测器上明显的噪声影响。大小为 $(2k+1) \times (2k+1)$ 的高斯滤波器核的生成方程式如下:

$$H_{ij} = \frac{1}{2\pi\sigma^2} \mathrm{e}^{-\frac{[i-(k+1)]^2 + [j-(k+1)]^2}{2\sigma^2}} \quad , \quad 1 \leqslant i, j \leqslant 2k+1 \tag{10.2}$$

下面是一个 $\delta=1.4$、尺寸为 3×3 的高斯卷积核的例子(注意需要进行归一化处理):

$$H = \begin{bmatrix} 0.0924 & 0.1192 & 0.0924 \\ 0.1192 & 0.1538 & 0.1192 \\ 0.0924 & 0.1192 & 0.0924 \end{bmatrix} \tag{10.3}$$

若图像中一个 3×3 的窗口为 A,要滤波的像素点为 e,则经过高斯滤波后,像素点 e 的亮度值为

$$e = H * A = \begin{bmatrix} h_{11} & h_{12} & h_{13} \\ h_{21} & h_{22} & h_{23} \\ h_{31} & h_{32} & h_{33} \end{bmatrix} * \begin{bmatrix} e_{11} & e_{12} & e_{13} \\ e_{21} & e_{22} & e_{23} \\ e_{31} & e_{32} & e_{33} \end{bmatrix} = \mathrm{sum}\left(\begin{bmatrix} h_{11} \times e_{11} & h_{12} \times e_{12} & h_{13} \times e_{13} \\ h_{21} \times e_{21} & h_{22} \times e_{22} & h_{23} \times e_{23} \\ h_{31} \times e_{31} & h_{32} \times e_{32} & h_{33} \times e_{33} \end{bmatrix} \right) \tag{10.4}$$

式中,*表示卷积符号;sum 表示矩阵中所有元素相加求和。需要注意的是,高斯卷积核大小的选择将影响 Canny 边缘检测方法的性能。尺寸越大,Canny 边缘检测方法对噪声的敏感度越低,但是边缘检测的定位误差也将略有增加。

2)计算像素点的梯度强度和方向

图像中的边缘可以指向各个方向,因此 Canny 边缘检测方法使用四个算子来检测图像中的水平边缘、垂直边缘和对角边缘。边缘检测的算子(如 Roberts、Prewitt、Sobel 等)返回水平 G_x 和垂直 G_y 方向的一阶导数值,由此便可以确定像素点的梯度 G 和方向 θ_E 分别为

$$\begin{cases} G = \sqrt{G_x^2 + G_y^2} \\ \theta_E = \arctan(G_y / G_x) \end{cases} \tag{10.5}$$

式中，G 为梯度强度；θ_E 为梯度方向夹角。下面以 Sobel 算子为例介绍如何计算梯度强度和方向，x 和 y 方向的 Sobel 算子分别为

$$S_x = \begin{bmatrix} -1 & 0 & 1 \\ -2 & 0 & 2 \\ -1 & 0 & 1 \end{bmatrix}, \quad S_y = \begin{bmatrix} 1 & 0 & 1 \\ 0 & 0 & 0 \\ -1 & -2 & -1 \end{bmatrix} \tag{10.6}$$

若图像中一个 3×3 的窗口为 A，要计算梯度的像素点为 e，则和 Sobel 算子进行卷积运算之后，像素点 e 在 x 和 y 方向的梯度值分别为

$$\begin{cases} G_x = S_x * A \\ G_y = S_y * A \end{cases} \tag{10.7}$$

3）非极大值抑制

对图像进行梯度计算后，仅基于梯度值提取的边缘仍然很模糊，而非极大值抑制则可以帮助将局部最大值之外的所有梯度值抑制为 0，对梯度图像中每个像素进行非极大值抑制的方法是：将当前像素的梯度强度与沿正负梯度方向上的两个像素进行比较；若当前像素的梯度强度与另外两个像素相比最大，则该像素点保留为边缘点，否则该像素点将被抑制。

4）双阈值检测

在施加非极大值抑制之后，剩余的像素可以更准确地表示图像中的实际边缘。然而，仍然存在由噪声和颜色变化引起的一些边缘像素。为了解决这些杂散响应，必须用弱梯度值过滤边缘像素，并保留具有高梯度值的边缘像素，可以通过选择高低阈值来实现。若边缘像素的梯度值高于高阈值，则将其标记为强边缘像素；若边缘像素的梯度值小于高阈值且大于低阈值，则将其标记为弱边缘像素；若边缘像素的梯度值小于低阈值，则将其抑制。阈值的选择取决于给定输入图像的内容。

5）抑制孤立的弱边缘

被划分为强边缘的像素点已经被确定为边缘，因为它们是从图像中的真实边缘提取出来的。然而，对于弱边缘像素，将会有一些争论，因为这些像素可以从真实边缘提取，也可以由噪声或颜色变化引起。为了获得准确的结果，应该抑制由噪声或颜色变化引起的弱边缘像素。通常，由真实边缘引起的弱边缘像素将连接到强边缘像素，而噪声响应未连接。为了跟踪边缘连接，查看弱边缘像素及其 8 个邻域像素，只要其中一个为强边缘像素，则该弱边缘像素就可以保留为真实边缘。

通过以上 5 个步骤即可完成基于 Canny 边缘检测方法的边缘提取，图 10.3 是 Canny 边缘检测方法的检测效果，其中 Thres2 和 Thres1 表示设置的高低阈值。

(a) 原始图像的灰度图　　　　　　　　　　　　(b) 高斯滤波平滑结果

(c) Thres1=54, Thres2=162　　　　　　　　　　(d) Thres1=94, Thres2=282

图 10.3　Canny 边缘检测方法的检测结果

3. 纹理特征

纹理是一种普遍存在的视觉现象,是对图像局部区域亮度变化性质(如平滑性、规则性等)的一种描述。一般来说,可以认为纹理由许多相互接近、相互交织的元素构成,并常常具有周期性。纹理的定义大体可以从三个方面来描述:①具有某种局部的序列性,并在该序列更大的区域内不断重复;②序列由基本部分非随机排列组成;③各个部分大致是均匀的统一体。纹理是区域属性,并且与图像分辨率密切相关,同时纹理具有重复性、规则性、方向性等特征。与颜色相比,纹理需要一个预处理过程来产生纹理描述子。已有的纹理描述子有很多种,如灰度共生矩阵、自相关函数、马尔可夫随机场、分形、频域滤波、局部二值模式(local binary patterns,LBP)等。与边缘特征相似,纹理特征对光照变化也不敏感。

接下来以典型的 LBP 纹理特征为例介绍如何提取纹理特征。

LBP(Ojala et al., 2002)是一种用来描述图像局部纹理特征的算子,具有旋转不变性和灰度不变性等显著优点,广泛应用于图像分类和目标识别、目标跟踪等领域。实质上对于一个如图 10.4 所示的区域,基本 LBP 码可以通过比较中心点及其邻近点得到存储于中心点的一个码 0x11001010=83(以中心像素正上方的像素为起点)。LBP 算子在每个像素点都可以得到一个 LBP 码,那么对一幅图像(记录

的是每个像素点的灰度值)进行 LBP 特征提取之后，得到的特征依然是一幅图像
(记录的是每个像素点的 LBP 值)。

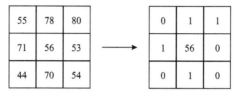

图 10.4　LBP 码计算示意图

在 LBP 的应用中，如纹理分类、人脸分析等，一般将 LBP 特征谱的统计直方
图作为特征向量，用于分类识别。单波段 LBP 纹理特征的具体提取过程如图 10.5
所示。

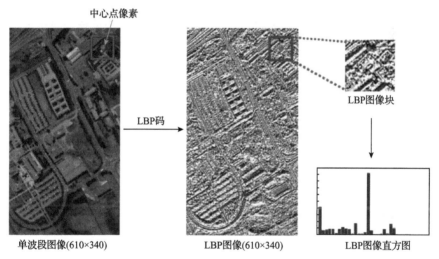

图 10.5　单波段 LBP 纹理特征的具体提取过程

10.1.3　运动目标跟踪方法的分类

运动目标跟踪方法可以依据不同的分类标准进行分类。

1. 被跟踪目标的数量

根据被跟踪目标的数量可以将运动目标跟踪方法分为单目标跟踪方法和多目
标跟踪方法。相比于单目标跟踪方法，多目标跟踪方法更具有挑战性，例如，需
要解决当前测量值和已有轨迹之间的对应、目标之间的相互遮挡以及目标之间的
分裂与合并等。

2. 被跟踪目标的类型

根据被跟踪目标的类型可以将运动目标跟踪方法分为刚性目标跟踪方法和非刚性目标跟踪方法。在无人飞行器序列影像中，待跟踪的目标通常是刚性的，如车辆跟踪。这类目标可以通过简单的矩形框进行描述。在视频监控中，非刚性目标跟踪的典型代表是人体的跟踪。这类目标可以通过将其分解为若干刚性目标及刚性目标之间的相互关联来进行建模。

3. 传感器类型

根据传感器类型可以将运动目标跟踪方法分为可见光谱图像跟踪方法和可见光谱以外的图像跟踪方法，如红外图像跟踪方法等。相比于可见光谱图像，红外图像可以提供全天候的信息。需要指出的是，目标跟踪在雷达、声呐等领域有很长时间的研究历史，计算机视觉领域中的一些目标跟踪方法正是从这些领域借鉴过来的。

4. 摄像机的数目

根据摄像机的数目可以将运动目标跟踪方法分为单目摄像机跟踪方法和多目摄像机跟踪方法。单目摄像机的视野有限，无法覆盖场景的整个区域，采用多目摄像机的主要优点是扩大了摄像机的视野。另外，多目摄像机的使用使得部分深度信息的恢复成为可能，因此多目摄像机跟踪方法能够为多目标跟踪中遮挡问题的解决提供有效的辅助。

5. 摄像机是否运动

根据摄像机是否运动可以将运动目标跟踪方法分为静态场景下的跟踪方法和动态场景下的跟踪方法。在摄像机静止的情况下，首先对背景进行建模，然后采用背景减除法进行运动目标检测，进而采取数据关联技术对检测到的目标进行跟踪。在摄像机运动的情况下，若是针对特定目标的跟踪，则可以通过事先训练得到的检测器来检测特定的目标，进而对其进行跟踪。

6. 跟踪的时效性

根据跟踪的时效性可以将运动目标跟踪方法分为实时跟踪方法和非实时跟踪方法。实时跟踪方法对跟踪的速度要求很高，主要用于需要系统做出快速反应的场合，例如，在视频监控中当一个人在车辆附近有异常举动时，监控系统需要做出快速反应。非实时跟踪方法主要用于视频编辑等领域，如特技制作等。此时，对跟踪方法的实时性要求不高，反而对跟踪精度要求较高。

除了上述直观的目标跟踪分类方法之外，相关研究人员通过目标跟踪方法的特点将其分为确定性方法和非确定性方法(随机跟踪方法)两大类，此分类方法作为经典的目标跟踪分类方法得到广泛应用。典型的确定性方法在对感兴趣的运动目标进行跟踪时，首先将目标先验知识，如表观、颜色分布、轮廓信息等用于目标模板的建立；然后依据事先设定的相似性度量函数，在当前帧局部区域内，通过搜索或迭代的方式找到与目标模板或目标表观最为相似的区域。随机跟踪方法利用状态空间对当前跟踪系统的运动进行模型化。该方法引入了概率统计的思想，将不确定性观察(如概率密度函数)与不同的状态相联系，从而不再假设运动系统输入与输出的完全确定性。

本书按照确定性方法和非确定性方法的分类体系对运动目标跟踪方法进行简要介绍。

10.2　确定性运动目标跟踪方法

确定性运动目标跟踪方法有很多种，本节主要介绍基于特征匹配的运动目标跟踪方法、基于模板匹配的运动目标跟踪方法、基于 MeanShift 的运动目标跟踪方法、基于 CamShift 的运动目标跟踪方法和基于相关滤波的运动目标跟踪方法。

10.2.1　基于特征匹配的运动目标跟踪方法

基于特征匹配的运动目标跟踪方法不考虑运动目标的整体特征，即不关心具体的运动目标，而是通过其特征(如 FAST(features from accelerated segment test)特征点、ORB(oriented FAST and rotated BRIEF)特征点等)来进行跟踪。图像采样的时间间隔通常很小，可以认为这些特征在运动形式上是平滑的，因此可以利用其完成目标的整个跟踪过程。无论是刚体运动目标还是非刚体运动目标，利用基于特征匹配的运动目标跟踪方法进行跟踪时主要包括特征提取和特征匹配两个过程。在特征提取中，要选择适当的跟踪特征，并且在后续的序列影像中提取相应的特征；在特征匹配中，将提取的当前帧图像中的目标特征与特征模板相比较，根据比较的结果来确定目标，从而实现目标跟踪。

1. FAST 特征点提取

图像中的特征点通常是指与周围像素值存在明显差异、颜色值不连续的点，一般包括线段交点、重心点、高差异点、局部曲率不连续点、曲线拐点、小波变换的局部极值点、角点以及兴趣算子点等(赵登科，2013)。通常特征点具有一定的旋转、平移、尺度缩放不变性，对光照变化保持一定的不变性(刘洁，2008)。考虑到运动目标跟踪方法实时性的要求，通常选用计算速度较快的 FAST 特征点来进行运动目标跟踪。FAST 算子(Rosten et al., 2006)通过统计邻域内像素点与中心点灰度值之差大于阈值的个数进行角点判断，若数量满足阈值要求，则认为该中心点为特征点，FAST 算子的突出特点是计算速度快，能够满足运动目标跟踪实时性的要求。

以模板半径为 3 的 FAST(表示为 FAST-3)为例，该算法可看作周长为 16 个像素的圆形模板检测，若中心点与圆周上点的灰度值之差大于一定的阈值，且由圆周上这些点连接组成的弧长不小于圆周的 3/4，则认为该中心点为一个候选点。在实际应用中，采用式(10.8)来统计圆周上点的个数计算弧长，若 $N \geqslant 12$，则认为弧长不小于圆周的 3/4。

$$N = \sum_{x \forall (\text{circle}(P))} \left| I(x) - I(p) \right| > d \tag{10.8}$$

图 10.6 为 FAST-3 特征检测示意图，p 为中心点，1~16 为圆周上的 16 个像素点。通常采用一种快速的判断方法，分别选取 "1"、"9"、"5"、"13" 四个点，若 "1" 和 "9" 都不满足阈值要求，则停止检测，移动至下一个像素点，若只有一个满足，则判断 "5" 和 "13"，只有它们都满足阈值要求，该点才是一个特征点。当然，若 "1" 和 "9" 都满足阈值要求，则 "5" 和 "13" 只要有一个满足阈值要求即可。

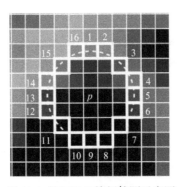

图 10.6　FAST-3 特征检测示意图

2. 构造特征描述子

Calonder 等(2010)提出了鲁棒的二进制独立描述子(binary robust independent elementary features, BRIEF)，其构建方法类似于局部敏感哈希算法，通过一个基于特征点邻域的亮度 τ 测试，将特征向量由传统的浮点型变换为二值字符串。对于以特征点为中心、尺寸为 S 的邻域 p，其 τ 测试定义如下：

$$\tau(p;x,y) = \begin{cases} 1, & p(x) < p(y) \\ 0, & p(x) \geqslant p(y) \end{cases} \tag{10.9}$$

式中，$p(x)$ 表示在经过平滑的邻域 p 中，$x = (u,v)$ 坐标处的亮度值。选择 n_d 个点对进行 τ 测试，其结果构成了一个集合。因此，BRIEF 描述子表示为 n_d 维长度的比特串，常用的 n_d 可以取为 128、256 以及 512，对应的字节数即存储维度为 16B、32B、64B。在 ORB 算法中，取 n_d 时效果较好，此时描述子长度为 256 维，字节数为 32bit。

BRIEF 描述子计算速度非常快，但其结果是像素对的亮度测试，对噪声十分敏感。因此，先对邻域内的像素进行平滑操作十分重要，可以有效降低算法对噪声的敏感性，增加 BRIEF 描述子的稳定性和可重复性。在 BRIEF 算法中，采用 $\sigma = 2$ 的高斯平滑。另外，若参与二值测试的点对具有相关性，则会对 BRIEF 描述子的匹配效果造成严重的不良影响。为克服这种相关性，BRIEF 算法对 5 种分布函数进行了实验，假设特征点邻域大小为 S，参加二值测试的点对表示为 (x,y)，实验结果证明，当 (x,y) 的坐标满足

$$(x,y) \sim N(0,\sigma^2), \quad \sigma^2 = \frac{S^2}{25} \tag{10.10}$$

即服从参数 $\sigma = S/5$ 的正态分布时，可以获得最好的匹配效果。这样选取匹配点对带来的问题就是 BRIEF 描述子不具备旋转不变性，该问题将在 ORB 算法中得到解决。

BRIEF 描述子具备了快速计算以及良好的匹配性能，受到了广泛关注，但它存在两个问题：①尽管使用了高斯滤波，BRIEF 描述子依旧对噪声比较敏感；②不具备旋转不变性，当待匹配的两幅影像存在一定角度的旋转时，使用 BRIEF 描述子将无法得到正确的匹配结果。

3. 特征匹配与目标跟踪

在运动目标跟踪过程中，首先根据上一帧的跟踪结果确定当前帧中目标的搜索区域，再根据前面描述的方法提取出搜索区域的 FAST 特征点，然后将当前搜索区域的 FAST 特征点与上一帧中目标的 FAST 特征点进行匹配，匹配方法如下：计算出要匹配的两个 FAST 特征点集合中每一个特征点在另一个特征点集合中的最近邻和次近邻，若特征点和最近邻之间的距离与其到次近邻的距离之间的比值小于一定的阈值，则认为此最近邻是样本的一个初始匹配。为了提高特征点的近邻计算速度，可以首先将 FAST 特征点集合构造成 K-d 树（K-dimension tree），然后使用最优节点优先（best bin first, BBF）算法计算特征点的最近邻和次近邻（王永明等，2010）。获得粗匹配结果之后，再使用 RANSAC 算法进一步剔除错误匹配，

以提高匹配正确率，最终得到精度较高的匹配结果。得到的高精度匹配结果可以更好地应用于后续的运动目标跟踪方法中。

手动选择或者采用运动目标检测方法选中要跟踪的目标之后，可以获得该目标的外接矩形框 R_1，采用前面叙述的方法提取目标的 FAST 特征点集合 O_1，通过上述两步，完成运动目标跟踪方法的初始化工作。在对运动目标进行跟踪的过程中，假设当前获取的序列影像为 I_i 帧，第 I_{i-1} 帧图像中获得的目标外接矩形框为 R_{i-1}，运动目标的 FAST 特征点集合为 O_{i-1}，由于两帧之间的时间间隔有限，目标的移动范围也小，因此对 R_{i-1} 进行适当放大可以获得 I_i 帧中的目标搜索区域，在搜索区域中提取 FAST 特征点集合 O，O 与 O_{i-1} 进行匹配，获得匹配点集合对 M_{i-1}、M_i。第 I_{i-1} 帧与第 I_i 帧之间目标的位移可以通过式(10.11)估计出。

$$\Delta P = P_i - P_{i-1} \tag{10.11}$$

式中，P_i 和 P_{i-1} 分别为 M_i 和 M_{i-1} 的重心。目标在运动过程中也时常会出现尺度和旋转变化，可以根据式(10.12)和式(10.13)计算出目标在 I_{i-1} 与 I_i 帧之间的尺度和旋转变化。

$$s = \text{medium}\left\{\frac{\text{dist}(a_i - a_j)}{\text{dist}(b_i - b_j)}, \quad i \neq j\right\} \tag{10.12}$$

式中，a_i 和 a_j 为 M_i 中的任意两个点；b_i 和 b_j 为 M_{i-1} 中分别与 a_i 和 a_j 对应的两个点；s 为估计出的目标尺度缩放因子。

$$\begin{cases} \boldsymbol{R} = \begin{bmatrix} \cos\theta_{\text{fast}} & -\sin\theta_{\text{fast}} \\ \sin\theta_{\text{fast}} & \cos\theta_{\text{fast}} \end{bmatrix} \\ \theta_{\text{fast}} = \text{medium}\left\{\frac{\arctan(a_i, a_j)}{\arctan(b_i, b_j)}, \quad i \neq j\right\} \end{cases} \tag{10.13}$$

式中，θ_{fast} 为目标从第 $i-1$ 帧到第 i 帧发生旋转的旋转角度；$\boldsymbol{R}$ 为旋转矩阵。

估计出目标的位移、尺度和旋转变化之后，就可以按照式(10.14)计算出 I_i 中的目标。

$$V_i = s\boldsymbol{R}V_{i-1} + \Delta P \tag{10.14}$$

式中，V_{i-1} 为 R_{i-1} 的顶点，根据 V_i 可以获得 I_i 中目标的外接矩形框 R_i。当 M_i 中特征点个数小于一定阈值时，选取集合 O 中位于 R_i 中的特征点添加到 M_i 中，获得 I_i 帧中的目标特征点集合 O_i。

图 10.7 给出了无人机序列影像中利用基于特征匹配的运动目标跟踪方法对车辆进行跟踪的结果，其中采用矩形框描述运动的车辆，矩形框中圆点为提取得到的特征点。

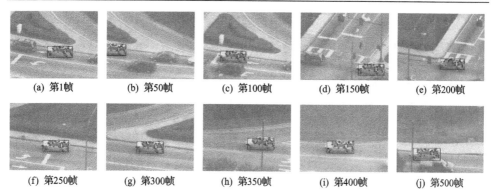

(a) 第1帧　　　(b) 第50帧　　　(c) 第100帧　　　(d) 第150帧　　　(e) 第200帧

(f) 第250帧　　　(g) 第300帧　　　(h) 第350帧　　　(i) 第400帧　　　(j) 第500帧

图 10.7　基于特征匹配的运动目标跟踪方法的结果(见彩图)

10.2.2　基于模板匹配的运动目标跟踪方法

基于模板匹配的运动目标跟踪方法是运动目标跟踪的经典方法。其优点很多：简单准确，适用范围广，抗噪性能好，而且计算速度快，实时性好。其缺点是：不能适应剧烈光照变化和目标剧烈形变。模板匹配是指在一帧图像内寻找与目标模板最相似的位置，并将该位置作为目标，即将一帧图像中所有子区域与目标模板进行比较，找到与目标模板最相似的子区域，该子区域就是目标的位置。

在基于模板匹配的运动目标跟踪方法中通常使用相关系数来衡量某一子区域与目标模板之间的相似性。相关系数是一种数学距离，可以用来衡量两个向量的相似程度，两个向量 x 和 y 的相关系数定义如下：

$$r = \frac{\sum_{i=1}^{n}(x_i - \overline{x})(y_i - \overline{y})}{\sqrt{\sum_{i=1}^{n}(x_i - \overline{x})^2}\sqrt{\sum_{i=1}^{n}(y_i - \overline{y})^2}}, \quad n\text{为向量维度} \qquad (10.15)$$

式中，x_i、y_i 分别为向量 x 和 y 的分量；$\overline{x}$、$\overline{y}$ 分别为向量 x 和 y 各分量的均值。

假设目标模板是一个 10×10 的图像，首先建立目标模板最简单的方法是将其看作一个 100 维的向量，每一维是一个像素点的灰度值。然后把这个向量和图像中每一个子区域进行比较，找出相关系数最大的子区域。接着利用 10.1.2 节中介绍的方法提取目标模板和图像子区域的特征(颜色、边缘、纹理)，最后进行匹配搜索，以提高跟踪的鲁棒性。

在搜索目标时，最直接的方法就是逐行遍历搜索，把图像中的每一个子区域都计算一遍。实际中，目标往往只在一个非常小的区域内出现，大部分位置的计算是冗余的。因此，在搜索时，若当前位置的相关系数小于一定阈值或者该位置离上一帧的目标中心很远，则可以加大搜索步长，反之，则减小搜索步长。

　　此外，目标模板大小的选择直接影响最终运动目标跟踪的效果。目前，往往根据经验确定目标模板大小。紧贴目标轮廓的目标模板或者包含太多背景的目标模板都不好，紧贴目标轮廓的目标模板太小，对目标的变化太敏感，会很容易丢失目标，包含太多背景的目标模板正相反，目标变化时算法没有反应。一般而言，目标所占模板的比例在30%~50%较为合理。

　　实现匹配跟踪之后，为了提高跟踪方法的鲁棒性，需要对目标模板进行更新，以减弱光照变化等环境因素对跟踪性能产生的影响。可以采用逐帧更新的方法对目标模板进行更新，每次找到具有最大相似度的区域后，便将此区域设置为下一帧跟踪时的目标模板。这种更新方法有利于目标模板随环境的变化而变化，从而降低环境对跟踪效果的影响。

10.2.3　基于 MeanShift 的运动目标跟踪方法

　　基于 MeanShift 的运动目标跟踪方法采用加权的灰度或颜色直方图来描述待跟踪的运动目标，并通过梯度下降法快速迭代查找跟踪目标。MeanShift 方法(Fukunaga et al., 1975)最早由 Fukunaga 和 Hostetler 于 1975 年提出。随着 MeanShift 理论的发展，目前所说的 MeanShift 方法一般是指一个迭代过程，即首先计算当前点的偏移均值，然后移动该点到其偏移均值，再以此点为新的起点继续移动，直到满足一定的条件，迭代结束。MeanShift 方法形式简洁，收敛条件宽松。

　　1. MeanShift 基本原理

　　MeanShift 理论，也称为均值偏移，其本质是核密度估计，即在概率分布已知的情况下，可以准确找到梯度的上升方向，从而得到概率分布的极值，常被用来计算局部最优解。

　　均值偏移方法原理如图 10.8 所示，对于给定的 d 维空间 R^d 中的 n 个样本点向量 $x_1, x_2, \cdots, x_n$，任意一点 x 的核概率密度可以表示为

$$P_k(x) = \frac{1}{nh^d} \sum_{i=1}^{n} K\left(\frac{x - x_i}{h}\right) \qquad (10.16)$$

式中，h 为带宽即窗口的半径；$K(x)$ 为核函数，满足以下性质：

$$\begin{cases} \int_{R^d} K(x)\mathrm{d}x = 1 \\ \lim_{\|x\| \to \infty} \|x\| K(x) = 0 \\ \int_{R^d} |K(x)|\,\mathrm{d}x < \infty \end{cases} \qquad (10.17)$$

式中，$\|x\|$ 表示 x 的范数。在实际应用中，常用的核函数有 Epanechnikov 核函数

和高斯核函数。

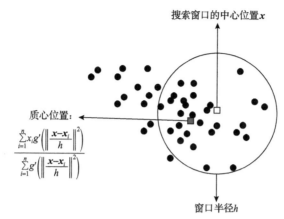

图 10.8　均值偏移方法原理

（1）Epanechnikov 核函数的形式如下：

$$K(\boldsymbol{x}) = \begin{cases} \dfrac{1}{2} c_d^{-1}(d+2)(1-\|\boldsymbol{x}\|^2), & \|\boldsymbol{x}\| < 1 \\ 0, & \text{其他} \end{cases} \quad (10.18)$$

式中，c_d 为 d 维单位球的体积。

（2）高斯核函数的形式如下：

$$K(\boldsymbol{x}) = (2\pi)^{\frac{d}{2}} \exp\left(-\frac{1}{2}\|\boldsymbol{x}\|^2\right) \quad (10.19)$$

引入函数 $g(\|\boldsymbol{x}\|^2) = K(\boldsymbol{x})$，函数 $g(\boldsymbol{x})$ 称为核函数 $K(\boldsymbol{x})$ 的剖面函数，则式（10.18）和式（10.19）可以相应地改写为

$$g(\boldsymbol{x}) = \begin{cases} \dfrac{1}{2} c_d^{-1}(d+2)(1-x), & \|\boldsymbol{x}\| < 1 \\ 0, & \text{其他} \end{cases} \quad (10.20)$$

$$g(\boldsymbol{x}) = (2\pi)^{\frac{d}{2}} \exp\left(-\frac{1}{2}x\right) \quad (10.21)$$

同时核概率密度函数估计的表达式变为

$$P_g(\boldsymbol{x}) = \frac{1}{nh^d} \sum_{i=1}^{n} g\left(\left\|\frac{\boldsymbol{x} - \boldsymbol{x}_i}{h}\right\|^2\right) \tag{10.22}$$

式中，$P_g(\boldsymbol{x})$ 表示函数 $g(\boldsymbol{x})$ 的核概率密度函数估计。

根据均值偏移方法的原理，需要求概率密度函数估计的梯度的最大值，这里把概率密度函数的梯度估计用概率密度函数估计的梯度来表示，有

$$\nabla P_k(\boldsymbol{x}) = \frac{1}{nh^d} \sum_{i=1}^{n} \nabla K\left(\frac{\boldsymbol{x} - \boldsymbol{x}_i}{h}\right) = -\frac{2}{h^2}\left[\frac{1}{nh^d}\sum_{i=1}^{n} g'\left(\left\|\frac{\boldsymbol{x} - \boldsymbol{x}_i}{h}\right\|^2\right)\right]\left[\frac{\sum\limits_{i=1}^{n} \boldsymbol{x}_i g'\left(\left\|\frac{\boldsymbol{x} - \boldsymbol{x}_i}{h}\right\|^2\right)}{\sum\limits_{i=1}^{n} g'\left(\left\|\frac{\boldsymbol{x} - \boldsymbol{x}_i}{h}\right\|^2\right)} - \boldsymbol{x}\right] \tag{10.23}$$

式中，g' 表示剖面函数 g 的导数；$\left[\dfrac{1}{nh^d}\displaystyle\sum_{i=1}^{n} g'\left(\left\|\dfrac{\boldsymbol{x} - \boldsymbol{x}_i}{h}\right\|^2\right)\right]$ 表示剖面函数的核概率

密度函数估计；$\left[\dfrac{\displaystyle\sum_{i=1}^{n} \boldsymbol{x}_i g'\left(\left\|\dfrac{\boldsymbol{x} - \boldsymbol{x}_i}{h}\right\|^2\right)}{\displaystyle\sum_{i=1}^{n} g'\left(\left\|\dfrac{\boldsymbol{x} - \boldsymbol{x}_i}{h}\right\|^2\right)} - \boldsymbol{x}\right]$ 表示窗口内一组点的质心的偏移量，即

MeanShift 偏移向量。

前面提到对均值偏移方法计算核概率密度函数的梯度方向的最大值是一个迭代过程，当核函数 $K(\boldsymbol{x})$ 为凸函数且单调递减时，$\boldsymbol{x}_k$ 收敛，该迭代过程可以用迭代公式来表达：

$$\boldsymbol{x}_{k+1} = \boldsymbol{x}_k + \left[\frac{\displaystyle\sum_{i=1}^{n} (\boldsymbol{x}_i - \boldsymbol{x}_k) g'\left(\left\|\frac{\boldsymbol{x}_k - \boldsymbol{x}_i}{h}\right\|^2\right)}{\displaystyle\sum_{i=1}^{n} g'\left(\left\|\frac{\boldsymbol{x}_k - \boldsymbol{x}_i}{h}\right\|^2\right)}\right] \tag{10.24}$$

2. 基于 MeanShift 的运动目标跟踪

将 MeanShift 方法运用到实际的跟踪方法中，首先建立目标模型的核概率密度函数，目标模型用矩形框或者椭圆框来表示，它的空间坐标设为 $\boldsymbol{x}_i^*\ (i=1,2,\cdots,n)$，目标模型的颜色信息可以用直方图来表示，它均匀地分布在 m 个区间，则该目标

模型的每一个直方图区间的直方图用函数 $p_u(\boldsymbol{x})$ 来表示：

$$p_u(\boldsymbol{x}) = C_h \sum_{i=1}^{n} g\left(\frac{\left\|\boldsymbol{x}_i^*\right\|^2}{h}\right)\delta_{ui}, \quad u = 1, 2, \cdots, m \tag{10.25}$$

式中，C_h 为归一化常数；δ_{ui} 称为 Kronecker 函数，表达式为

$$\delta_{ui} = \begin{cases} 1, & \text{像素值} \in \text{第 } u \text{ 个直方图区间} \\ 0, & \text{像素值} \notin \text{第 } u \text{ 个直方图区间} \end{cases} \tag{10.26}$$

同时假设候选目标区域的坐标为 $\boldsymbol{x}_i(i = 1, 2, \cdots, n_h)$，每个区间内的直方图可用函数 $q_u(\boldsymbol{x})$ 来表示：

$$q_u(\boldsymbol{x}) = C_h \sum_{i=1}^{n_h} g\left(\frac{\left\|\boldsymbol{x} - \boldsymbol{x}_i\right\|^2}{h}\right)\delta_{ui}, \quad u = 1, 2, \cdots, m \tag{10.27}$$

式中，$\boldsymbol{x}$ 为候选目标点集的中心点位置坐标向量；n_h 为候选点的个数。

目标模型和候选目标模型之间的相似度用距离函数来表示：

$$\rho(p,q) = \sqrt{1 - S(\boldsymbol{x})} \tag{10.28}$$

式中，$S(\boldsymbol{x})$ 为 Bhattacharyya 系数，其表达式为 $S(\boldsymbol{x}) = \sum_{u=1}^{m} \sqrt{p_u(\boldsymbol{x})q_u(\boldsymbol{x})}$。

求相似度 ρ 的最小值等价于求 Bhattacharyya 系数的最大值，其中 $q_u(\boldsymbol{x})$ 相当于一个变量，$p_u(\boldsymbol{x})$ 为已知常量，则 $S(\boldsymbol{x}) = S[q_u(\boldsymbol{x})]$。假设目标的初始位置为 $\boldsymbol{x}_k$，$S(\boldsymbol{x})$ 在 $q_u(\boldsymbol{x}_k)$ 的一阶泰勒级数展开为

$$S[q_u(\boldsymbol{x})] \approx S[q_u(\boldsymbol{x}_k)] + [q_u(\boldsymbol{x}) - q_u(\boldsymbol{x}_k)]^{\mathrm{T}} \left[\frac{\partial S}{\partial q_1}, \frac{\partial S}{\partial q_2}, \cdots, \frac{\partial S}{\partial q_m}\right]_{q_u(\boldsymbol{x}_k)}^{\mathrm{T}}$$

$$= \sum_{u=1}^{m} \sqrt{p_u(\boldsymbol{x})q_u(\boldsymbol{x}_k)} + \frac{1}{2}\begin{bmatrix} q_1(\boldsymbol{x}) - q_1(\boldsymbol{x}_k) \\ \vdots \\ q_m(\boldsymbol{x}) - q_m(\boldsymbol{x}_k) \end{bmatrix}^{\mathrm{T}} \left[\sqrt{\frac{p_1}{q_1(\boldsymbol{x}_k)}}, \sqrt{\frac{p_2}{q_2(\boldsymbol{x}_k)}}, \cdots, \sqrt{\frac{p_m}{q_m(\boldsymbol{x}_k)}}\right]^{\mathrm{T}}$$

$$= \frac{1}{2}\sum_{u=1}^{m} \sqrt{p_u(\boldsymbol{x})q_u(\boldsymbol{x}_k)} + \frac{1}{2}\sum_{u=1}^{m} q_u(\boldsymbol{x})\sqrt{\frac{p_u}{q_u(\boldsymbol{x}_k)}}$$

$$\tag{10.29}$$

将式（10.27）代入式（10.29）可以得到

$$S[q_u(\boldsymbol{x})] \approx \frac{1}{2}\sum_{u=1}^{m}\sqrt{p_u(\boldsymbol{x})q_u(\boldsymbol{x}_k)} + \frac{1}{2}\sum_{u=1}^{m}\sum_{i=1}^{n_h} g\left(\left\|\frac{\boldsymbol{x}-\boldsymbol{x}_i}{h}\right\|^2\right)\delta_{ui}\sqrt{\frac{p_u}{q_u(\boldsymbol{x}_k)}}$$

$$= \frac{1}{2}\sum_{i=1}^{n_h}\omega_i g\left(\left\|\frac{\boldsymbol{x}-\boldsymbol{x}_i}{h}\right\|^2\right) \tag{10.30}$$

式中，$\omega_i = \sum_{u=1}^{m}\delta_{ui}\sqrt{\dfrac{p_u}{q_u(\boldsymbol{x}_k)}}$。从式(10.30)中可以看出，等号右边第一项与 $\boldsymbol{x}$ 无关，第二项表示函数为 g、权重为 ω_i 的核概率密度估计，Bhattacharyya 系数的极大化可以通过类似于式(10.24)的均值偏移方法来实现，只是在式(10.24)中加入了权的概念，则有如下的迭代公式：

$$\boldsymbol{x}_{k+1} = \boldsymbol{x}_k + \left[\frac{\displaystyle\sum_{i=1}^{n}\omega_i(\boldsymbol{x}_i-\boldsymbol{x}_k)g'\left(\left\|\dfrac{\boldsymbol{x}_k-\boldsymbol{x}_i}{h}\right\|^2\right)}{\displaystyle\sum_{i=1}^{n}\omega_i g'\left(\left\|\dfrac{\boldsymbol{x}_k-\boldsymbol{x}_i}{h}\right\|^2\right)}\right] \tag{10.31}$$

　　MeanShift 方法的跟踪过程是计算目标模型和候选目标模型之间相似度的极小值，将这种相似度变换为计算 Bhattacharyya 系数的极大值，进而变换为求取式(10.31)的一个迭代过程。

　　图 10.9 给出了采用 MeanShift 方法对机载序列影像进行跟踪的示例。

图 10.9　MeanShift 方法跟踪机载序列影像示例(见彩图)

　　MeanShift 方法用于序列影像运动目标的跟踪有以下优势：首先，算法计算量不大，在目标区域已知的情况下完全可以做到实时跟踪；其次，作为一个无参数概率密度估计方法，很容易和其他方法结合使用；最后，采用加权直方图模型，对部分遮挡、目标旋转、形变和背景运动不敏感。该方法也存在一定的不足之处，例如，缺乏必要的模板更新方法，整个跟踪过程中窗口的大小保持不变，因此当目标有尺度变化时，可能跟踪失败；颜色直方图是一种比较通用的目标特征描述子，当背景和目标的颜色直方图相似时，跟踪效果往往不好。另外，MeanShift 方法是局部最优的优化方法，当出现多个局部峰值时，该方法可能收敛于局部最优值，从而导致跟踪失败。

10.2.4　基于 CamShift 的运动目标跟踪方法

　　CamShift 方法是 Bradski 提出的连续自适应的 MeanShift 方法，该方法利用目标区域的色度直方图代替原来的彩色直方图，并对获取的色度直方图进行反向投影，得到对应的颜色分布概率，在概率分布图上采用 MeanShift 迭代实现运动目标跟踪。

　　1. 反向投影

　　如果一幅图像的区域中显示的是一种结构纹理或者一个独特的物体，那么这个区域的直方图可以看作一个概率，反向投影就是将图像中的像素点用直方图重新描述。反向投影本质上也是一种直方图，其对目标的平移、旋转和尺度变化的影响不敏感，在很多场合下，可以对目标进行稳定跟踪。

　　已知图像块 R 和颜色分布直方图 $q = \{q(u)\}(u = 1, 2, \cdots, b)$ ，反向投影的表达式为

$$I_{\text{back\_pro}}(x_i) = \sum_{i=1}^{n} q_u \delta[c(x_i) - u] \tag{10.32}$$

式中，b 为直方图分级数；u 为直方图分量的索引；n 为图像块 R 中的像素点总数；q_u 为不同直方图分量的频率；x_i 为图像块 R 中的一个像素点；$c(x_i)$ 为 x_i 对应不同级数的区间；$\delta[c(x_i) - u]$ 用于判断像素点 x_i 是否属于第 u 个特征区间，若属于，则函数值为 1，否则，函数值为 0。

　　图 10.10 (a) 表示一幅灰度图像的像素分布，将其值按大小分成四个区间，每个区间称为一个 bin，这 4 个 bin 分别为 $[0,4)$、$[4,8)$、$[8,12)$、$[12,16)$，分别计算每个区间的像素个数，结果如图 10.10 (b) 所示，可以看出，四个区间的像素个数分别是 4、4、6、2。

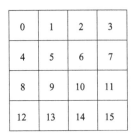

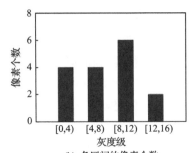

(a) 灰度图像的像素分布　　　　　　　(b) 各区间的像素个数

图 10.10　灰度图像的像素分布和各区间的像素个数

　　反向投影就是利用每个区间的像素个数, 反过来表示落在该区间的像素值。图 10.11(a)表示了原始图像的像素分布, 图 10.11(b)表示原始图像经过反向投影后的概率分布。

0	1	2	3
4	5	6	7
8	9	10	11
12	13	14	15

4	4	4	4
4	4	4	4
6	6	6	6
6	6	2	2

(a) 原始图像的像素分布　　　　　　　(b) 反向投影后的概率分布

图 10.11　原图与反向投影图

　　图 10.12 表示的是利用 CamShift 方法进行跟踪时的反向投影示意图, 图 10.12(a)是随机选取的一帧 RGB 空间图像, 矩形框表示要跟踪的目标区域; 图 10.12(b)表示目标区域 H 分量直方图, 此时组距 bin 的数目为 32; 图 10.12(c)即原始图像反向投影后的概率分布图。可以看出, 运动目标在反向投影中显示为白色, 与背景区分较好。

(a) RGB空间图像　　　　(b) 目标区域H分量直方图　　　　(c) 反向投影后的概率分布图

图 10.12　CamShift 方法反向投影示意图(见彩图)

2. CamShift 方法流程

CamShift 方法的核心原理是对序列影像的每一帧进行 MeanShift 运算，将计算结果作为下一帧图像搜索的起始点，采用迭代的方式完成对运动目标的实时跟踪。

首先输入原始的影像数据，将其变换到 HSV 空间；统计得到 H 分量直方图；根据直方图反向投影计算对应的颜色概率分布。设目标区域的像素值为 $I(x, y)$，在颜色概率分布图上利用 MeanShift 方法进行迭代运算。

计算零阶矩 M_{00} 为

$$M_{00} = \sum_{x=0}^{H} \sum_{y=0}^{W} I(x, y) \tag{10.33}$$

式中，H 和 W 分别为搜索框的高和宽。

计算 x 和 y 的一阶矩为

$$\begin{cases} M_{10} = \sum_{x=0}^{H} \sum_{y=0}^{W} x I(x, y) \\ M_{01} = \sum_{x=0}^{H} \sum_{y=0}^{W} y I(x, y) \end{cases} \tag{10.34}$$

根据图像矩的性质，得到搜索窗口内的质心为

$$\begin{cases} x_c = \dfrac{M_{01}}{M_{00}} \\ y_c = \dfrac{M_{10}}{M_{00}} \end{cases} \tag{10.35}$$

也可以求出跟踪窗口的尺度因子 s：

$$s = 2\sqrt{\dfrac{M_{00}}{256}} \tag{10.36}$$

以上是对单帧图像进行 MeanShift 迭代的具体步骤，若调整搜索窗口的大小，则需要利用颜色概率分布图求得对应的二阶矩：

$$\begin{cases} M_{20} = \sum_{x=0}^{H} \sum_{y=0}^{W} x^2 I(x, y) \\ M_{02} = \sum_{x=0}^{H} \sum_{y=0}^{W} y^2 I(x, y) \end{cases} \tag{10.37}$$

如果跟踪框是椭圆，那么相互垂直的长轴 l 和短轴 w 可分别表示为

$$\begin{cases} l = \sqrt{\dfrac{(a+c)+\sqrt{b^2+(a-c)^2}}{2}} \\ w = \sqrt{\dfrac{(a+c)-\sqrt{b^2+(a-c)^2}}{2}} \end{cases} \tag{10.38}$$

式中，$a = \dfrac{M_{20}}{M_{00}} - x_c^2$；$b = 2\left(\dfrac{M_{11}}{M_{00}} - x_c y_c\right)$；$c = \dfrac{M_{02}}{M_{00}} - y_c^2$。目标旋转方向与水平方向的夹角为

$$\theta = \frac{1}{2}\arctan\left(\frac{b}{a-c}\right) \tag{10.39}$$

CamShift 方法可以提高搜索效率，从而节约了大量时间。因其是基于颜色特征的方法，对颜色信息过于敏感，故当目标颜色特征不明显或者背景中出现与目标颜色相近的物体时，导致跟踪失败。CamShift 方法基本流程图如图 10.13 所示。

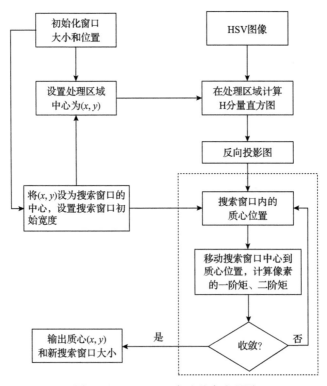

图 10.13　CamShift 方法基本流程图

图 10.14 为 CamShift 方法对行人的跟踪效果。

(a) 第26帧　　　　　　　(b) 第27帧　　　　　　　(c) 第180帧

图 10.14　CamShift 方法对行人的跟踪效果（见彩图）

10.2.5　基于相关滤波的运动目标跟踪方法

基于相关滤波的运动目标跟踪方法取得了显著的进展，成为当前研究的热点。设计相关滤波器时，当在视频场景中遇到感兴趣的目标时，会产生相关响应峰值，而对背景产生较低的响应值，通常将其作为检测器使用。这类滤波器在定位中十分有效，因此在运动目标跟踪中得到了广泛应用。

1. 相关滤波器基础

相关可用于测量两个信号的相似度，在空域表示为两个函数的内积：

$$g = h \otimes f \tag{10.40}$$

式中，g 为 h 和 f 的相关运算结果；h 和 f 为两个信号。

相关计算类似卷积运算，根据卷积定理，使用快速傅里叶变换，在频域可表示为两个函数傅里叶变换的逐元素乘积：

$$G = H^* \cdot F \tag{10.41}$$

这样极大地提高了计算速度。二维图像信号可表示为

$$g(x,y) = (h \otimes f)(x,y) = F^{-1}(H^*(w,v) \cdot F(w,v)) \tag{10.42}$$

式中，F^{-1} 表示傅里叶逆变换；$H^*(w,v)$ 表示函数 h 傅里叶变换的复共轭；$F(w,v)$ 表示函数 f 的傅里叶变换。

相关值是衡量两个信号相似度的度量，两个信号越相似，其相关值越大，在跟踪的应用中，需要设计一个滤波模板，使得当它作用在跟踪目标上时，得到的响应最大，如图 10.15 所示。

两个信号 f 和 h 的相似度越高，其相关值 g 越大，由此可将其用于检测目标是否存在及其所在位置。然而，直接相关操作需要与参考图像精确匹配且不能有

图 10.15　相关滤波原理

其他相似目标干扰，并且对噪声敏感，也不能处理外观、光照、旋转、尺度等变化，以及相关输出的峰值锐利度与噪声容忍度之间存在的矛盾。因此，在实际应用中，重点是设计区分度高、能处理这些变化和影响的相关滤波器，提高目标位置的响应，抑制其他部位的响应，并且降低对噪声、选择、尺度变化的敏感程度。

相关滤波器先通过将待检测图像与滤波器进行相关处理得到相应结果，再跟进获得的滤波输出进行判别和定位。理想的滤波器期望是在相关值中的目标位置产生强峰值而其他位置近似为 0。

2. 相关滤波跟踪的一般框架

根据已有方法，可以将相关滤波跟踪的一般框架总结如下。

(1)在第 1 帧给定的目标位置提取图像块训练得到相关滤波器。在后续的每一帧中根据前一帧位置提取新的图像块，用于目标检测。

(2)提取图像块的特征，并利用余弦窗口平滑边缘。

(3)通过离散傅里叶变换执行相关滤波操作。

(4)通过傅里叶逆变换得到置信图(confidence map)或响应图(response map)。置信图的最大值所对应的坐标位置即目标的新位置，并由此估计位置。进一步根据新位置的目标训练、更新相关滤波器。

相关滤波器的检测、训练和更新仅采用离散傅里叶变换实现，整个过程在频域执行，提高了运行速率。

3. 最优相关输出滤波器

最优相关输出滤波器的提出极大地改善了相关滤波器跟踪方法的性能，在提升精度的同时降低了求解的复杂度。

t 个目标区域样本分别为 $f_1, f_2, \cdots, f_t$，通过滤波器 h_t，期望输出为 $g_i(i=1, 2, \cdots, t)$(通常为二维高斯函数，峰值位于目标区域中心)，最小化均方误差：

$$\varepsilon = \sum_{j=1}^{t} \| h_t \otimes f_j - g_j \|^2 = \frac{1}{MN} \sum_{j=1}^{t} \| H_t^* F_j - G_j \|^2 \qquad (10.43)$$

对 H_t 求导，并令导数为 0，得

$$H_t = \frac{\displaystyle\sum_{j=1}^{t} G_j^* F_j}{\displaystyle\sum_{j=1}^{t} F_j^* F_j} \tag{10.44}$$

对于 $t+1$ 帧，假设其在第 t 帧的目标区域内提取得到特征图 z，那么计算 h_t 与 z 的相关值：

$$y = F^{-1}(H_t^* z) \tag{10.45}$$

则认为 y 的最大值的位置是 $t+1$ 帧中目标区域的中心点。

保持目标区域尺寸不变，将其中心点移动到相应位置，得到在新帧中的目标区域。对该区域进行特征提取，将其加入训练集中对模型进行更新，得到 h_{t+1} 后即可进行下一帧的目标检测。

在实际的跟踪过程中，一般使用如下方法来更新模型：

$$\begin{cases} A_1 = G_1^* F_1 \\ B_1 = F_1^* F_1 \\ A_t = (1-\eta)A_{t-1} + l_r G_t^* F_t \\ B_t = (1-\eta)B_{t-1} + l_r F_t^* F_t \\ H_t = \dfrac{A_t}{B_t} \end{cases} \tag{10.46}$$

式中，l_r 为学习率。

最优相关输出滤波器的最大优势在于计算速度快，能够满足实时跟踪的要求。其主要缺点为：只使用灰度作为特征，模型所使用的特征维数太低，难以很好地反映目标的特性；只估算目标区域中心点在帧间的平移运动，而没有考虑目标在运动过程中反映在画面上的尺度变化，在目标尺度发生改变时难以适应。

10.3　非确定性运动目标跟踪方法

典型的非确定性运动目标跟踪方法有卡尔曼滤波和粒子滤波等。利用滤波器来估计目标的运动，在系统对目标的运动位置和速度进行可靠估计后，可以在相对较小的区域内进行搜索，以完成目标的跟踪过程。当目标被遮挡时，利用滤波器对目标的运动轨迹进行可靠预测，以方便在特定区域内搜索目标，等待目标的

重新出现。滤波方法具有以下优点。

(1)采用递归滤波方法，可以将任意一点作为初始状态开始递归。

(2)计算量小，可实时计算。

(3)预测具有无偏性、稳定性和最优性等特点。

10.3.1　卡尔曼滤波跟踪方法原理

卡尔曼滤波器(Kalman filter, KF)最初于 1960 由 Kalman 提出，针对估计问题，首次引进状态空间的系统状态方程和系统观测方程，依据历史观测值和目前状态值，获得系统状态的线性、无偏最小方差估计和估计误差协方差矩阵的递推形式。

1. 状态转移矩阵

卡尔曼滤波的本质是一种递推估计过程，只要已知上次状态估计和观察状态就可以很容易地得到当前状态值，和其他的估计技术不同，卡尔曼滤波器不需要观测和估计的历史记录，是一个纯粹的时域滤波器，与其他频域滤波器(如低通滤波器、高通滤波器、带通滤波器、带阻滤波器等频域滤波器，需要首先在频域中设计，然后变换到时域中使用)最大的区别在于，卡尔曼滤波器可以直接在时域内设计和使用，适合于实时处理数据。

对于一个运动目标，其当前状态可以写成二维列向量的形式，即

$$\boldsymbol{x}_t = [p_t \quad v_t]^{\mathrm{T}}$$

式中，p_t 为位置；v_t 为速度。

如果已知上一时刻状态 $\boldsymbol{x}_{t-1}$，那么当前时刻状态 $\boldsymbol{x}_t$ 的位置及目标运动速度可以用以下公式表示：

$$p_t = p_{t-1} + v_{t-1}\Delta t + u_t \frac{\Delta t^2}{2} \tag{10.47}$$

$$v_t = v_{t-1} + u_t \Delta t \tag{10.48}$$

式中，u_t 为加速度。状态 $\boldsymbol{x}_t$ 的位置及目标运动速度的输出变量都只是其输入变量的线性组合，体现了卡尔曼滤波器是最佳的线性滤波器，因为它只能描述状态与状态之间的线性关系。

将式(10.48)写成如下矩阵形式：

$$\begin{bmatrix} p_t \\ v_t \end{bmatrix} = \begin{bmatrix} 1 & \Delta t \\ 0 & 1 \end{bmatrix} \begin{bmatrix} p_{t-1} \\ v_{t-1} \end{bmatrix} + \begin{bmatrix} \dfrac{\Delta t^2}{2} \\ \Delta t \end{bmatrix} u_t \tag{10.49}$$

进一步提取出状态转移矩阵 $\boldsymbol{F}_t = \begin{bmatrix} 1 & \Delta t \\ 0 & 1 \end{bmatrix}$ 和状态转移向量 $\boldsymbol{b}_t = \begin{bmatrix} \dfrac{\Delta t^2}{2} \\ \Delta t \end{bmatrix}$。其中，$\boldsymbol{F}_t$ 为状态转移矩阵，作用在于如何从上一时刻的状态来推测当前时刻的状态。$\boldsymbol{b}_t$ 为控制向量，表示控制量 u_t 如何作用当前状态。因此，可以得出卡尔曼滤波器的第一个公式：

$$\hat{\boldsymbol{x}}_t^- = \boldsymbol{F}_t \hat{\boldsymbol{x}}_{t-1} + \boldsymbol{b}_t u_t$$

2. 状态预测

$\hat{\boldsymbol{x}}_t^-$ 是对 $\boldsymbol{x}_t$ 的估计量，因为物体的真实状态无法得知，只能根据所观测的数据尽可能地估计 $\boldsymbol{x}_t$ 的真实值，需要根据观察来更新预测值，以便得到最佳值。然而，所有的推测过程都会受到噪声的影响，噪声越大，不确定性也就越大，如何表示这次推测带来多少不确定性，需要引入协方差矩阵。

3. 协方差矩阵

如果两个维度是相互独立的，就可以分别记下中心值和两个轴的方差。当两个维度具有相关性时，例如，在一个维度上噪声增大，另一个维度上噪声也增大，或者一个维度增大另一个维度减小，则对两个坐标轴上的投影与之前的一样，都是高斯分布，因此要表示两个维度的相关性，除了要记录两个维度的方差，还要利用协方差来表示两个维度之间的相关程度，写成矩阵的形式为

$$\mathrm{cov}(\boldsymbol{x}_1, \boldsymbol{x}_2) = \begin{bmatrix} \sigma_{11} & \sigma_{12} \\ \sigma_{21} & \sigma_{22} \end{bmatrix} \tag{10.50}$$

对角线上的两个值是两个维度的方差，反对角线上的两个值是相等的，是其协方差。在卡尔曼滤波器中所有关于不确定性的表述都要用到协方差矩阵。

4. 噪声协方差矩阵的传递

每个时刻的不确定性都是由协方差矩阵 $\boldsymbol{P}_t$ 来表示的，可以按照式（10.51）来传递这种不确定性。

$$\boldsymbol{P}_t^- = \boldsymbol{F} \boldsymbol{P}_{t-1} \boldsymbol{F}^{\mathrm{T}} \tag{10.51}$$

式(10.51)的具体推导根据协方差矩阵的性质 $\mathrm{cov}(Ax, Bx) = A\,\mathrm{cov}(x, x)B^{\mathrm{T}}$ 得出。

此时,还要考虑一个问题,这个预测模型也不是百分之百准确的,它本身也包含噪声,因此要在后面加上一个协方差矩阵 Q 来表示预测模型本身带来的噪声,式(10.51)写为

$$P_t^- = FP_{t-1}F^{\mathrm{T}} + Q \tag{10.52}$$

式(10.52)就是卡尔曼滤波器的第二个公式,它表示不确定性在各个时刻之间的传递关系。

5. 观测矩阵

每个时刻都能观测到物体的位置,观测到的值记为 z_t,那么从物体本身的状态 x_t 到观测状态 z_t 之间有一个变换关系,记为 H,当然这种变换关系也只能是线性关系,因为卡尔曼滤波器是线性滤波器,因此把 H 写成矩阵的形式,也就是观测矩阵 $H = [1 \quad 0]^{\mathrm{T}}$,$x_t$ 和 z_t 的维度不一定相同,如果 x_t 是一个二维的列向量,z_t 是一个标量,那么用公式表示观测矩阵 $z_t = Hx_t + v$,其中 v 为观测的噪声,这个观测的协方差矩阵用 R 来表示,如果观察的值是一个一维的值,那么 R 的形式也不是一个矩阵,也只是一个值,仅表示 z_t 的方差。假设还有其他测量方法可以观测到物体的某项特征,则 z_t 可能是一个多维的列向量,包括每一种测量方式的测量值,而每一种测量值都是真实值的一种不完全表现,可以从几种不完全表现中推断出真实的状态,而卡尔曼滤波器的数据融合功能正是在测量矩阵中体现出来的。

6. 状态更新

已经有观测量 z_t 及其协方差矩阵 R,此时需要整合对状态 x_t 的估计,最佳估计值的公式为

$$\hat{x}_t = \hat{x}_t^- + K_t(z_t - H\hat{x}_t^-) \tag{10.53}$$

对式(10.53)进行分析,$(z_t - H\hat{x}_t^-)$ 表示实际的观测值与预期的观测值之间的残差,该残差乘以系数 K_t 就可以修正 x_t 的值,K_t 十分关键,称为卡尔曼系数,也是一个矩阵,表示为

$$K_t = P_t^- H^{\mathrm{T}} (HP_t^- H^{\mathrm{T}} + R)^{-1} \tag{10.54}$$

卡尔曼系数 K_t 的作用体现在两个方面:一是权衡预测状态协方差矩阵 P_t 和观察量的协方差矩阵 R 的大小,决定是相信预测模型多一点还是相信观测模型多一点,若相信预测模型多一点,则残差权重就会小一点,若相信观测模型多一点,

则残差权重就会大一点。二是把残差的表现形式从观察域转换到状态域。观察值 z_t 只是一个一维向量，状态 x_t 是一个二维列向量，其单位甚至是特征都有可能是不同的，用观察值的残差去更新状态值涉及卡尔曼系数，实际上卡尔曼系数就是在进行一个变换，即在观察到物体位置的情况下，利用位置和速度两个维度的相关性，从位置的残差中推算出速度的残差，从而可以对状态 x_t 的两个维度同时进行修正。

7. 噪声协方差矩阵的更新

噪声协方差矩阵按照式(10.55)进行更新：

$$P_t = (I - K_t H) P_t^- \tag{10.55}$$

式(10.55)更新的是最佳估计值的噪声分布，在当前步骤状态下的不确定性是减小的，而在下一轮由于传递噪声的引入不确定性又会增大，卡尔曼滤波器就是在这种不确定性的变化中寻求一种平衡。要注意的是，该公式仅在最优卡尔曼增益时才成立。如果算术精度总是很低而导致数值稳定性出现问题，或者特意使用非最优卡尔曼增益，那么就不能使用该公式。

8. 卡尔曼滤波的五个公式

预测公式为

$$\hat{x}_t^- = F_t \hat{x}_{t-1} + b_t u_t \tag{10.56}$$

$$P_t^- = F P_{t-1} F^{\mathrm{T}} + Q \tag{10.57}$$

式(10.56)和式(10.57)通过前一个时刻的状态来预测当前时刻的状态，这并不是最佳的估计值，还缺少从观测中带来的信息，因为还未考虑当前时刻的观测值。

更新公式为

$$K_t = P_t^- H^{\mathrm{T}} (H P_t^- H^{\mathrm{T}} + R)^{-1} \tag{10.58}$$

$$\hat{x}_t = \hat{x}_t^- + K_t(z_t - H\hat{x}_t^-) \tag{10.59}$$

$$P_t = (I - K_t H) P_t^- \tag{10.60}$$

式(10.58)～式(10.60)就用当前的观测值来更新 x_t 和 P_t，更新后的值就是最佳估计值。

这里采用真实的无人机序列影像进行卡尔曼滤波跟踪实验。图 10.16 为在内蒙古某地区利用无人机平台拍摄的序列影像，图像大小为 567×850，图像中有一辆汽车在道路上行驶，选取序列影像中的 6 帧影像作为跟踪实验结果。

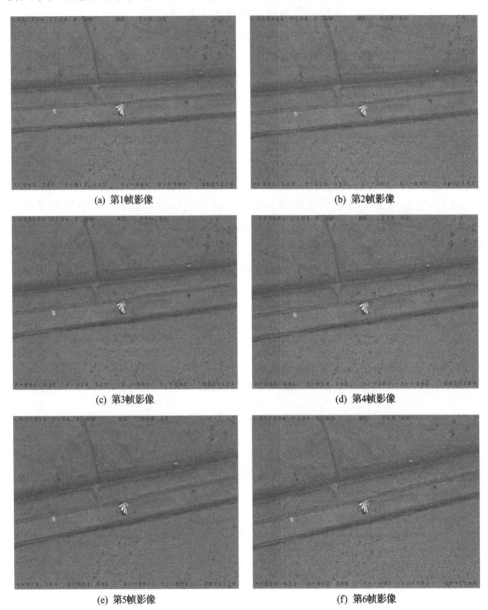

(a) 第1帧影像   (b) 第2帧影像

(c) 第3帧影像   (d) 第4帧影像

(e) 第5帧影像   (f) 第6帧影像

图 10.16 卡尔曼滤波的无人机序列影像运动目标跟踪结果(见彩图)

10.3.2 粒子滤波跟踪方法原理

粒子滤波本质上用于表示概率分布，其思想和蒙特卡罗方法近似。蒙特卡罗方法是使用频率来近似概率，而粒子滤波是使用粒子分布的密集程度来近似表示概率分布，这种方法可以形象地表示为向一个带磁力的平面抛撒铁粉，磁力大（概率大）的地方铁粉比较密集。同样地，如果粒子带权重，也可以通过权重的大小来表示概率分布。基于粒子滤波的运动目标跟踪，就是在得到观测（当前帧的图像）之后，对状态（目标的位置）的后验概率进行估计的过程。

一般基于粒子滤波的运动目标跟踪可以概括为以下四个步骤。

（1）初始化。人工选择或自动检测出一个待跟踪的目标区域，计算该区域颜色空间的直方图作为目标的特征描述。

（2）搜索阶段。获得目标特征描述之后，在图像中随机生成大量采样，这些采样就是粒子。生成采样点的方式有很多种，例如，可以在整个图像中均匀地进行采样，或是在上一帧得到的目标附近按照高斯分布来生成采样点。生成采样点后计算每个采样位置的颜色直方图特征，并计算其与目标特征的相似度。

（3）决策阶段。将所有采样的位置根据相似度进行加权平均，并将位置的加权平均结果作为运动目标位置。

（4）重采样。综合所有采样点的相似性进行重要性重采样，重复步骤（2）、步骤（3）即可完成目标跟踪。

粒子滤波的核心思想是随机采样+重要性重采样。既然无法确定目标的位置，那就随机地生成采样（撒粒子），并根据特征相似度计算每个粒子的重要性，在重要（相似性较大）的位置多撒粒子，不重要（相似性较小）的位置少撒粒子。需要说明的是，重采样是为了解决序列重要性采样存在的退化现象，即几步迭代之后，许多粒子的权重变得很小，大量的计算浪费在小权值的粒子上。重采样的基本思想就是对后验概率密度再采样，保留赋值权重大的粒子，剔除权重小的粒子。

图 10.17 和图 10.18 分别给出了在两组无人机获取的序列影像进行粒子滤波跟踪的实验结果，其中第一组序列影像大小为 720×480，第二组序列影像大小为 1280×720，实验中粒子滤波方法的粒子数为 200 个，待跟踪的运动目标是在视频的第一帧中手动选定的。图中圆点表示粒子的位置，矩形框表示运动目标。

(a) 第1帧　　　　　　　　　　　　　　　(b) 第10帧

(c) 第15帧　　　　　　　　　　　　　(d) 第20帧

图 10.17　基于颜色特征的粒子滤波跟踪方法结果(720×480)(见彩图)

(a) 第1帧　　　　　　　　　　　　　(b) 第10帧

(c) 第15帧　　　　　　　　　　　　　(d) 第20帧

图 10.18　基于颜色特征的粒子滤波跟踪方法结果(1280×720)(见彩图)

参 考 文 献

刘洁. 2008. 基于特征点的目标检测与跟踪方法研究[D]. 成都: 电子科技大学.

徐少平, 张华, 江顺亮, 等. 2009. 基于视觉模糊集的图像相似性度[J]. 模式识别与人工智能, 22(1): 156-161.

赵登科. 2013. 立体视觉测量中的点特征提取与匹配算法[D]. 沈阳: 沈阳理工大学.

Calonder M, lepetit V, Fua P. 2010. Brief: Binary robust independent elementary features[C]. The 11th European Conference on computer Vision, Heraklion: 778-792.

Canny J. 1986. A computational approach to edge detection[J]. IEEE Transactions on Pattern Analysis and Machine Intelligence, (8): 679-714.

Fukunaga K, Hostetler L. 1975. The estimation of the gradient of a density function, with applications in pattern recognition[J]. IEEE Transactions on Information Theory, 21 (1): 32-40.

Ojala T, Pietikäinen M, Mäenpää T. 2002. Multiresolution gray-scale and rotation invariant texture classification with local binary pattern[J]. IEEE Transactions on Pattern Analysis and Machine Intelligence, 24 (7): 971-987.

Rosten E, Drummond T. 2006. Machine learning for high-speed corner detection[C]. European Conference on Computer Vision, Heidelberg: 430-443.

Yilmaz A, Javed O, Shah M. 2006. Object tracking: A survey[J]. ACM Computing Surveys, 38 (4): 1-45.

彩　　图

(a) 跨线检测

(b) 进入区域检测

(c) 徘徊检测

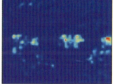

(d) 人员密度估计

图 1.8　典型智能视频分析系统部分功能示意图

图 6.9　原始无人飞行器序列影像

图 6.10 利用 Harris 算子提取的角点特征

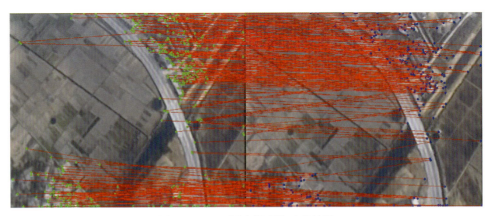

图 6.11 SSD 测度得到的匹配结果

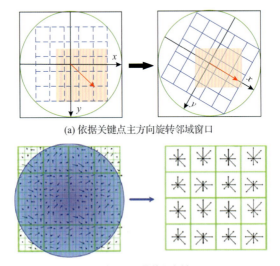

(a) 依据关键点主方向旋转邻域窗口

(b) 生成 128 维特征向量

图 6.16 特征描述子生成过程

(a) 参考帧影像   (b) 当前帧影像

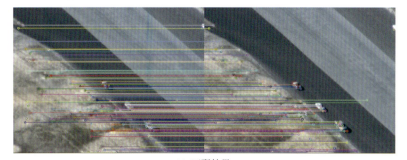

(c) 匹配结果

图 6.17　SIFT 特征点提取与匹配结果

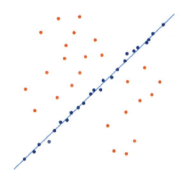

(a) 包含"内点"和"外点"的数据集   (b) RANSAC算法找到的直线("外点"并不影响结果)

图 6.18　RANSAC 算法拟合直线

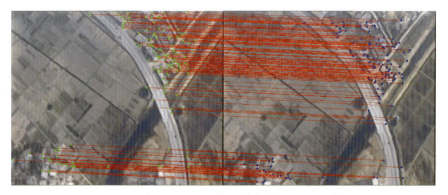

图 6.19　利用 RANSAC 算法剔除错误匹配点的结果

(a)   (b)

图 6.20　两帧序列影像(左图为背景运动补偿后的影像)

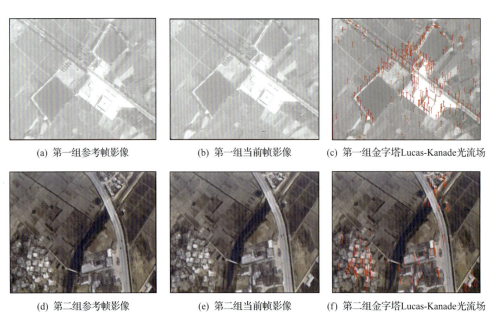

(a) 第一组参考帧影像　　　(b) 第一组当前帧影像　　　(c) 第一组金字塔Lucas-Kanade光流场

(d) 第二组参考帧影像　　　(e) 第二组当前帧影像　　　(f) 第二组金字塔Lucas-Kanade光流场

图 6.24　金字塔 Lucas-Kanade 光流场

(a) 参考帧影像　　　　　(b) 当前帧影像　　　　　(c) 光流场

图 6.25　光流估计结果

(a) 参考帧影像

(b) 当前帧影像补偿结果

(c) 背景运动补偿后差分结果

图 6.26　背景运动补偿与差分结果

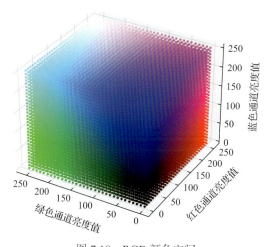

图 7.18　RGB 颜色空间

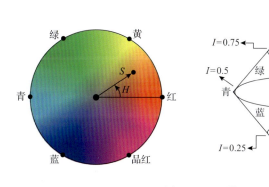

图 8.1　HIS 模型

(a) 原始影像

(b) 亮度变暗

(c) 饱和度提高

(d) 颜色偏绿

图 8.2　视频影像色彩校正与调整效果

(a) 原始图像   (b) 噪声图像   (c) NL-Means滤波结果

图 8.6 非局部平均图像处理结果

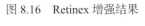

(a) 原始图像   (b) SSR增强(尺度为300) (c) MSR增强(尺度为300，尺度数为3)

图 8.16 Retinex 增强结果

图 9.3 连通区域示意图

(a) 当前图像   (b) 背景图像

(c) 运动目标检测结果

图 9.5　背景减除法运动目标检测结果

图 9.6　Lucas-Kanade 光流法的运动估计结果

图 9.7　Lucas-Kanade 光流法阈值化后的运动估计结果

图 9.8   Lucas-Kanade 光流法提取目标所在区域的效果图

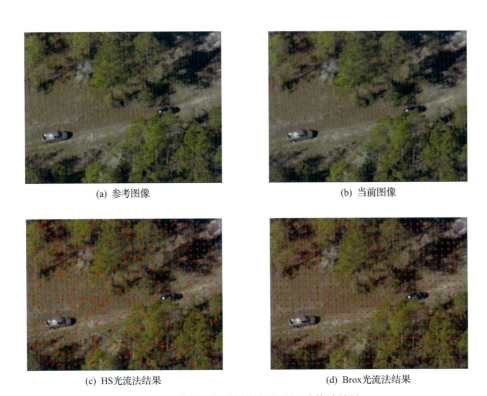

(a) 参考图像

(b) 当前图像

(c) HS光流法结果

(d) Brox光流法结果

图 9.9   无人机序列影像光流法运动估计结果

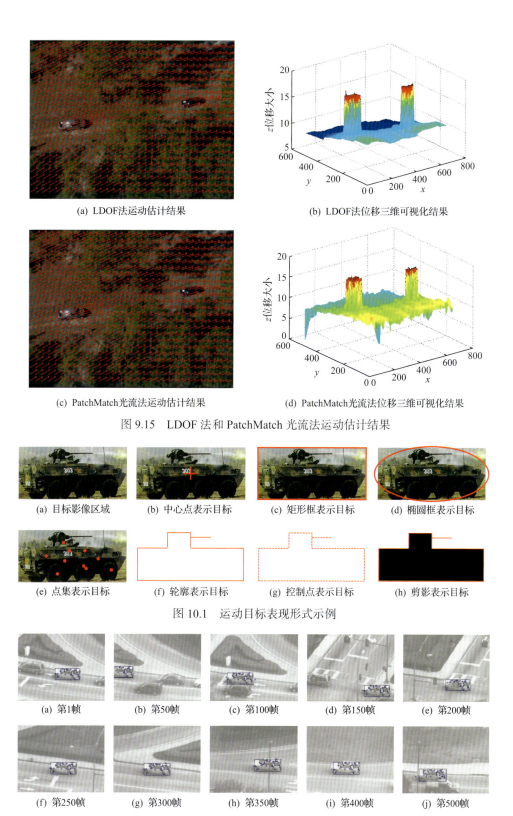

(a) LDOF法运动估计结果

(b) LDOF法位移三维可视化结果

(c) PatchMatch光流法运动估计结果

(d) PatchMatch光流法位移三维可视化结果

图 9.15　LDOF 法和 PatchMatch 光流法运动估计结果

(a) 目标影像区域　　(b) 中心点表示目标　　(c) 矩形框表示目标　　(d) 椭圆框表示目标

(e) 点集表示目标　　(f) 轮廓表示目标　　(g) 控制点表示目标　　(h) 剪影表示目标

图 10.1　运动目标表现形式示例

(a) 第1帧　　(b) 第50帧　　(c) 第100帧　　(d) 第150帧　　(e) 第200帧

(f) 第250帧　　(g) 第300帧　　(h) 第350帧　　(i) 第400帧　　(j) 第500帧

图 10.7　基于特征匹配的运动目标跟踪方法的结果

图 10.9　MeanShift 方法跟踪机载序列影像示例

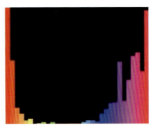

(a) RGB空间图像　　　　　(b) 目标区域H分量直方图　　　　(c) 反向投影后的概率分布图

图 10.12　CamShift 方法反向投影示意图

(a) 第26帧　　　　　　　　(b) 第27帧　　　　　　　　(c) 第180帧

图 10.14　CamShift 方法对行人的跟踪效果

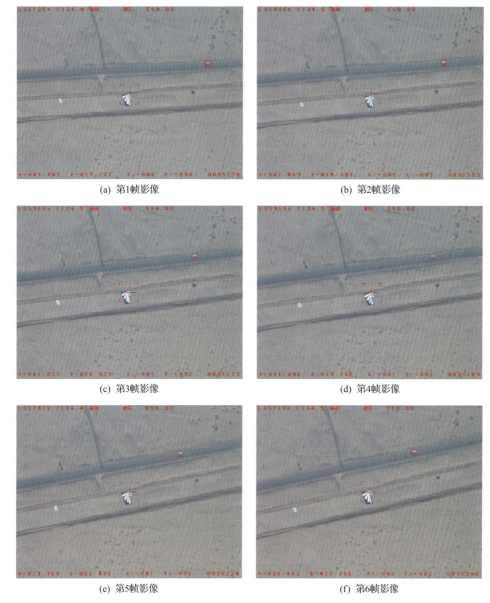

(a) 第1帧影像

(b) 第2帧影像

(c) 第3帧影像

(d) 第4帧影像

(e) 第5帧影像

(f) 第6帧影像

图 10.16　卡尔曼滤波的无人机序列影像运动目标跟踪结果

(a) 第1帧

(b) 第10帧

(c) 第15帧　　　　　　　　　　　　　(d) 第20帧

图 10.17　基于颜色特征的粒子滤波跟踪方法结果（720×480）

(a) 第1帧　　　　　　　　　　　　　(b) 第10帧

(c) 第15帧　　　　　　　　　　　　　(d) 第20帧

图 10.18　基于颜色特征的粒子滤波跟踪方法结果（1280×720）